高等教育面向"四新"服务的信息技术课程系列教材

# 人工智能基础

## 及教育应用

刘光洁　何　鹂◎主　编
赵秀涛　吴　爽◎副主编
　　　许　渴◎参　编

中国铁道出版社有限公司
CHINA RAILWAY PUBLISHING HOUSE CO., LTD.

## 内 容 简 介

本书是高等教育面向"四新"服务的信息技术课程系列教材之一，分为 Python 基础、人工智能基础和人工智能实践三部分。第一部分（第 1~7 章）主要介绍了 Python 的基础语法，包括 Python 的基本数据类型、变量、运算符、表达式、程序的控制结构、函数、集合与字典、文件处理等。第二部分（第 8~16 章）论述人工智能的发展、人工智能的三大学派、知识表示、机器学习、人工神经网络、机器视觉、自然语言处理、智能机器人等。第三部分（第 17~22 章）论述基于产生式的动物识别专家系统、基于决策树的银行贷款审批模型、鸢尾花的 K 均值聚类、利用卷积神经网络识别手写数字、利用 DCGAN 生成 MNIST 手写数字、深度强化学习玩 Flappy Bird 游戏等6 个案例。

本书围绕教育应用梳理人工智能学科领域的知识体系及其相互联系，总结人工智能技术在教育领域的应用场景，关注智能产品给人类的工作和生活带来的便利和影响，使学生体验人工智能技术带来的获得感，熟悉人工智能技术的应用场景，促进学生创新意识、综合能力和科技人文综合素质的发展。

本书适合作为高等院校计算机基础公共课的教材，也可以作为中小学人工智能教师的参考书。

**图书在版编目（CIP）数据**

人工智能基础及教育应用 / 刘光洁，何鹍主编 .—北京：
中国铁道出版社有限公司，2024.1
高等教育面向"四新"服务的信息技术课程系列教材
ISBN 978-7-113-30560-4

Ⅰ.①人… Ⅱ.①刘… ②何… Ⅲ.①人工智能 - 高等学校 -
教材 Ⅳ.① TP18

中国国家版本馆 CIP 数据核字（2023）第 180156 号

书　　名：人工智能基础及教育应用
作　　者：刘光洁　何　鹍

| | | |
|---|---|---|
| 策　　划：秦绪好　祁　云 | | 编辑部电话：（010）63549458 |
| 责任编辑：祁　云　李学敏 | | |
| 封面设计：张　璐 | | |
| 封面制作：刘　颖 | | |
| 责任校对：苗　丹 | | |
| 责任印制：樊启鹏 | | |

出版发行：中国铁道出版社有限公司（100054，北京市西城区右安门西街 8 号）
网　　址：http://www.tdpress.com/51eds/
印　　刷：天津嘉恒印务有限公司
版　　次：2024 年 1 月第 1 版　2024 年 1 月第 1 次印刷
开　　本：850 mm×1 168 mm　1/16　印张：19.5　字数：451 千
书　　号：ISBN 978-7-113-30560-4
定　　价：59.80 元

高等教育面向"四新"服务的信息技术课程系列教材

在科技革命和产业变革加速演进的背景下，高等教育的新工科、新文科、新农科、新医科"四新"建设被教育界高度重视，并且迅速从理念走向实践探索，成为引领中国高等教育改革创新的重大举措。"四新"建设从学科专业优化开始，强调交叉融合，再将其落实到课程体系中，最终将推动人才培养模式的重大变革。高校的计算机基础教育作为信息素养和能力培养的一个重要组成部分，将面临着新一轮的机遇与挑战。探索高等教育面向"四新"服务的信息技术课程建设问题，落实现代信息技术与学科领域深度融合的教学改革新思路，在课程深度改革中促进学科交叉融合，重构教学内容以面向"四新"服务，是一项重要而艰巨的工作。

教材建设作为课程建设的重要组成部分，首先要以"四新"需求为核心，脱胎换骨地重构教学内容，将多学科交叉融合的思路融于教材中，支持课程从内容到模式再到体系的全面改革。党的二十大报告指出："深化教育领域综合改革，加强教材建设和管理"。为贯彻党的二十大精神，加快建设中国特色高水平教材，探索高等教育面向"四新"服务实践，全国高等院校计算机基础教育研究会和中国铁道出版社有限公司特组织编写出版"高等教育面向'四新'服务的信息技术课程系列教材"。本套教材在编写理念、教材体系、内容构建、资源建设等方面都做了大胆探索，主要体现以下几个方面：

**1. 在价值塑造上做到铸魂育人**

党的二十大报告指出："教育是国之大计、党之大计。培养什么人、怎样培养人、为谁培养人是教育的根本问题。育人的根本在于立德。"本套教材注意把握教材建设的政治方向和价值导向，注重创新素养、工匠精神与家国情怀的养成，把政治认同、国家意识、文化自信、人格养成等思想政治教育导向与各类信息技术课程固有的知识、技能传授有机融合，实现显性与隐性教育的有机结合，促进学生的全面发展。应用马克思主义立场观点方法，提高学生正确认识问题、分析问题和解决问题的能力。强化学生工程伦理教育，培养学生精益求精的大国工匠精神，激发学生科技报国的家国情怀和使命担当。

**2. 在教材体系上追求宽口径体系化**

教材体系是配合指定的课程体系构建的，而课程体系是围绕专业设置规划的。"四新"背景下各专业的重塑或新建都需要信息科学和技术给予高度融合的新的课程体系。所以本系列教材规划思路：在教育部大学计算机课程教学指导委员会制订的《大学计算机基础课程教学基本要求》基础上，使教材在覆盖面和内容先进性方面都有突破，构成有宽度的体系化教材。这个体系是面向多学科、多专业教学需求，可以灵活搭建不同课程体系的系列教材。在这个规划中，教材是体系化的，无论是教材种类、教材形态，还是资源配套等方面都方便组合，以生成不同专业需求的教材体系，支持不同学科和专业体系。

### 3．在内容上追求深度融合

如何从新一代信息技术的原理和应用视角，构建适合"四新"课程体系的教材内容是一个难题。在当前社会需求剧增、应用领域不断扩大之际，如何给予非计算机专业的多种学科更强的支撑，以往的方法是在教材里增加一章新内容，而本套教材的规划是将新内容融于不同的课程中，落实在结合专业内容的案例设计上。例如，本系列已经出版的《Python 语言程序设计》一书，以近百个结合不同专业的实际问题求解案例为纽带，强化新教材知识点与专业的交叉融合，也强化了程序设计课程对不同学科的普适性。这种教材支持宽口径培养模式下，学生通过不断地解决问题而获得信息类课程与专业之间的关联。

### 4．在教学资源上同步建设

党的二十大报告指出"推进教育数字化"。教学资源特别是优质数字资源的高效集成是其具体落实的一个组成部分。本套教材规划起步于国家政策落实的高起点，除了"四新"的需求牵引之外，在一流课程建设等大环境方面也要求明确，与教材同步的各种数字化资源建设及教学、实践同步进行。为教学一线教师提供完整的教学资源，努力实现集成创新，深入推进教与学的互动，我们相信必将为新时代的人才培养目标做出可预期的贡献。

### 5．在教材编写与教学实践上做到高度统一与协同

非常高兴的是，本套教材的作者大多是教学与科研两方面的带头人，具有高学历、高职称，更是具有教学研究情怀的教学一线实践者。他们设计教学过程，创新教学环境，实践教学改革，将相关理念、经验与成果呈现在教材中。更重要的是，在这个分享的新时代，教材编写组开展了多种形式的多校协同建设，采用尽可能大的样本做教改探索。

在当今"四新"理念日益凸显其重要性的形势下，与之配合的教育模式以及相关的诸多建设都还处在探索阶段，教材建设无疑是一个重要的落地抓手。本套教材就是面向"四新"服务的计算机基础教学探索的很好的实践方案，既遵循了计算思维能力培养的指导思想，又融合了"四新"交叉融合思维，同时支持在线开放模式。本系列教材理念先进，内容前瞻，体系灵活，资源丰富，是值得关注的一套好教材。

全国高等院校计算机基础教育研究会副会长

首批国家级线上一流本科课程负责人　　　李凤霞

2022 年 12 月

# 前 言

2019 年 5 月，习近平在致国际人工智能与教育大会的贺信中指出："人工智能是引领新一轮科技革命和产业变革的重要驱动力，正深刻改变着人们的生产、生活、学习方式，推动人类社会迎来人机协同、跨界融合、共创分享的智能时代。把握全球人工智能发展态势，找准突破口和主攻方向，培养大批具有创新能力和合作精神的人工智能高端人才，是教育的重要使命。"党的二十大报告明确指出，"加快建设教育强国、科技强国、人才强国，"将教育、科技、人才一体化部署，这是全面建成社会主义现代强国背景下党中央作出的重大战略部署和战略选择。人工智能已经给人类社会和生活带来了根本性的变化，作为新时代的大学生，应具备人工智能视野，并能够运用人工智能技术分析和解决专业问题。

在人工智能与各行各业深度融合的背景下，大学计算机公共课内涵和内容亟待变革。本书编者开始探索和实践人工智能背景下大学计算机公共课的全面转型，针对大学师范生的特点，实现人工智能教育的落地，本书基于课程组关于人工智能背景下大学计算机公共课内容转型的研究成果特编写本书。通过学习本书，学生可学会如何利用人工智能的手段解决教育场景的各种复杂任务，重点是如何有效地运用 Python 语言、人工智能处理技术，对教育变革进行辅助决策。本书内容紧跟人工智能主流技术，选取了人工智能典型应用案例，同时采用 Python 作为讲授计算思维和人工智能的载体。

希望学生通过对典型案例的分析和解决，充分认识到人工智能就在身边，我们与人工智能密不可分。

本书的主要特色如下：

（1）围绕教育应用梳理人工智能学科领域的知识体系及其相互联系，总结人工智能技术在教育的应用场景，关注智能产品给人类的工作和生活带来的便利和影响。

（2）指导和帮助师范类学生顺利开展人工智能课程学习活动，使其从整体上了解人工智能基本知识，体验人工智能技术带来的获得感，熟悉人工智能技术的应用场景。

（3）促进学生创新意识、综合能力和科技人文综合素质的发展，成为具有较高 AI科技素养、能适应未来智能化时代发展的建设者。

本书由刘光洁、何鹏任主编，赵秀涛、吴爽任副主编，许渴进行了素材整理和配套资源的制作。

限于编者水平，书中难免存在不足之处，恳请广大读者提出宝贵意见。

编 者

2023 年 8 月

# 目　录

## 第一部分　Python 基础

# 第二部分 人工智能基础

# 第三部分　人工智能实践

# 第一部分
# Python 基础

——为什么要学习计算机编程语言？

——因为"编程是一件超有趣儿的事！"

为了使计算机能够理解人的意图，人类就必须将需解决的问题的思路、方法和手段通过计算机能够理解的形式告诉计算机，使得计算机能够根据人的指令一步一步去工作，完成某种特定的任务。这种人和计算体系之间交流的过程就是编程。

既然是交流，自然用双方都能懂的语言，即程序设计语言。按照程序设计语言规则组织起来的一组计算机指令称为计算机程序，程序设计语言又称编程语言。

程序设计语言是计算机能够理解和识别用户操作意图的一种交互体系，它按照特定规则组织计算机指令，使计算机能够自动进行各种运算处理。

计算机语言数量很多，每年都会产生大量新的编程语言。

程序设计语言大致包括三大类，它们是机器语言、汇编语言和高级语言。机器语言是一种二进制语言，它直接使用二进制代码表达指令，指令代码无须经过翻译，是计算机硬件可以直接识别和执行的程序设计语言。

直接使用机器语言编写程序十分烦冗，同时，二进制代码编写的程序难以阅读和修改，因此，汇编语言诞生了，它使用助记符与机器语言中的指令进行一一对应，在计算机发展早期能帮助程序员提高编程效率。与机器语言类似，不同计算机结构的汇编指令不同。由于机器语言和汇编语言都直接操作计算机硬件并基于此设计，所以它们统称为低级语言。

高级语言与低级语言的区别在于，高级语言是接近自然语言的一种计算机程序设计语言，可以更容易地描述计算问题并利用计算机解决计算问题。例如，执行数字 1 和 2 加法，高级语言代码为：result = 1+2，这个代码只与编程语言有关，与计算机结构无关，同一种编程语言在不同计算机上的表达方式是一致的。

众所周知，人类的语言是一种高级语言，但是人类无法和计算机直接对话，即使目前随着科技发展，人工智能处理技术的提升，用人类语言驱动计算机编程仍然没有实现。

即使计算机能理解人类语言，人类语言也不适合描述复杂算法，这是因为人类语言有时会出现不严密和模糊的缺点，这种模糊性也经常产生错误理解和歧义。相比人类语言，程序设计语言的结构在语法上十分精密，在语义上定义准确。

第一个广泛应用的高级语言是诞生于 1972 年的 C 语言。自此先后诞生了近百种程序设计语言，但是大多数语言由于应用领域的狭窄退出了历史舞台。至今还经常使用的程序设计语言包括 C、C#、Go、Java、Python、HTML（Web 超链接语言）、JavaScript（Web 浏览器端动态脚本语言）、PHP（Web 服务器端动态脚本语言）、SQL（数据库操作语言）等。一般来说，通用编程语言比专用于某些领域的编程语言生命力更强。

通用编程语言指能够用于编写多种用途程序的编程语言（相对于专用编程语言）。例如，Python 语言是一个通用编程语言，可以用于编写各种类型的应用，该语言的语法中没有专门用于特定应用的程序元素。

高级语言按照计算机执行方式的不同可分成两类：静态语言和脚本语言。这里所说的执行方式是指计算机执行一个程序的过程，静态语言采用编译执行，脚本语言采用解释执行。无论哪种执行方式，用户的使用方法可以是一致的，如通过鼠标双击执行一个程序。

编译是将源代码转换成目标代码的过程，通常，源代码是高级语言代码，目标代码是机器语言代码，执行编译的计算机程序称为编译器（compiler）。

解释是将源代码逐条转换成目标代码同时逐条运行目标代码的过程。执行解释的计算机程序称为解释器（interpreter）。其中，高级语言源代码与数据一同输入给解释器，然后输出运行结果。

解释和编译的区别在于编译是一次性地翻译，一旦程序被编译，不再需要编译程序或者源代码。解释则在每次程序运行时都需要解释器和源代码。这两者的区别可以形象地理解为外语资料的翻译（编译）和实时的同声传译（解释）。

采用编译执行的编程语言是静态语言，如 C 语言、Java 语言；采用解释执行的编程语言是脚本语言，如 JavaScript 语言、PHP 语言。

Python 语言是一种被广泛使用的高级通用脚本编程语言，虽采用解释执行方式，但它的解释器也保留了编译器的部分功能，随着程序运行，解释器也会生成一个完整的目标代码。这种将解释器和编译器结合的新解释器是现代脚本语言为了提升计算性能的一种有益演进。

在初步了解 Python 语言作为一种高级通用脚本编程语言后，我们需要掌握一些程序的基本编写方法。每个程序都有统一的运算模式，即输入数据（input）、处理数据（process）和输出数据（output），这种朴素运算模式形成了程序的基本编写方法，即 IPO（input process output）方法。

输入是一个程序的开始。程序要处理的数据有多种来源，因此形成了多种输入方式，包括文件输入、网络输入、控制台输入、交互界面输入、随机数据输入、内部参数输入等，即计算机接收的所有信息都是从输入开始的。

输出是程序展示运算成果的方式。程序的输出方式包括控制台输出、图形输出、文件输出、网络输出、操作系统内部变量输出等，即计算机将结果呈现给我们的方式。

处理是程序对输入数据进行计算产生输出结果的过程。计算问题的处理方法统称为"算法"，它是程序最重要的组成部分。可以说，算法是一个程序的灵魂。IPO 方法是非常基本的程序设计方法。

编写程序的目的是"使用计算机解决问题"。选择一门编程语言，将程序结构和算法设计用编程语言来实现。原则上，任何通用编程语言都可以用来解决计算问题，在正确性上没有区别。

然而，不同编程语言在程序的运行性能、可读性、可维护性、开发周期和调试等方面有很大不同。Python 语言相比 C 语言在运行性能上略有逊色，不适合性能要求十分苛刻的特殊计算任务；但 Python 程序在可读性、可维护性和开发周期等方面比 C 语言有更大优势。

# 第1章
# Python 简介

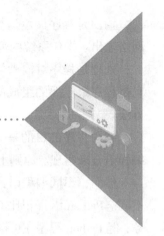

我们从小学习语言，掌握了汉语、英语等语言，编程其实也是一门掌握语言的过程。你要从 A、B、C 学起，只不过你面对的是一个"机器"，一个会和你实时互动交互的机器。你要学习和机器说话的基本技能，表达你的想法和要求。编程其实像完成一个"创意作品"，一点一点设计，最后你会得到自己想要的效果，如同你写一篇文章、做一道菜抑或完成一个乐高情景模型。完成这个"作品"的前提是你要掌握和计算机交互的规则（编程规范）和使用的语言（本书以 Python 为例），在什么环境下（本书以 IDLE 为例）你和计算机共同完成谈话过程，创作出一个"作品"。你有想法，计算机有"算力"，那么好的"作品"期待着你的开发。

下面，就让我们开启你和计算机的 Python 合作之旅吧！

要点：Python 语言是一种语法简洁、跨平台、可扩展的开源通用脚本语言[①]。

## 1.1 \\\\ Python 语言的特点

Python 由荷兰计算机程序员吉多·范罗苏姆（Guido van Rossum）于 1990 年代初设计并领导开发，作为 ABC 语言[②] 的替代品。因此，吉多·范罗苏姆被誉为"Python 之父"。

Python 是一个高层次的，结合了解释性、编译性、互动性和面向对象的脚本语言。Python 的设计具有很强的可读性，相比其他语言经常使用英文关键字，它比其他语言更有特色语法结构。

### 1. 解释型语言，可读性强

Python 是一种解释型语言，在开发过程中没有编译这个环节。一个程序会被反复修改，可读性强意味着你可以在更短时间内学习和记忆，直接提高学习效率。

### 2. 简洁和交互性

研究证明，程序员每天可编写的有效代码是有限的。完成同样功能只用一半的代码，其实

---

① 脚本语言：又被称为扩建的语言，或者动态语言，是一种编程语言，用来控制软件应用程序，脚本通常以文本（如 ASCII）保存，只在被调用时进行解释或编译。

② ABC语言是在NWO（荷兰科学研究组织）旗下CWI（荷兰国家数学与计算机科学研究中心）的Leo Grurts、Lambert Meertens、Steven Pemberton主导研发的一种交互式，结构化高级语言，旨在替代BASIC、Pascal等语言，用于教学及原型软件设计。Python创始人吉多·范罗苏姆曾于20世纪80年代在ABC系统开发中工作了数年。

就是提高了一倍的生产率。Python 是由 C 语言开发，但是不再有 C 语言中指针等复杂数据类型，Python 的简洁性让开发难度和代码幅度大幅降低，开发任务大大简化。Python 是交互式语言，这意味着，用户可以在一个 Python 提示符"&gt;&gt;&gt;"后直接执行代码。

### 3. 面向对象语言

Python 是面向对象语言，这意味着 Python 支持面向对象的风格或代码封装在对象的编程技术，更贴近现实生活中事物的自然运行模式。

### 4. 免费和开源

Python 主页如图 1-1 所示。单击 Downloads 按钮，即可自行下载最新发布的版本，如图 1-2 所示。

Python 学习者该学习哪个 Python 版本呢？除了一些特殊情况，请学习 Python 3.x 版本。

对于初次接触 Python 语言的读者，请学习 Python 3.x 系列版本。Python 版本更迭已达 8 年。目前，全部的标准库和绝大多数第三方库都能很好地支持 Python 3.x 系列，并在该系列基础上升级更新。

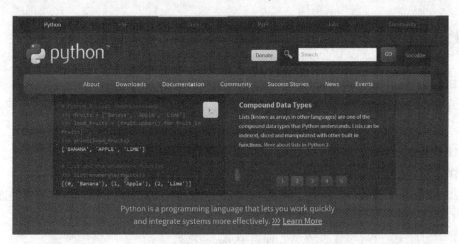

图 1-1　Python 主页

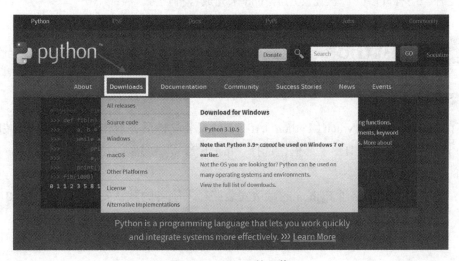

图 1-2　Python 的下载

2010 年，Python 2.x 系列发布了最后一个版本，其主版本号为 2.7，同时，Python 维护者们声称不在 2.x 系列中继续进行主版本号升级。Python 2.x 系列已经完成了它的使命，逐步退出历史舞台。

Python 3.x 是 Python 语言的一次重大升级，它不完全向下兼容 2.x 系列程序。在语法层面，3.x 系列继承了 2.x 系列绝大多数的语法表达，只是移除了部分混淆的表达方式。对于程序设计初学者来说，两者的差距很小，学会 3.x 系列就能看懂 2.x 系列语法。

**5. 可移植性和跨平台**

Python 会被编译成与操作系统相关的二进制代码，然后再解释执行。这种方式和 Java 类似，大大提高了执行速度，也实现了跨平台。

**6. 丰富的库（丰富的标准库，多种多样的扩展库）**

Python 对初级程序员而言，支持广泛的应用程序开发，从简单的文字处理、数值计算到 WWW 浏览器再到游戏，都离不开多种多样的扩展库。

## 1.2 Python 主要应用领域

云计算：云计算最热的语言，典型的应用 OpenStack。

Web 开发：许多优秀的 Web 框架、大型网站是 Python 开发，如豆瓣网等，典型的 Web 框架包括 Django，Django 是一个开放源代码的 Web 应用框架，由 Python 编写。

科学计算和人工智能：典型的库和安装包有 NumPy、Pandas、SciPy、Matplotlib。

系统操作和维护：操作和维护人员的基本语言。

金融：定量交易、金融分析，在金融工程领域，Python 不仅使用最多，而且其重要性逐年增加。

图形 GUI：PyQT，WXPython，TkInter。

知乎：中国最大的 Q&A 社区之一，通过 Python 开发。

除此之外，还有许多公司正在使用 Python 来完成各种任务。

## 1.3 Python 的安装

### 1.3.1 安装方法

前一节我们下载好了 Python（Python 3.10.5）的安装软件后，双击开始安装。安装时注意勾选 "Add Python 3.10 to PATH" 复选框，选择 "Install Now" 链接（立即安装），Python 的环境就安装系统的默认路径进行安装。

注意：很多初学者忽略了 Python 的默认安装路径，笔者的默认安装路径是图 1-3 中箭头指向的文字，Python 自带的很多文件都在这个目录下。

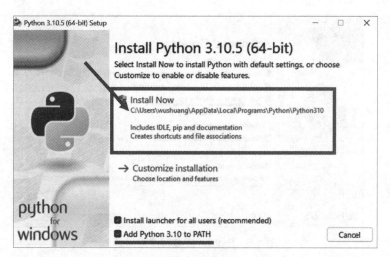

图 1-3　Python 安装注意事项

若选择"Custormize installation"（个性化安装）链接，对 Python 的一些扩展功能进行安装，如图 1-4 所示。

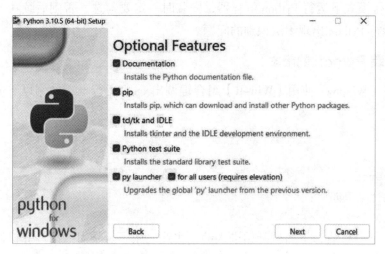

图 1-4　Python 的个性化安装

在个性化安装时，同样需要注意环境变量的问题，选中"Add Python to environment variables"复选框，如图 1-5 所示。

在安装 Python 3.x 版本时候，一定要注意以下几个方面：

①在安装时，一定要先确定自己的操作系统——Windows 是 32 位还是 64 位，以便确定对应的 Python 安装包。

② 在安装时，记得勾选"Add Python 3.x to Path"复选框，否则需要自己手动添加 Python 的安装路径到 Path 路径。

③在安装的时候检查是否已经安装了对应的 Python 版本或者 Python 2.x 版本，安装新版本前先将旧版本卸载清理后，卸载可通过再次运行安装程序，进行卸载。

图 1-5　Python 安装时注意问题

### 1.3.2　环境变量问题

勾选"Add Python 3.10 to Path"复选框就会将 Python 添加到环境变量 Path 中,可以在 Windows 的命令行模式下运行 Python 解释器,安装时一定要勾选,否则后续在 Windows 的命令行 cmd 模式下运行 Python 出现无法识别的问题。

### 1.3.3　查看安装 Python 的版本

在命令窗口(Windows 使用【Win+R】组合键调出 cmd 运行框)使用以下命令查看 Python 版本:

```
python -V
```

或

```
python --version
```

以上命令执行结果如下:

```
Python 3.10.5
```

安装完 Python 软件后,下面就开始进入编程实践之旅了。学习一门计算机语言,如同学习生活中第二语言一样,要从基本的语言要素开始,如同学习汉语要从拼音学起,学习英语要学习 26 个字母一样。学习 Python 语言要进入开发使用环境,并掌握基本的"语言"规则和构成要素——Python 语言基本的变量和数据类型,Python 程序的构成和语法基本结构以及 Python 在教学中的实际应用。

## 1.4 ⫸⫸⫸ Python 开发环境

开发环境,英文是 IDE(integrated development environment,集成开发环境)。读者不必纠结使用哪个开发环境。开发环境本质上就是对 Python 解释器 python.exe 的封装,核心都一样。可以说:"开发环境只是解释器的一个外挂而已",只是为了让用户更加方便编程,减少出错率,尤其是拼写错误。

常用的开发环境有：IDLE、Pycharm、wingIDE、Eclipse、Ipython。

本书推荐的开发环境是 IDLE，Python 官方下载的安装文件默认的开发环境就是 IDLE。

### 1.4.1 IDLE 开发环境使用

IDLE 是 Python 的官方标准开发环境，Python 安装的同时就安装了 IDLE。IDLE 已经具备了 Python 开发所需的几乎所有功能（语法智能提示、不同颜色显示不同类型等），也不需要其他配置，非常适合初学者使用。

IDLE 是 Python 标准发行版内置的一个简单小巧的 IDE，包括了交互式命令行、编辑器、调试器等基本组件，足以应付大多数简单应用。

IDLE 是用纯 Python 基于 Tkinter 编写的，最初的作者正是吉多·范罗苏姆。

### 1.4.2 IDLE 开发环境实操

#### 1. 交互模式

启动 IDLE，默认就是进入交互模式，窗口名为 "IDLE shell"，如图 1-6 所示。IDLE 是一个 Python Shell，shell 的意思就是 "外壳"，IDLE Shell 就是 Python 的一个通过输入文本与程序交互的途径。

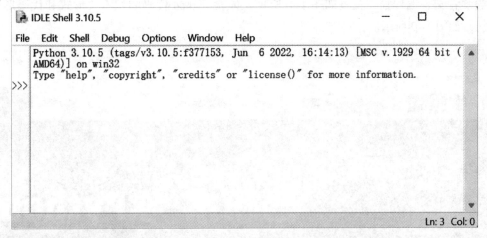

图 1-6　Python 自带的 IDLE 交互模式

在提示符 ">>>" 后面，就可以输入内容了。

#### 2. 文件模式

编写和执行 Python 源文件。IDLE 中有文件式操作，可以新建或者执行已有的 .py 源文件（Python 文件的扩展名为 .py，文件扩展名是操作系统用来标志文件格式的一种机制）。新建时，单击 File → New File 命令，创建图 1-7 所示的 Python 源文件。

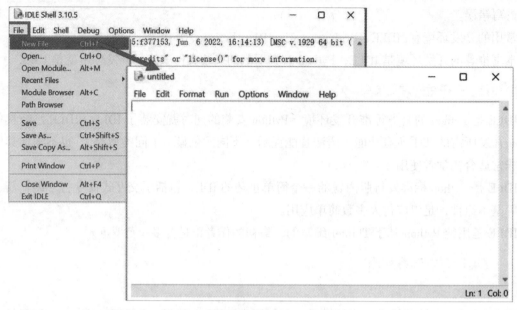

图 1-7　创建一个 Python 源文件

### 1.4.3　图形界面化工具 Turtle——编程猫

推荐读者安装编程猫，主页如图 1-8 所示，体验 Python 代码的积木块形式和代码形式的联系和区别，如图 1-9 所示。

图 1-8　编程猫网站

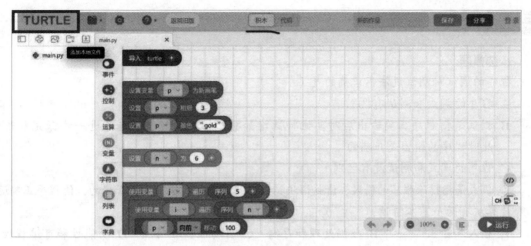

图 1-9　编程猫界面

在编程猫网页版界面中，"积木模式"下一条一条的语言就如同一块一块的积木，不同功能的积木模块拼接起来，完成一个我们想要看到的结果，如图 1-10 所示。

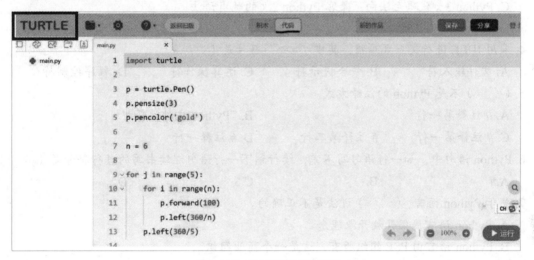

图 1-10　编程猫网页版界面

编程猫网页版界面左上角的"TURTLE"，它的中文名是"海龟"，是 Python 中一个绘制图像的函数库，用海龟可以画出各种图像。

Python 的 turtle 库是一个直观有趣的图形绘制函数库，图形绘制的概念诞生于 1969 年，并成功应用于 LOGO 编程语言。

由于 turtle 图形绘制概念十分直观且非常流行，Python 接受了这个概念，形成了一个 Python 的 turtle 库，并成为标准库之一。

# 习题 ////

----

## 一、选择题

1. 程序的调试和测试说法不正确的是（　　　）。

　　A. 程序的调式和测试有区别

　　B. 测试是指程序正确输出后对其他特性诸如功能性能、安全性进行进一步探究和改进，此时程序的输出是正确的

　　C. 程序的调式和测试没有区别

　　D. 调式是指排除程序的错误，诸如语法错误，此时程序的输出是不正确的，使程序正确运行

2. 计算机有两个基本特性：（　　　）。

　　A. 输入和输出　　　B. 数据处理和存储　　C. 自动性和准确性　　D. 功能性和可编程性

3. 以下关于 Python 版本的说法中，（　　　）是正确的。

　　A. Python 3.x 是 Python 2.x 的扩充，语法层无明显改进

　　B. Python 2.x 和 Python 3.x 一样，依旧不断发展和完善

　　C. Python 3.x 代码无法向下兼容 Python 2.x 的既有语法

　　D. 以上说法都正确

4. 采用 IDLE 进行交互式编程，其中 ">>>" 符号是（　　　）。

　　A. 文件输入符　　　　B. 命令提示符　　　　C. 运算操作符　　　　D. 程序控制符

5. （　　　）不是 Python 的注释方式。

　　A. // 注释第一行　　　　　　　　　　　　B. '''Python 文档注释'''

　　C. # 注释第一行　　　# 注释第二行　　　　D. # 注释一行

6. Python 语句中，如一行语句写不完，续行到下一行语句继续书写的续行符号是（　　　）。

　　A. #　　　　　　　　B. \　　　　　　　　C. $　　　　　　　　D. :

7. 关于 Python 语言，（　　　）说法是不正确的。

　　A. Python 语言提倡开放开源理念

　　B. Python 语言由 PSF 组织所有，这是一个商业组织

　　C. Python 语言由 Guido van Rossum 设计并领导开发

　　D. Python 语言的使用不需要付费，不存在商业风险

8. Python 解释器在语法上不支持（　　　）编程方式。

　　A. 面向对象　　　　B. 自然语言　　　　C. 面向过程　　　　D. 语句

9. Python 是一种（　　　）类型的编程语言。

　　A. 机器语言　　　　B. 汇编语言　　　　C. 编译　　　　D. 解释

10. 计算机 CPU 可以直接理解和执行（　　　）。

　　A. Python 程序设计语言　　　　　　　B. 汇编语言

　　C. 高级语言　　　　　　　　　　　　　D. 机器语言

11. 以下（　　　）选项不属于 Python 语言特点。

　　A. 优异的扩展性　　B. 跨平台　　　　C. 开源理念　　　　D. 网络编程语言

12. 以下（　　）选项不属于 Python 语言特点。

    A. 依赖平台         B. 支持中文         C. 语法简洁         D. 类库丰富

13. 在计算机中，数据处理、存储、传输采用的是（　　）。

    A. 十六进制数         B. 八进制数         C. 十进制数         D. 二进制数

14. Python 语句 print(" 世界，你好 ") 的输出是（　　）。

    A. 世界，你好         B." 世界，你好 "     C. 运行结果出错     D. (" 世界，你好 ")

15. 当今计算机达到普及是由于（　　）的出现。

    A. 操作系统         B.Python 语言     C.office 办公软件     D. 数据库管理系统

16. 以下（　　）选项不是 Python 语言特点。

    A. 生态丰富         B. 执行速度快         C. 语法简洁         D. 支持中文

17. 以下关于 Python 语言技术特点的描述中，错误的是（　　）。

    A. Python 语言是解释执行的，因此执行速度比编译型语言慢

    B. Python 是脚本语言，主要用作系统编程和 Web 访问的开发语言

    C. 对于需要更高执行速度的功能，如数值计算和动画，Python 语言可以调用 C 语言编写
        的底层代码

    D. Python 比大部分编程语言具有更高的软件开发产量和简洁性

18. 以下（　　）选项不是 IPO 模式的一部分。

    A. program         B. process         C. input         D. output

19. 关于 Python 程序格式框架的描述，以下选项中错误的是（　　）。

    A. Python 语言不采用严格的“缩进”来表明程序的格式框架

    B. 判断、循环、函数等语法形式能够通过缩进包含一批 Python 代码，进而表达对应的语义

    C. Python 语言的缩进可以采用【Tab】键实现

    D. Python 单层缩进代码属于之前最邻近的一行非缩进代码，多层缩进代码根据缩进关系
        决定所属范围

20. 以下关于 Python 语言的描述，错误的选项是（　　）。

    A. 支持面向过程     B. 是一种机器语言     C. 支持面向对象     D. 是一种解释类型的语言

21. Python 软件包自带的集成开发环境是（　　）。

    A. word 编辑器         B. IDLE 编辑器         C. 记事本编辑器     D. 以上都不对

22. Python 的输入来源包括（　　）。

    A. 控制台输入         B. 网络输入         C. 以上都是         D. 文件输入

23. 以下关于语言类型的描述中，错误的是（　　）。

    A. 静态语言采用解释方式执行，脚本语言采用编译方式执行

    B. 编译是将源代码转换成目标代码的过程

    C. 解释是将源代码逐条转换成目标代码同时逐条运行目标代码的过程

    D. C 语言是静态编译语言，Python 语言是脚本语言

24. Python 语言通过（　　）来体现语句之间的逻辑关系。

    A. {}         B. 自动识别逻辑     C.( )         D. 缩进

二、实战案例

案例（一）

1. 问题描述。

扫一扫

用交互式和文件式两种执行方法实现圆面积的计算：利用圆面积的计算公式 $S=\pi r^2$，计算指定半径 $r=5$ 的圆面积并输出，$\pi=3.1415$。

2. 解题思路。

圆面积的计算

首先输入已知变量 $r$ 和确定输出变量圆面积 $S$。根据公式 $S=\pi r^2$，$\pi$ 是给定值（若题目没有给定，需要引入 math 库中的 $\pi$ 值），$r^2$（乘方）在 Python 中有几种表示方式，读者可自行选择。最后输出圆面积变量。

3. 解题方法。交互式代码如图 1-11 所示。文件式代码如图 1-12 所示。

```
>>> r = 5
>>> area = 3.1415 * r ** 2
>>> print(area)
78.53750000000001
>>> print("{:.4f}".format(area))
78.5375
```

图 1-11　代码

```
2 r = 5
3 area = 3.1415 * r * r
4 print(area)    # 输出没有经过格式化的圆面积
5 print("{:.4f}".format(area))  # 格式化输出圆面积
```

图 1-12　代码

案例（二）

1. 问题描述。

Python 的标准绘图库 turtle（海龟）实现五角星的绘制：绘制一个边长为 100 的红色五角星图形，如图 1-13 所示。

扫一扫

五角星

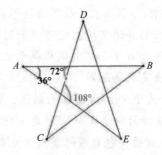

图 1-13　五角星

2. 解题思路。

操纵海龟绘图有着许多的命令，这些命令可以划分为三种：一种为运动命令，一种为画笔控制命令，还有一种是全局控制命令。

海龟开始由顶点向正方向前进，根据多边形内角和公式与三角形内角和公式，得出五角星的角度是海龟每次需要向右转 144°（180° − 36° = 144°）。

3. 解题方法。代码如图 1-14 所示。

```
1   import turtle
2   i = 1
3   turtle.fillcolor('red')
4   turtle.color('red')
5   turtle.begin_fill()
6   while i <= 5:
7       turtle.fd(100)
8       turtle.right(144)
9       i += 1
10  turtle.end_fill()
11  turtle.done()
```

图 1-14　代码

第 1 行：引入 turtle 画图库。

第 2 行：定义 i 变量并赋值为 1，作为画图时转弯以及前进的次数。

第 3 行：定义画图的填充颜色为红色（指闭环图形内部的颜色）。

第 4 行：定义画图的画笔颜色为红色（指任意图形边长的颜色）。

第 5 行：填充颜色开始。

第 6 行：使用 while 循环，当前进次数小于或等于 5 的时候，继续循环。

第 7~9 行：每次循环前进 100 个单位，每当一条线画完的时候，前进方向都向右转 144°，并记录转弯及前进的次数。

第 10 行：给从 turtle.begin_fill() 到 turtle.end_fill() 内部的代码期间画的图形填充颜色。

第 11 行：turtle 画图结束。

# 第2章
## 第一个 Python 源程序

第一个源程序（代码）为 print("Hello python")，使用交互模式运行。在命令提示符 ">>>" 后，在英文输入法下输入源程序代码，按【Enter】键后显示结果，如图 2-1 所示。

```
IDLE Shell 3.10.5                                    —    □    ×
File  Edit  Shell  Debug  Options  Window  Help
    Python 3.10.5 (tags/v3.10.5:f377153, Jun  6 2022, 16:14:13) [MSC v.1929 64 bit (
    AMD64)] on win32
    Type "help", "copyright", "credits" or "license()" for more information.
>>> print("a")
    a
>>> print("Hello python")
    Hello python
>>>
```

图 2-1　IDLE 交互式开发环境代码运行显示

完整的 Python 源程序：用文件模式操作，使用前文提到的 IPO 方法进行 Python 编程，新建一个扩展名为 .py 的文件，本例为"输入姓名生日 – 计算年龄 .py"的 Python 文件，如图 2–2 所示。

```
输入姓名生日-计算年龄.py - D:\ShuangWu_work\Python教材编写\实例\...
File  Edit  Format  Run  Options  Window  Help
1  #输入姓名，根据输入的出生年份计算年龄
2
3  #使用import关键字导入datetime库
4  import datetime
5
6  #IPO中的输入：
7  name = input('请输入您的姓名：')
8  birthday = eval(input('请输入您的出生年份：'))
9
10 #IPO中的处理部分：
11 year = datetime.date.today().year
12 age = year - birthday
13
14 #IPO中的输出：
15 print('您好！{}，您今年{}岁。'.format(name,age))
16
```

图 2-2　以文件形式创建 Python 程序的 IPO 方法举例

其中 IPO 中的处理部分是库函数方法的引用与值的计算，没有复杂的算法，后续会结合程序的流程控制结构，学习复杂的算法处理。

在 IDLE 的交互模式下，程序运行结果输出如图 2-3 所示。

```
============ RESTART: D:\ShuangWu_work\Python教材编写\实例\输入姓名生日-计算年龄
.py
请输入您的姓名：zhangsan
请输入您的出生年份：2005
您好！zhangsan,您今年17岁。
>>>
```

图 2-3  IDLE 交互模式显示的 IPO 方法举例的结果

程序代码如下，其中标注了 IPO 各部分语句：

```python
#使用import关键字导入datetime库
import datetime

#IPO中的输入：
name = input('请输入您的姓名：')
birthday = eval(input('请输入您的出生年份：'))

#IPO中的处理部分：
year = datetime.date.today().year
age = year - birthday

#IPO中的输出：
print('您好！{},您今年{}岁。'.format(name,age))
```

Python 程序中需要注意以下几点：

①不要在程序中行开头处增加空格，空格在 Python 中有缩进的含义。

②程序中的符号都是英文符号，用中文输入法输入的符号，系统会出现"错误提示"。

## 2.1  程序基本格式

### 1. 恰当的空格，缩进问题

逻辑行首的空白（空格和制表符）用来决定逻辑行的缩进层次，从而用来决定语句的分组，不允许混合使用空格和制表符的缩进。语句从新行的第一列开始。

①缩进风格统一：每个缩进层次使用单个制表符或四个空格（IDE 会自动将制表符设置成四个空格）。

Python 用缩进而不是 {} 表示程序块，具有相同缩进的语句属于程序块，执行级别一致，如图 2-4 所示。

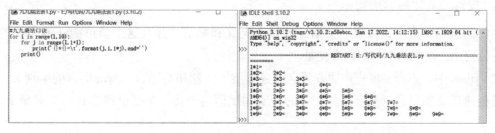

图 2-4  Python 解释器程序代码中用缩进表示的程序块展示

②每条语句行的最大长度是 80 个字符。每行代码尽量少于 80 个字符，文档字符或者注释行最多 72 个字符，使用反斜杠"\"续行。例如：以下 x 的值就是一个复杂表达式生成的，我们使用反斜杠"\"将两行表达式连接起来。

```
a, b, c = 3, 6, 2
x = (-b + (b ** 2 - 4 * a * c) ** 0.5) / (2 * a) + \
(-b - (b ** 2 + 4 * a * b) ** 0.5) / (2 * b)
```

③空格的使用。编写程序时，空格的使用与英文单词书写类似，英文单词之间是由"空格"进行分隔，在编写 Python 程序代码时要在二元运算符（+、−、*、/、=、+=、==、>、<、in、is not、and）两边各空一格，这是 Python 的编码规范。通常情况下，在运算符两侧、函数参数之间以及逗号两侧，都建议使用空格进行分隔，如图 2-5 所示。

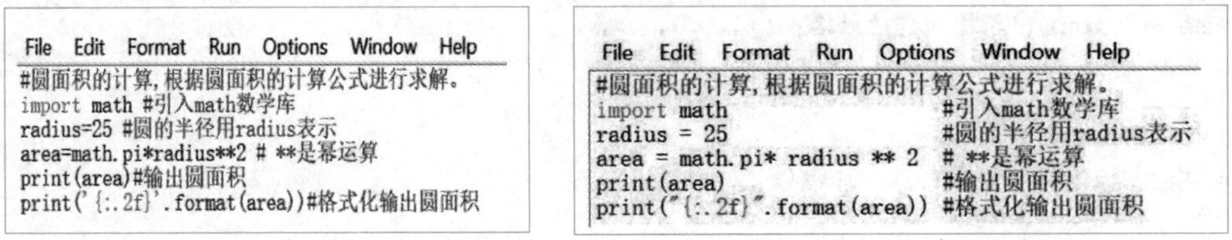

```
File  Edit  Format  Run  Options  Window  Help
#圆面积的计算,根据圆面积的计算公式进行求解。
import math #引入math数学库
radius=25 #圆的半径用radius表示
area=math.pi*radius**2 # **是幂运算
print(area) #输出圆面积
print('{:.2f}'.format(area))#格式化输出圆面积
```

```
File  Edit  Format  Run  Options  Window  Help
#圆面积的计算,根据圆面积的计算公式进行求解。
import math           #引入math数学库
radius = 25           #圆的半径用radius表示
area = math.pi* radius ** 2  # **是幂运算
print(area)           #输出圆面积
print("{:.2f}".format(area)) #格式化输出圆面积
```

图 2-5　两段功能相同的 Python 代码

对比图 2-5 中的两段代码你会发现，它们所包含的代码是完全相同的，但很明显，右侧的代码编写格式看上去比左侧的代码段更加规整，可读性更强，因为它遵循了最基本的 Python 代码编写规范。Python 采用 PEP 8 作为编码规范，其中 PEP 是 Python Enhancement Proposal（Python 增强建议书）的缩写，8 代表的是 Python 代码的样式指南。

**2. 注释**

行注释，每行注释前加 # 号。当解释器看到 #，则忽略这一行 # 后面的内容。

段注释，使用三个连续单引号（'）。当解释器看到 ''' ，则会扫描到下一个 ''' ，然后忽略它们之间的内容。

**3. 大小写**

Python 区分大小写，user 和 USER 是不同的变量。

## 2.2　变量及其命名规则

### 2.2.1　变量和简单赋值语句

在任何编程语言中，需要一个指定的量来定义和赋值，并且这个值可能随着条件的不同，其值还会变化，这样的值我们称为变量。

在 Python 中，不需要事先声明变量名及其类型（注意和 C 语言、Java 语言的区别），直接赋值即可创建任意类型的对象变量。变量的声明和赋值用于将一个变量绑定到一个对象上，格式如下：

```
变量名 = 表达式（对象）
```

最简单的表达式就是字面量。例如，a = 123 。 运行过程中，解释器先运行右边的表达式"123"，生成一个代表表达式运算结果的对象；然后，将这个对象地址赋值给左边的变量 a。

例 2.1 变量在使用前必须先初始化（先被赋值）。

变量 mypython 在 Python 中使用前必须先初始化，否则系统会提示变量名未定义的错误，如图 2-6 所示。

```
>>> mypython
    Traceback (most recent call last):
      File "<pyshell#1>", line 1, in <module>
        mypython
    NameError: name 'mypython' is not defined
>>>
```

图 2-6　Python 中变量名未定义错误

因此，我们在使用变量前一定要先初始化变量，为变量赋值，如图 2-7 所示。变量名是给对象贴一个用于访问的标签，给对象绑定名字的过程也称为赋值，赋值符号为"="。为 mypython 赋值为字符串"Hello Python"，在后续的编程中就可以直接使用 mypython 来对字符串语句进行操作，这和其他编程语言（如 C 语言等）有差别。

```
>>> mypython = 'Hello python'
>>>
```

图 2-7　变量使用前必须先初始化

## 2.2.2　命名与标识符

与数学概念类似，Python 程序采用"变量"来保存和表示具体的数据值。为了更好地使用变量等其他程序元素，需要给它们关联一个标识符（也就是我们日常说的名字），用于表示变量、函数、类、模块等的名称，关联标识符的过程称为命名。命名用于保证程序元素的唯一性。命名时第一个字符必须是字母、下划线，其后的字符可以是字母、数字、下划线，如 ks_1 = 0 是正确的标识符，1ks = 0 是错误的标识符。单词或下划线连接多个小写字母的单词，如 user_name、id_number 是正确的命名。Python 语言采用大写字母。

标识符有如下特定的规则：

①区分大小写。如 sxt 和 SXT 是不同的。

②不能使用 Python 自有的关键字。例如，if、or、while 等。Python 关键字，也被称为保留字。保留字是官方定义的，具有特殊含义的单词。特别注意，用户不能使用保留字作为变量、函数、类等自定义的名称。

③以双下划线开头和结尾的名称通常有特殊含义，尽量避免这种写法。例如，__init__ 是类的构造函数。

以上规则是需要在程序代码中注意的事项，要确保不写错字、不用错词，并保证句子结构正确一样，多看样例代码、多实践，规则自然就铭记于心。

例 2.2 使用 Python 帮助系统 >>> help() 查看关键字。

在 IDLE 交互式环境下，在系统提示符（>>>）后输入 help()，在后续的提示语句下输入 keywords，就可以查看 Python 的关键字，如图 2-8 所示。

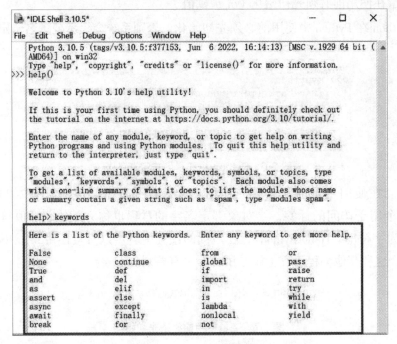

图 2-8　Python 的关键字

在编程开发中，Python 标识符命名规则如表 2-1 所示。

表 2-1　Python 标识符命名规则

| 类型 | 规　则 | 例　子 |
|---|---|---|
| 模块和包名 | 全小写字母，尽量简单。多个单词之间用下划线隔开 | math、os、sys |
| 函数名 | 全小写字母，多个单词之间用下划线隔开 | phone、my_name |
| 类名 | 首字母大写，采用驼峰原则。多个单词时，每个单词第一个字母大写，其余部分小写 | MyPhone、MyClass、Phone |
| 常量名 | 全大写字母，多个单词用下划线隔开 | SPEED、MAX_SPEED |

### 2.2.3　常量

Python 不支持常量，即没有语法规则限制改变一个常量的值。只能约定常量的命名规则，以及在程序的逻辑上不对常量的值作出修改。

```
>>> MAX_SPEED = 120
>>> print(MAX_SPEED)
```

语句的输出结果为 120。

```
>>> MAX_SPEED = 140      #实际是可以改的，只能逻辑上不做修改
>>> print(MAX_SPEED)
```

语句的输出结果为 140。

与常量相对应的就是变量，在 Python 中变量是根据实际问题的需要存储在计算机中的对象。

对象是 Python 中最基本的一个概念。在 Python 中，一切皆对象是不争的事实，而每个对象都属于某个数据类型。除了整数、浮点数、字符串、列表、元组、字典和集合外，还有函数等对象。

## 2.3 基本数据类型和组合数据类型

每个对象都有类型，Python 中最基本的内置数据类型为数字类型和字符串类型。

Python 的数字类型包括整数类型、浮点数类型和复数类型，这些数字仅表示一个数据，因此将表示单一数据的类型称为基本数据类型。基本的数据类型、结合运算符构成的表达式，组成了程序的基本语句。

在实际计算中却存在大量同时处理多个数据的情况，需要将多个数据有效组织起来并统一表示，能够标识多个数据的类型称为组合数据类型。

组合数据类型能够将多个同类型或不同类型的数据组织起来，通过单一的表示使数据操作更有序、更容易。

根据数据之间的关系，组合数据类型可以分为三类：序列类型、集合类型和映射类型，Python 中的组合数据类型分类如图 2-9 所示。

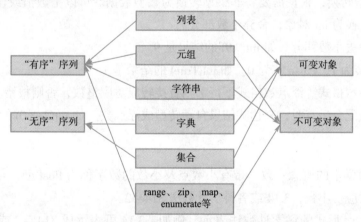

图 2-9　Python 组合类型一览表

在实际应用时，常常根据需要对数据进行类型转换。不同数据类型的转换，一般情况下只需要将数据类型作为函数名即可实现。

通常，Python 数据类型转换可以分为两种：

- 隐式类型转换：自动完成。
- 显式类型转换：需要使用类型函数来转换。

在接下来的各类型讲解中，我们会学习变量的类型转换，在转换时需要注意转换类型的不同特点。

### 2.3.1 整型

Python 中的整数类型，如 1024，0b1011，0XFF。Python 中，除了十进制，还有其他三种进制：二进制、八进制和十六进制，每种进制与十进制数的数制规则规律相同，每种数制的元素个数由 0 至（$N-1$）个构成。

- 以 0b 或 0B 开头的，由 0 和 1 构成二进制数。
- 0o 或 0O 开头的，由 0、1、2、3、4、5、6、7 构成八进制数。
- 0x 或 0X 开头的，由 0、1、2、3、4、5、6、7、8、9、A（10）、B（11）、C（12）、D（13）、E（14）、F（15）构成十六进制数。

二进制、八进制和十六进制三种进制在计算机中可以非常方便地进行"位运算"操作。

整型数特点：与数学上的概念一致，可正可负，无小数点，大小无限制，可精确表示超大数，仅受内存大小的限制。

> 💡 提示：在Python中，虽然不需要事先声明变量名及其类型，直接赋值即可创建任意类型的对象变量。不仅变量的值是可以变化的，变量的类型也是可以随时改变的。但Python解释器会根据表达式的值来自动推断变量类型，除非变量被显式修改类型，否则变量将一直保持之前的类型。

每个变量指向的对象均属于某个数据类型，即只支持该类型允许的运算操作，可以使用 int(x) 实现显式类型转换，根据需要将非整型转换为整型数据。可以把数值或任何符合格式的字符串或其他对象转换为 int 对象，舍弃小数部分。

浮点数直接舍去小数部分。如 int(9.9) 的结果是 9。

布尔值 True 转为 1，False 转为 0。如 int(True) 的结果是 1。

字符串符合整数格式（浮点数格式不行）则直接转成对应整数，否则报错。

整数和浮点数混合运算时，表达式结果自动转型成浮点数。如 int(2+8.0) 的结果是 10.0。

### 2.3.2 浮点型

浮点数，与数学上的概念一致，带有小数点及小数的数字称为 float 型，与其他语言中的单精度和双精度相对应。小数，3.14 或者科学计数法 314e-2。

浮点数用 $a \times b^{10}$ 形式的科学计数法表示。例如，3.14 可表示成 314E-2 或者 314e-2。这些数字在内存中也是按照科学计数法存储。

类似于 int(x)，我们也可以使用显式类型转换：float(x) 将其他类型转化成浮点数。当整数和浮点数混合运算时，表达式结果自动转型成浮点数。例如，2+8.0 的结果是 10.0，>>> float(123)，float('3.14') 的输出结果为 (123.0, 3.14)。在实际运用中，需要获取数据的小数精度时使用 float(x) 转换。

说明：round(value) 可以返回四舍五入的值。

提示：round()不会改变原有值，而是产生新的值。

### 2.3.3　复数类型

Python 数值类型中还有一类特殊的类型——复数（complex），与数学中的复数表述一致。复数由实数部分和虚数部分构成，实部、虚部都是浮点数，用 $a + bj$ 或 complex($a, b$) 表示，图 2-10 显示复数"3.0+4.0j"的实部、虚部和模的值。

```
>>> print((3.0 + 4.0j).real)
3.0
>>> print((3.0 + 4j).imag)
4.0
>>> print(abs(3.0 + 4.0j))
5.0
>>>
```

图 2-10　"3.0+4.0j"的实部、虚部和模的值

### 2.3.4　数值和基本运算符

Python 支持整数（如 50，520）和浮点数（如 3.14，10.0，1.23e2），可以对数字做如下运算，如表 2-2 所示。

表 2-2　Python 数值运算符

| 运 算 符 | 说　明 | 示　例 | 结　果 |
|---|---|---|---|
| + | 加法 | 3+2 | 5 |
| − | 减法 | 30−5 | 25 |
| * | 乘法 | 3*6 | 18 |
| / | 浮点数除法 | 8/2 | 4.0 |
| // | 整数除法 | 7//2 | 3 |
| % | 模（取余） | 7%4 | 3 |
| ** | 幂 | 2**3 | 8 |

Python 的其他运算符，如表 2-3 所示。

表 2-3　基本运算符

| 运 算 符 | 说　明 |
|---|---|
| and , or , not | 布尔与、布尔或、布尔非 |
| is , is not | 同一性判断，判断是否为同一个对象 |
| <, <=, >, >=, !=, == | 比较值是否相当，可以连用 |
| \|, ^, & | 按位或、按位异或、按位与 |
| <<, >> | 左移运算符、右移运算符 |
| ~ | 按位翻转 |
| +, −, *, /, //, % | 加、减、乘、浮点除、整数除、取余 |
| ** | 幂运算 |

运算符优先级从高到低表示，如表 2-4 所示。

表 2-4　运算符优先级

| 运　算　符 | 描　　述 |
|---|---|
| ** | 幂运算（最高优先级） |
| ~ | 按位翻转 |
| *, /, %, // | 乘、除、取模和取整除 |
| +, - | 加法、减法 |
| >>, << | 右移、左移运算符 |
| & | 按位与运算符 |
| ^, \| | 按位异或、按位或运算符 |
| <=, <, >, >= | 比较运算符 |
| <>, ==, != | 等于运算符 |
| =, %=, /=, //=, -=, +=, *=, **= | 赋值运算符 |
| is，isnot | 身份运算符 |
| in，notin | 成员运算符 |
| not or and | 逻辑运算符 |

实际使用中，记住如下简单的规则即可：

①复杂的表达式一定要使用小括号组织。

②乘除优先加减位运算和算术运算 > 比较运算符 > 赋值运算符 > 逻辑运算符。

③运算符 +、-、*、/、//、** 和 %、赋值符 = 结合可以构成"增强型赋值运算符"。例如：a =a+1 等价于：a +=1。

💡注意："+="中间不能加空格。

补充说明：Python 不支持 ++ 和 -- 运算符，虽然在形式上有时候似乎可以这样用，但实际上是另外的含义，要注意和其他语言的区别，增强型赋值运算符如表 2-5 所示。

表 2-5　增强型赋值运算符

| 运　算　符 | 例　　子 | 等　　价 |
|---|---|---|
| += | a+=2 | a= a+2 |
| -= | a-=2 | a=a-2 |
| *= | a*=2 | a= a*2 |
| /= | a/=2 | a=a/2 |
| //= | a//=2 | a=a//2 |
| **= | a**=2 | a= a**2 |
| %= | a%=2 | a= a %2 |

【例题】使用 Python 表示数学式：$\dfrac{5+10x}{5} - \dfrac{13\,(y-1)\,(a+b)}{x} +9\left(\dfrac{5}{x}+\dfrac{12+x}{y}\right)$。

在 Python 解释器中，表示为如下形式：

$$(5+10*x)/5-13*(y-1)*(a+b)/x+9*(5/x+(12+x)/y)$$

### 2.3.5 布尔型

作为整数的子类——bool 型（布尔值）：由 True 和 False 构成，以整数"1"和"0"为值参与数值运算。bool 型只用于逻辑运算，表示真假。例如，我们在 IDLE 交互式环境下运行代码，结果显示如图 2-11 所示。

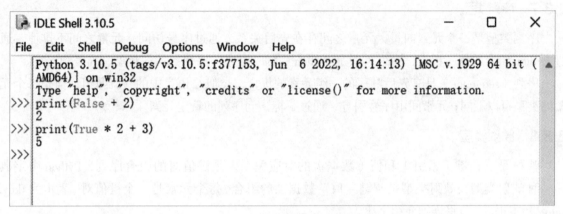

图 2-11 bool 型数值运算结果

分析计算过程，如图 2-12 所示。

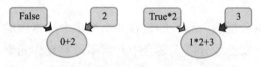

图 2-12 bool 型数值运算分析

False 以整数 0 值参与运算，True 以整数 1 为值参与运算。

可以把数值或任何符合格式的字符串或其他对象转换为 bool 对象，例如：

```
>>> bool(0)        #输出：False
>>> bool(1)        #输出：True
>>> bool("abc")    #输出：True
```

在 Python 3 中，把 True 和 False 定义成了关键字，但它们的本质还是 1 和 0，甚至可以和数字相加。

### 2.3.6 字符串型

字符串是由 0 个或多个字符组成的有序字符（文本）序列，字符串有两类共四种，表示方法：

• 由一对单引号或双引号表示，仅表示单行字符串，例如:" 请输入带有符号的温度值 " 或者 'C'。

- 由一对三单引号或三双引号表示，可表示多行字符串，例如：

    ''' Python

    语言 '''

可以把任意对象转换为 str 对象，使用显式类型转换 str(x) 实现，例如：

```
>>> str(123)          #输出：'123'
>>> str(True)         #输出：'True'
>>> str(3.14)         #输出：'3.14'
```

### 2.3.7  序列类型

序列类型是一个元素向量，元素之间存在先后关系，通过序号访问，元素之间不排他。通过 Python 组合数据一栏表，序列类型是 Python 中的"有序"序列：range 对象、列表和元组。

序列（sequence）是有先后顺序的一组元素的集合，类似 C 语言中的一维数组，但是每个元素的类型可以不同；元素间由序号引导，通过下标访问序列的特定元素。

### 2.3.8  映射类型

映射是一种键（索引）和值（数据）的对应关系，是键值对的组合序列，Python 中字典是一种映射类型，映射类型是"键 – 值"数据项的组合，每个元素是一个键值对，表示为 (key, value)，本书 5.1 节将详细介绍字典。

字典对象举例：{'age': 40, 'name':'zhao'}。

### 2.3.9  集合类型

集合类型与数学中的集合概念一致，即包含 0 个或多个数据项的无序集合，所有元素用大括号 { } 括起来，元素之间以逗号分隔。集合中元素不可重复，元素类型只能是固定的数据类型：整数、浮点数、字符串、元组等。列表、字典和集合类型本身都是可变数据类型，不能作为集合的元素。

由于集合是无序组合，没有索引和位置的概念，不能分片。集合中元素可以动态增加或删除。

集合对象举例：{1, 2, 3, 4}、{'you', 'me', 'he'}。

## 2.4  字符串

存储和处理文本信息在计算机应用中十分常见。文本在程序中用字符串（string 类型）来表示。由于日常生活中常用汉语来交流，但是和计算机打交道的话，需要录入的文本就分为中英文字符串。

Python 3 直接支持 Unicode（意为统一码，Unicode 是为了解决传统的字符编码方案的局限而产生的，它为每种语言中的每个字符设定了统一并且唯一的二进制编码 ASCII，以满足跨语言、跨平台进行文本转换、处理的要求），可以表示世界上任何书面语言的字符。Python 3 的字符默认就是 16 位 Unicode 编码，因此，每一个字符在计算机内部对应有 Unicode 编码。

Python 语言中，字符串是用两个双引号 "" 或者单引号 ' ' 括起来的或多个字符。如果一般的数字用引号标注，Python 会按照字符串处理。实际上，我们在和 Python "打交道"使用最多的是"字符串"而不是"数字"。

## 2.4.1  字符串概念

### 1. 引号创建字符串

字符串和字符串标识符号(单引号、双引号和三引号)都需要使用英文输入法，否则 Python 的运行系统会报错。

其中，单引号(')和双引号(")在 Python 中作用相同。使用单引号时，双引号可以作为字符串的一部分；使用双引号时，单引号可以作为字符串的一部分。三引号('")可以表示单行或者多行字符串。三种使用方法如下：

①单引号字符串：'单引号表示，可以使用 " 双引号 " 作为字符串的一部分'。

②双引号字符串：" 双引号表示，可以使用 ' 单引号 ' 作为字符串的一部分 "。

③三引号字符串：'" 三引号表示，可以使用双引号和单引号，也可以换行 '"。各引号示例代码如图 2-13 所示。

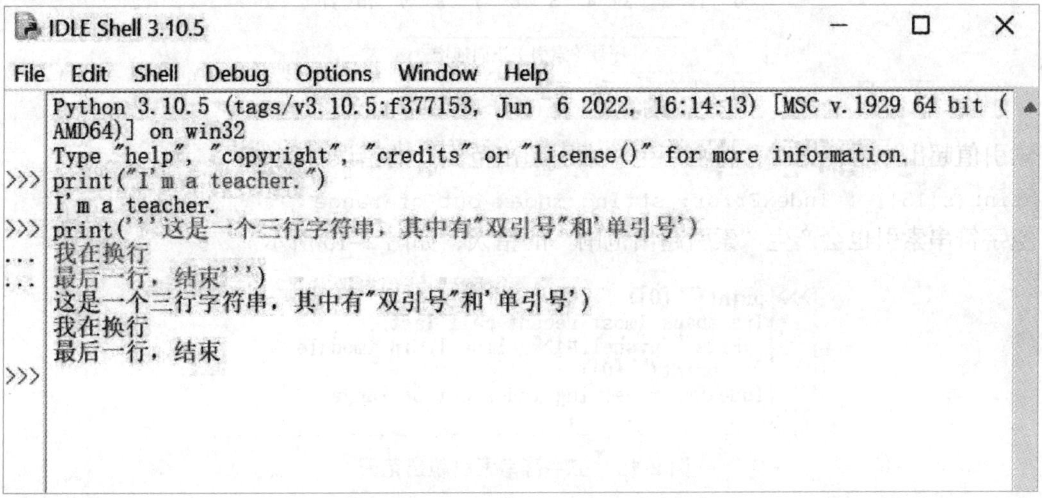

图 2-13  各引号示例代码

### 2. 空字符串和 len() 函数

Python 允许空字符串的存在，不包含任何字符且长度为 0。例如：

```
>>> c = ''
>>> len(c)
0
>>> d = ' '#引号中间有一个空格
>>> len(d)
1
```

len() 用于计算字符串含有多少字符。例如：

```
>>> d = 'abc我来学'
>>> len(d)
6
```

### 3. 索引和切片

字符串是字符的序列，中英文字符串是按照各自的基本组成部分按照顺序排列的，可以按照单个字符或字符片段进行索引（数据库术语，索引的作用相当于图书的目录，可以根据目录中的页码快速找到所需的内容），我们可以根据索引快速找到对应的单个字符或者一段字符序列，索引 s[i] 通过序号获取对应的字符。

字符串包括两种序号体系：正向递增序号和反向递减序号，如图 2-14 所示。如果字符串长度为 L，正向递增，以最左侧字符序号为 0，向右依次递增，最右侧字符序号为 L−1；反向递减序号以最右侧字符序号为 −1，向左依次递减，最左侧字符序号为 −L，图 2-14 中这两种索引字符的方法可以同时使用。

图 2-14　字符串的序号索引

索引值超出序号范围时，将会产生"索引超出范围"的错误，例如：

```
print(s[13]) # IndexError: string index out of range
```

空字符串索引也会产生"索引超出范围"的错误，如图 2-15 所示。

```
>>> print(''[0])
Traceback (most recent call last):
  File "<pyshell#4>", line 1, in <module>
    print(''[0])
IndexError: string index out of range
>>>
```

图 2-15　空字符串索引超出范围

切片：s[start: end]，返回序号在 start 和 end 之间的字符串。

字符串 s ='Hello Python'，引号属于定界符，按照字符串序号顺序，可以对 s 进行索引和切片操作，如图 2-16 所示。

逆向序号切片，如图 2-17 所示。

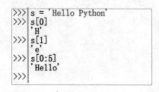

图 2-16　字符串变量索引和切片

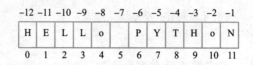

图 2-17　Python 正向切片和逆向切片

s[-4:-1] 提取的是从序号 -4 开始到 -1（但不包含）之间的字符串 'tho'。

正向和逆向序号混用切片：

s[6:-1] 提取的是从正向索引 6 开始，到以反向索引 -1（但不包含）之间的字符串 'Pytho'。

这里，很多读者有疑问：如果要从开头起始提取的字符串，或者切片操作一直提取到结尾呢？

切片：s[start: end] 返回序号在 start 和 end 之间的字符串，当 start 省略时从序号 0 开始，当 end 省略时，到最后一个字符结束，包括最后一个字符，这样，我们会得到一个省略开头和结尾的索引值的简洁字符串整体提取方法，获得整个字符串的一个拷贝，如图 2-18 所示。

```
>>> s = 'Hello Python'
>>> s[:]
'Hello Python'
```

图 2-18　整个字符串的切片操作

切片：s[start: end: step]，每 step 个字符切取一个字符拼接为字符串。

```
s[0::2]     #从字符串开头，步长为2，序号为偶数的字符'HloPto!'
s[::-1]     #负数表示逆向切片，从字符串结尾起，步长为-1的字符'nohtyP olleH'
```

反向切片的经典应用——反转字符串，如图 2-19 所示。

图 2-19　反向切片的经典应用——反转字符串

### 4. 字符串拼接

可以使用 + 将多个字符串拼接起来，例如：print('2021'+' 年 '+'7'+' 月 ') 得到一个字符串 '2021 年 7 月'。

如果 + 两边都是字符串，则拼接。

如果 + 两边都是数字，则加法运算。

如果 + 两边类型不同，则抛出异常。

可以将多个字面字符串直接放到一起实现拼接。例如：'a'+'bb'==>'ab'，示例如图 2-20 所示。

```
>>> a = '长春' + '师范大学'
>>> a
'长春师范大学'
>>> b = 'Hello''Python'
>>> b
'HelloPython'
>>>
```

图 2-20　字符串拼接操作

### 5. 字符串复制：s * n 或 n * s

使用 * 可以实现字符串复制，其中 s 代表任意字符串，n 代表要复制的次数。当 n 为浮点数时，触发异常（类型错误）：can't multiply sequence by non-int of type 'float'，n 必须为整数类型 int。

例 2.3 字符串复制操作，如图 2-21 所示。

图 2-21　字符串复制操作

### 6. 不换行打印

前面调用 print 时，会自动打印一个换行符。有时，我们不想换行，不想自动添加换行符。可以通过参数 end =' 任意字符串 '，实现末尾添加任何内容，建立源文件 mypy_06.py：

```
print("sxt",end=' ')    #以空格结尾
print("sxt",end='##')   #以"##"结尾
print("sxt")            #默认是回车换行
```

运行结果：sxt sxt##sxt。

### 7. str() 实现数字转型字符串

str() 可以将其他数据类型转换为字符串，如图 2-22 所示。

图 2-22　str() 将其他数据类型转换为字符串

当调用 print() 函数时，解释器自动调用了 str() 将非字符串的对象转换成字符串。

### 8. replace() 实现字符串替换

字符串是"不可改变"的，通过 [] 可以获取字符串指定位置的字符——索引和切片，但是不能改变字符串。我们尝试改变字符串中某个字符，发现报错了，如图 2-23 所示。

图 2-23　改变字符串中任意字符报错

字符串一旦初始化就不可改变，可以通过索引和切片进行取值，但不能更改字符串。但是，

有时候确实需要替换某些字符。这时，能通过 replace() 函数来创建一个新的字符串来实现，如图 2-24 所示。

```
>>> a = 'Changchun Normal University'
>>> a.replace('c','C')
'ChangChun Normal University'
>>>
```

图 2-24  replace() 函数示例

整个过程中，实际上是创建了新的字符串对象，并指向了变量 a，而不是修改了以前的字符串。

### 9. split() 分割和 join() 合并

split() 可以基于指定分隔符将字符串分隔成多个子字符串（存储到列表中）。如果不指定分隔符，则默认使用空白字符（换行符 / 空格 / 制表符）。示例代码如下：

```
>>> a = "to be or not to be"
>>> a.split()
['to', 'be', 'or', 'not', 'to', 'be']
>>> a.split('be')
['to ', ' or not to ', '']
```

join() 的作用和 split() 作用刚好相反，用于将一系列子字符串连接起来。示例代码如下：

```
>>> a = ['sxt','sxt100','sxt200']
>>> '*'.join(a)
'sxt*sxt100*sxt200'
```

拼接字符串要点：使用字符串拼接符 +，会生成新的字符串对象，因此不推荐使用 + 来拼接字符串。推荐使用 join() 函数，因为 join() 函数在拼接字符串之前会计算所有字符串的长度，然后逐一复制，仅新建一次对象。

例 2.4 测试 + 拼接符和 join() 的不同的效率（以文件形式保存为 test(+join).py），如图 2-25 所示。

```
File  Edit  Format  Run  Options  Window  Help
#测试"+"拼接符和join()的不同的效率, 文件名为test(+join).py

import time  #导入时间模块

#测试+拼接符的时间
time_01 = time.time()    #起始时刻
a = ''    #a为一个空的字符串变量
for i in range(1000000):
    a += 'sxt'

time_02 = time.time()    #终止时刻
print('+拼接的运算时间: '+str(time_02-time_01))


#测试.join()的时间
time_03 = time.time()    #起始时刻
li = []
for i in range(1000000):
    li.append('sxt')

a = ''.join(li)

time_04 = time.time()    #终止时刻
print('.join的运算时间: '+str(time_04-time_03))
```

图 2-25  测试 "+" 拼接符和 join() 的不同效率

结果显示：

+ 拼接的运算时间：0.599423885345459

.join 的运算时间：0.17752289772033691

#### 10. 字符串比较和同一性

可以直接使用 ==, != 对字符串进行比较，是否含有相同的字符。

使用 is / not is，判断两个对象是否同一个对象。比较的是对象的地址，即 id(obj1) 是否和 id(obj2) 相等。

#### 11. 成员操作符

in /not in 关键字，判断某个字符（子字符串）是否存在于字符串中。

#### 12. 去除首尾信息

可以通过 strip() 去除字符串首尾指定信息。通过 istrip() 去除字符串左边指定信息，rstrip() 去除字符串右边指定信息。

例 2.5 去除字符串首尾信息，如图 2-26 所示。

```
>>>
>>> '0008945687000'.strip("0")
'8945687'
>>> '   CCNU   '.strip()
'CCNU'
>>> '0008945687000'.lstrip('0')
'8945687000'
>>> '0008945687000'.rstrip('0')
'0008945687'
>>>
```

图 2-26　去除字符串首尾信息

### 2.4.2　字符串的处理方法

#### 1. 大小写转换

编程中关于字符串大小写转换的情况，经常遇到。为了方便学习，先设定一个测试变量：

a = "changchun normal university"

大小写转换如表 2-6 所示。

表 2-6　大小写转换

| 示　例 | 说　明 | 结　果 |
|---|---|---|
| a.capitalize() | 产生新的字符串，首字母大写 | 'Changchun normal university' |
| a.title() | 产生新的字符串，每个单词都首字母大写 | 'Changchun Normal University' |
| a.upper() | 产生新的字符串，所有字符全转成大写 | 'CHANGCHUN NORMAL UNIVERSITY' |
| a.lower() | 产生新的字符串，所有字符全转成小写 | 'changchun normal university' |
| a.swapcase() | 产生新的字符串，所有字母大小写转换 | 'CHANGCHUN NORMAL UNIVERSITY' |

#### 2. 格式排版

center()、ljust()、rjust() 这三个函数用于对字符串实现排版。示例如下：

```
>>> a="SXT"
>>> a.center(10,"*")
'***SXT****'
>>> a.center(10)
'   SXT    '
```

```
>>> a.ljust(10,"*")
'SXT*******'
```

### 3. 其他方法

isalnum()：是否为字母或数字。

isalpha()：检测字符串是否只由字母组成 ( 含汉字 )。

isdigit()：检测字符串是否只由数字组成。

isspace()：检测是否为空白符。

isupper()：是否为大写字母。

islower()：是否为小写字母。

## 2.4.3　字符串的格式化

### 1.format() 基本用法

Python 2.6 开始，新增了一种格式化字符串的函数 str.format()，它增强了字符串格式化的功能。基本语法是通过 {} 和 : 来代替以前的 %。

format() 函数可以接受无限个参数，位置可以不按顺序。

通过示例进行格式化的学习，如图 2-27 所示。

```
>>> print('姓名: {},年龄: {}'.format('Qingsong',18))
姓名: Qingsong,年龄: 18
>>> print('姓名: {},年龄: {}'.format('Qingsong','18'))
姓名: Qingsong,年龄: 18
>>> print('姓名: {1},年龄: {0}'.format(18,'Qingsong'))
姓名: Qingsong,年龄: 18
>>>
```

图 2-27　格式化字符串函数

可以通过 { 索引 }/{ 参数名 }，直接映射参数值，实现对字符串的格式化，非常方便。

特别注意，Python 只是在输出函数 print() 使用时，才对字符串进行格式化，在输入函数 input() 时没有格式化的操作。格式化的一般格式是：

```
<模板字符串{}>.format (<逗号分隔的参数>)
```

也就是在 print() 函数的内部，用格式化字符串的形式来规范输出的字符串的形式，在样例中，使用的是 'str'.format() 的形式，单引号或双引号引导的字符串是模板字符串，.format() 中的参数是由逗号分隔的参数。注意格式化操作中，除汉字外的所有符号都使用英文输入法。

模板字符串中的 {} 大括号中除了包括参数序号，还可以包括格式控制信息，如表 2-7 所示。

表 2-7　模板字符串格式控制信息

| 整　　数 | : | 填　　充 | 对　　齐 | 宽　　度 | , | .精　　度 | 类　　别 |
| --- | --- | --- | --- | --- | --- | --- | --- |
| 参数序号 | 引导符号 | 填充字符 | 左对齐 :<<br>右对齐 :><br>居中 :^ | 输出宽度 | 数字千位分隔符 | 浮点数小数位数字符串最大输出长度 | d　十进制<br>x　十六进制<br>o　八进制<br>b　二进制<br>c　Unicode 字符<br>e/E　浮点数指数形式<br>f/F　浮点数标准形式<br>g/G　浮点数最短表示 |

### 2. 填充与对齐

填充常跟对齐一起使用。^、<、> 分别是居中、左对齐、右对齐，后面带宽度。

引导符号：后面带填充的字符，只能是一个字符，不指定的话默认用空格填充，例如：

```
>>> "{:*>8}".format("245")
'*****245'
>>> "我是{0},我喜欢数字{1:*^8}".format("小p","666")
'我是小p,我喜欢数字**666***'
```

### 3. 数字格式化

浮点数通过 f，整数通过 d 进行需要的格式化，例如：

```
>>> a = "我是{0}, 我的存款有{1:.2f}"
>>> a.format("小p",3888.234342)
'我是小p, 我的存款有3888.23'
```

其他格式，如表 2-8 所示。

表 2-8  format() 格式化举例

| 数　字 | 格　式 | 输　出 | 描　述 |
|---|---|---|---|
| 3.1415926 | {:.2f} | 3.14 | 保留小数点后两位 |
| 3.1415926 | {:+.2f} | 3.14 | 带符号保留小数点后两位 |
| 2.71828 | {:.0f} | 3 | 不带小数 |
| 5 | {:0>2d} | 05 | 数字补零（填充左边，宽度为 2） |
| 5 | {:x<4d} | 5xxx | 数字补 x（填充右边，宽度为 4） |
| 10 | {:x<4d} | 10xx | 数字补 x（填充右边，宽度为 4） |
| 1000000 | {:,} | 1,000,000 | 以逗号分隔的数字格式 |
| 0.25 | {:.2%} | 25.00% | 百分比格式 |
| 1000000000 | {:.2e} | 1.00E+09 | 指数记法 |
| 13 | {:10d} | 13 | 右对齐（默认，宽度为 10） |
| 13 | {:<10d} | 13 | 左对齐（宽度为 10） |
| 13 | {:^10d} | 13 | 中间对齐（宽度为 10） |

## 2.4.4　可变字符串

在 Python 中，字符串属于不可变对象，不支持原地修改，如果需要修改其中的值，智能创建新的字符串对象。但是，确实需要原地修改字符串，可以使用 io.StringIO 对象或 array 模块。

```
>>> import io
>>> s = "hello, sxt"
>>> sio = io.StringIO(s)
>>> sio
<_io.StringIO object at 0x02F462B0>
>>> sio.getvalue()
'hello, sxt'
>>> sio.seek(7)
7
>>> sio.write("g")
1
>>> sio.getvalue()
'hello, gxt'
```

平时与计算机交互时，使用专门的软件得到想要编辑的文档或数据，在 Python 中输入和输出字符串，需要 input() 和 print() 两个函数。

### 2.4.5　从控制台读取字符串

我们可以使用 input() 函数从 IDLE 的交互式控制台读取用户键盘输入的内容。例如：Python 将获取你的名字，将你通过键盘输入的名字存储到变量 myname 中。因此，当用户第二次输入"myname"时，IDLE 交互式命令行返回的结果是'张三'，代码如图 2-28 所示。

```
>>> myname = input("请输入名字：")
请输入名字：张三
>>> myname
'张三'
>>>
```

图 2-28　从控制台读取字符串

print() 函数是 Python 中较常见的打印输出函数。对于单个变量，可以直接通过变量名来获取变量的值，在输出函数中可以规范变量值输出的格式，因此 print() 函数中的参数可以根据用户需要进行添加。

## 习题

**一、选择题**

1. 以下（　　）函数可以同时作用于数字类型和字符串类型。

    A. type()　　　　　　B. bin()　　　　　　C. complex()　　　　　　D. len()

2. 函数 divmod(18,4) 的输出结果是（　　）。

    A. 2,4　　　　　　　B. 2,2　　　　　　　C. 4,4　　　　　　　　D. 4,2

3. 以下（　　）不是 Python 保留字。

    A. try　　　　　　　B. For　　　　　　　C. from　　　　　　　D. false

4. 以下程序的输出结果是（　　）。

```
def myf(x = 2.0,y = 4.0):
    global sp
    sp += x * y
    return(sp)
sp = 100
print(sp,myf(4,3))
```

    A. 100 100　　　　　B. 112 112　　　　　C. 112 100　　　　　D. 100 112

5. 以下代码的输出结果是（　　）。

```
a = 10.99
print(complex(a))
```

    A. (10.99+0j)　　　　B. 0.99　　　　　　C. 10.99+j　　　　　D. 0.99+j

6. 3*9+2**5//(6/2)+8%3-5 运算的结果是（　　）。

A. 35　　　　　　　B. 34　　　　　　　C. 33　　　　　　　D. -5

7. 以下选项中（　　）不是 Python 语言的保留字。

A. while　　　　　B. except　　　　　C. pass　　　　　　D. do

8. 以下字符串（　　）是合法的。

A. "abc 'def 'ghi"　　　　　　　　　　B. 'I love Python'

C. "I love "love" Python"　　　　　　D. "I love Python"

9. 下面代码的输出结果是（　　）。

```
z = 12.34 + 34j
print(z.imag)
```

A. 34　　　　　　　B. 12　　　　　　　C. 34.0　　　　　　D. 12.12

10. import math

math.ceil(-4.5)，math.floor(-4.5) 两个函数的输出结果是（　　）。

A. -4，-5　　　　　B. -5，-4　　　　　C. 4，5　　　　　　D. -4，-4

11. 程序段如下：

```
def func(x):
    return x,x**3
a = func(10)
```

a 的数据类型是（　　）。

A. 整型　　　　　　B. 函数类型　　　　C. 元组类型　　　　D. 列表类型

12.

```
weight = 65
height = 1.756
print("体重{1:3d}公斤,身高{0:.2f}米。".format(height, weight))
```

运行后的正确结果是（　　）。

A. 体重 65 公斤，身高 1.75 米　　　　B. 体重 65 公斤，身高 1.75 米

C. 体重 65 公斤，身高 1.76 米　　　　D. 体重 1.76 公斤，身高 65 米

13. 程序段如下：

```
ls = list(range(5))
print(ls[3:],2 in ls)
```

print 函数的输出结果是（　　）。

A. 3,False　　　　　B. 2 True　　　　　C. 2,False　　　　　D. 3,True

14. 表达式 int('100/3') 的执行结果是（　　）。

A. 100/3'　　　　　B. 33　　　　　　　C. 33.3　　　　　　D. ValueError

15. input() 输入的数据类型是（　　）。

A. 整型　　　　　　B. 复数型　　　　　C. 字符串型　　　　D. 浮点型

16. 以下符合 Python 语言变量命名规则的是（　　）。

A. turtle　　　　　B. !i　　　　　　　C. 5_2　　　　　　D. (ABC)

17. "世界那么大，我想去看看 "[7-3] 的输出结果是（　　）。

A. 想　　　　　　　B. 我想　　　　　　C. 想去　　　　　　D. 我想去

18. 以下赋值语句中合法的是（　　）。

　　A. x = 2,y = 3　　　　B. x=y=3　　　　C. x=(y=3)　　　　D. x=2 y=3

19. 关于表达式 id('45') 的结果的描述，错误的是（　　）。

　　A. 是一个字符串　　B. 可能是 4539670688

　　C. 是一个正整数　　D. 是 '45' 的内存地址

20. Python 语言提供三种基本的数字类型，它们是（　　）。

　　A. 复数类型、二进制类型、浮点数类型

　　B. 整数类型、二进制类型、浮点数类型

　　C. 整数类型、二进制类型、复数类型

　　D. 整数类型、浮点数类型、复数类型

21. 以下程序的输出结果是（　　）。

```
print(len(list('i love python')))
```

　　A. 11　　　　　　　B. 1　　　　　　　C. 13　　　　　　　D. 3

22. 在 Python 语言中，IPO 模式不包括（　　）。

　　A. Program（程序）　B. Output（输出）　C. Process（处理）　D. Input（输入）

23. 以下程序的输出结果是（　　）。

```
def mysort(ss,flag):
    if flag:
        return(sorted(ss,reverse = True))
    else:
        return(sorted(ss,reverse = False))
ss = [9,4,6,21]
print(mysort(ss,2))
```

　　A. [4,6,9,21]　　　B. [21,9,6,4]　　　C. [9,4,6,21]　　　D. [9,4]

24. 有以下代码：

```
s="python"
 s.find("h")
```

正确的输出结果是（　　）。

　　A. 4　　　　　　　B. 3　　　　　　　C. h　　　　　　　D. t

25. 以下选项中，不是 Python 保留字的是（　　）。

　　A. true　　　　　　B. pass　　　　　　C. True　　　　　　D. None

26. "世界很大 "+" 人很渺小 " 的输出结果是（　　）。

　　A." 世界很大 "" 人很渺小 "　　　　　　B. 世界很大人很渺小

　　C." 世界很大 "+" 人很渺小 "　　　　　　D. 世界很大 + 人很渺小

27. 以下（　　）数字是八进制的。

　　A. Oa1010　　　　　B. Ob072　　　　　C. 0o711　　　　　D. Ox456

28. 以下选项中，错误的是（　　）。

　　A. 组合数据类型可以分为三类：序列类型、集合类型和映射类型

　　B. 序列类型是二维元素向量，元素之间存在先后关系，通过序号访问

C. Python 组合数据类型能够将多个数据组织起来，通过单一的表示使数据操作更有序、更容易理解

D. Python 的 str、tuple 和 list 类型都属于序列类型

二、实战案例

1. 问题描述。

扫一扫

温度转换

温度有两种表示方法：摄氏度（celsius）和华氏度（fahrenheit）。摄氏度：中国等世界大多数国家使用，以 1 个标准大气压下水的结冰点为 0℃，沸点为 100℃，将温度进行等分刻画。华氏度：美国、英国等国家使用，以 1 个标准大气压下水的结冰点为 32 ℉，沸点为 212 ℉，将温度进行等分刻画。

根据华氏和摄氏温度定义，转换算法如下：（$t$ 表示摄氏度；$f$ 表示华氏度）

$$t = (f - 32) / 1.8$$

$$f = 1.8t$$

请用 Python 编写程序将用户输入的温度进行转换。

2. 解题思路：

（1）输入带华氏或摄氏标志的温度值。

（2）根据温度标志选择适当的温度转换算法。

（3）输出转换后的温度。

3. 解题方法。代码如图 2-29 所示。

第 1 行：定义变量 num，用 input() 函数获取用户输入的带有符号的温度值。

第 3~5 行：通过索引获取用户输入的最后一位字符，用 in 判断该字符是否在列表 ['C', 'c'] 中，即判断用户输入的是不是摄氏温度。若用户输入的是摄氏温度，则通过温度转换公式将摄氏温度转换为华氏温度，用 print() 函数输出运行结果，保留小数点后两位。

第 6~8 行：用 in 判断用户输入的最后一位字符是否在列表 ['F', 'f'] 中，即判断用户输入的是不是华氏温度。若用户输入的是华氏温度，则通过温度转换公式将华氏温度转换为摄氏温度，用 print() 函数输出运行结果。

第 9~10 行：否则，用 print() 函数打印"输入格式错误"。

说明：

由于 input() 函数返回的数据类型为字符串型，所以第 4 行需要用 float() 函数将其转化为浮点数类型再进行计算，或使用 eval() 函数由 Python 判断类型直接参与计算。

用户输入的字符串是有序的排列，如用户输入 34C，则第一个字符是 3，第二个是 4，第三个是 C。

在 Python 中，字符串中的字符可以通过索引来提取，从前往后索引时，下标从 0 开始，从后往前索引时，下标从 -1 开始。因此 num[0:-1] 表

```python
num = input("请输入带有符号的温度值: ")

if num[-1] in ['C', 'c']:
    f = 1.8 * float(num[0:-1]) + 32
    print(f"转换后的温度是{f:0.2f}华氏度")
elif num[-1] in ['F', 'f']:
    c = (float(num[0:-1]) - 32) / 1.8
    print(f"转换后的温度是{c:0.2f}摄氏度")
else:
    print("输入格式错误")
```

图 2-29　代码

示取从前往后的第一个字符到从后往前的第一个字符，但不包括从后往前的第一个字符（因为索引不包含尾下标的元素），如用户输入 34C，获取的元素是 34（见图 2-30）。

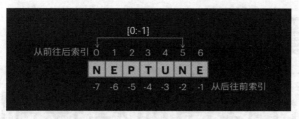

图 2-30　索引

4. 运行结果图 2-31 所示。

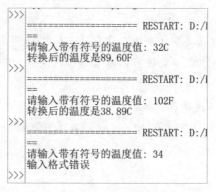

图 2-31　运行结果

# 第3章

# Python 程序流程控制

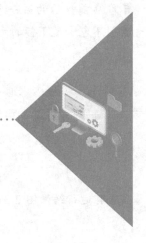

前面了解和学习的变量、数据类型（整数、浮点数、布尔）、序列（字符串、列表、元组、字典、集合），可以看作是数据的组织方式。数据可以看作是"砖块"。流程控制语句是代码的组织方式，可以看作是"混凝土"。

一个完整的程序，就如同一座建筑，既离不开"砖块"，也离不开"混凝土"。它们的组合，才能让我们建立从小到"一个方法"，大到"操作系统"等各种各样的"软件"。接下来，我们首先了解 Python 程序的构成。

## 3.1 \\\\ Python 程序的构成

Python 程序构成如图 3-1 所示。

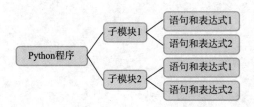

图 3-1　Python 程序构成

① Python 程序由模块组成。一个模块对应 Python 源文件，一般扩展名是 .py。

②模块由语句和表达式组成。运行 Python 程序时，按照模块中语句的顺序依次执行。

③语句和表达式是 Python 程序的构造单元，用于创建对象、变量赋值、调用函数、控制语句等。

### 3.1.1　Python 文件的创建和执行

前面使用的交互式环境，每次只能执行一条语句，为了编写多条语句实现复杂的逻辑，通过创建 Python 文件并执行该文件。

在 IDLE 环境中，可以通过 File → new File 命令创建 Python 文件，并可以编辑该文件内容，也可以通过 File →Save/Save As 命令保存文件。一般保存成扩展名为 .py 的文件。

需要执行编辑好的文件，可以用快捷键【F5】或者通过 Run → Run Module 命令。

### 3.1.2　代码的组织和缩进

很多编程语言通过字符（如花括号 {}）、关键字（如 begin/end）来划分代码块。同时，再配合代码的缩进增加可读性。Python 语言中，直接通过缩进来组织代码块。缩进成为了 Python 语法的强制规定。缩进时，几个空格都是允许的，但是数目必须统一。通常采用"四个空格"表示一个缩进。同时，也要避免【Tab】制表符或者【Tab】与空格混合的缩进。目前，常用的编辑器一般设置成：按【Tab】制表符将缩进四个空格。

Python 官方推荐"PEP 8–Python 代码风格指南"，有兴趣的同学可以参考。

### 3.1.3　使用注释 #

注释是程序中会被 Python 解释器忽略的一段文本。程序员可以通过注释记录任意想写的内容，通常是关于代码的说明。

Python 中的注释只有单行注释，使用 # 开始直到行结束的部分。

### 3.1.4　使用行连接符

一行程序的长度是没有限制的，但是为了可读性更强，通常将一行比较长的程序分为多行。这是，我们可以使用行连接符 \，把它放在行结束的地方。Python 解释器仍然将它们解释为同一行。

程序的结构：在与 Python 代码环境人机交互的过程中，我们输入的大部分代码都是一行一行顺序执行的，就如同文章的自然段。但是在编程中出现的选择和循环结构，可以控制程序的语句执行和改变出口，如同我们在生活中遇到的"岔路口"和"跑圈"一样，这样在编程中我们可以根据要得到的结果来选择程序采用哪种结构更合理。

## 3.2　选择结构

在现实生活中，当你面临选择的时候，才会让你感觉"为难"。因为每个选择的后面，是不同的结果。在 Python 程序中的选择结构，也是同样的情况。这里的选择结构通过判断条件来决定执行哪个分支。

选择结构有多种形式，分为单分支、双分支、多分支，单分支和双分支，结构如图 3–2 所示。

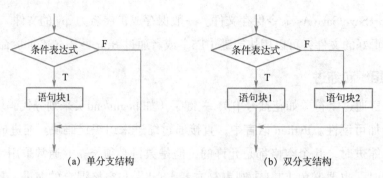

(a) 单分支结构　　　　　　　　　　　　(b) 双分支结构

图 3-2　单分支和双分支结构

多分支结构如图 3-3 所示。

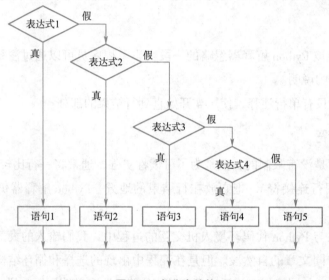

图 3-3　多分支结构

### 3.2.1　单分支选择结构

if 语句单分支结构的语法形式如下：

```
if 条件表达式：
    语句/语句块
```

其中：

条件表达式：可以是逻辑表达式、关系表达式、算术表达式等。

语句 / 语句块：可以是一条语句，也可以是多条语句。多条语句，缩进必须一致。

例 3.1 输入一个数字，小于 10，则打印出这个数字 (if_test01.py)。

```
num = input("输入一个数字：")
if int(num)<10:
    print(num)
```

### 3.2.2　条件表达式详解

真值测试：对象出现在 if 或 while 语句中的条件表达式中，或是作为布尔运算的操作数时，对象值表现为 True 或 False。

在选择和循环结构中，条件表达式的值为 False 的情况如下：

被定义为假值的常量：False、空值 None，如图 3-4 所示。

任何数值类型的数字零：0、0.0、0j、Decimal(0)、Fraction(0, 1)。

空的序列（空字符串、空列表、空元祖、空字典、空集合）和多项集：空 range 对象、空迭代对象，如图 3-5 所示。除了以上情况外，其他情况条件表达式均为 True。

```
>>> print(bool(''))      #空字符串
False
>>> print(bool([]))      #空列表
False
>>> print(bool(()))      #空元组
False
>>> print(bool({}))      #空字典
False
>>> print(bool(set()))   #空集合
False
>>> print(bool(range(0)))#空range对象
```

```
>>> print(bool(False))
False
>>> print(bool(None))
False
>>> |
```

图 3-4　条件表达式的值为 False　　　　图 3-5　条件表达式的值为 False

Python 所有的合法表达式都可以看作条件表达式，甚至包括函数调用的表达式。

**例 3.2** 测试各种条件表达式。

```python
if 3:       #整数作为条件表达式
    print("ok")
a = []      #列表作为条件表达式，由于为空列表，是False
if a:
    print("空列表, False")
s = "False"     #非空字符串，是True
if s:
    print("非空字符串，是True")


c = 9
if 3<c<20:
    print("3<c<20")
if 3<c  and  c<20:
    print("3<c  and c<20")


if True:         #布尔值
    print("True")
```

执行结果如下：

```
ok
非空字符串，是True
3<c<20
3<c  and c<20
True
>>>
```

条件表达式中，不能有赋值操作符"="，避免了其他语言中经常误将关系运算符"=="写作赋值运算符"="带来的困扰。如下代码将会报语法错误：

```
if 3<c and (c=20):
    print("赋值符不能出现在条件表达式中")
```

### 3.2.3  双分支选择结构

双分支结构的语法格式如下：

```
if   条件表达式 :
    语句1/语句块1
else:
    语句2/语句块2
```

例 3.3 输入一个数字，小于 10，则打印该数字；大于 10，则打印"数字太大"。

```
num = input("输入一个数字: ")
if int(num)<10:
    print(num)
else:
    print("数字太大")
```

### 3.2.4  三元条件运算符

Python 提供了三元运算符，用来在某些简单双分支赋值情况。三元条件运算符语法格式如下：

```
条件为真时的值    if(条件表达式)    else   条件为假时的值
```

上一个案例代码，可以用三元条件运算符实现：

```
num = input("请输入一个数字")
print(num if int(num)<10 else "数字太大")
```

可以看到，这种写法更加简洁、易读。

### 3.2.5  多分支选择结构 if…elif…else

多分支选择结构的语法格式如下：

```
if 条件表达式1:
    语句1/语句块1
elif 条件表达式2:
    语句2/语句块2
elif 条件表达式n:
    语句n/语句块n
[else:
    语句n+1/语句块n+1
]
```

多分支选择结构，几个分支之间是有逻辑关系的，不能随意颠倒顺序。

注 计算机行业，描述语法格式时，使用中括号 [] 通常表示可选，非必选。

例 3.4 输入一个学生的成绩，将其转化成简单描述：不及格（小于 60）、及格（60~79）、良好（80~89）、优秀（90~100）。

方法 1：使用完整的条件表达。

```
score = int(input("请输入分数"))
grade = ''
if(score<60):
    grade = "不及格"
if(60<=score<80):
    grade = "及格"
if(80<=score<90):
    grade = "良好"
if(90<=score<=100):
    grade = "优秀"
print("分数是{0},等级是{1}".format(score,grade))
```

每个分支都使用了独立的、完整的判断，顺序可以随意挪动，而不影响程序运行。

方法 2：利用多分支结构。

```
score = int(input("请输入分数"))
grade = ''
if score<60 :
    grade = "不及格"
elif  score<80 :
    grade = "及格"
elif  score<90 :
    grade = "良好"
elif  score<=100:
    grade = "优秀"
print("分数是{0},等级是{1}".format(score,grade))
```

多分支选择结构，几个分支之间是有逻辑关系的，不能随意颠倒顺序。

例 3.5 已知点的坐标 (x,y)，判断其所在的象限。

```
x = int(input("请输入x坐标"))
y = int(input("请输入y坐标"))

if(x==0 and y==0):print("原点")
elif(x==0):print("y轴")
elif(y==0):print("x轴")
elif(x>0 and y>0):print("第一象限")
elif(x<0 and y>0):print("第二象限")
elif(x<0 and y<0):print("第三象限")
else:
    print("第四象限")
```

### 3.2.6　选择结构嵌套

选择结构可以嵌套，使用时一定要注意控制好不同级别代码块的缩进量，因为缩进量决定了代码的从属关系。语法格式如下：

```
if 表达式1:
语句块1
if 表达式2:
语句块2
else:
语句块3
else:
```

```
if 表达式4：
    语句块4
```

例 3.6 输入一个分数，分数在 0~100 之间。90 及以上是 A，80 及以上是 B，70 及以上是 C，60 及以上是 D，60 及以下是 E。

```
score = int(input("请输入一个在0-100之间的数字："))
grade = ""
if score>100 or score<0:
    score = int(input("输入错误！请重新输入一个在0-100之间的数字："))
else:
    if score>=90:
        grade = "A"
    elif score>=80:
        grade = 'B'
    elif score>=70:
        grade = 'C'
    elif score>=60:
        grade = 'D'
    else:
        grade = 'E'
    print("分数为{0},等级为{1}".format(score,grade))
```

或者也可以用下面代码更少的方法。不过，需要大家思考为什么这样写？

```
score = int(input("请输入一个在0-100之间的数字："))
degree = "ABCDE"
num = 0
if score>100 or score<0:
    score = int(input("输入错误！请重新输入一个在0-100之间的数字："))
else:
    num = score//10
    if num<6:num=5
    print("分数是{0},等级是{1}".format(score,degree[9-num]))
```

## 3.3 循环结构

循环结构用来重复执行一条或多条语句。表达这样的逻辑：如果符合条件，则反复执行循环体里的语句。在每次执行完后都会判断一次条件是否为 True，如果为 True 则重复执行循环体里的语句，如图 3-6 所示。

循环体里面的语句至少应该包含改变条件表达式的语句，以使循环趋于结束；否则，就会变成一个死循环。

### 3.3.1 while 循环

while 循环的语法格式如下：

```
while  条件表达式：
    循环体语句
```

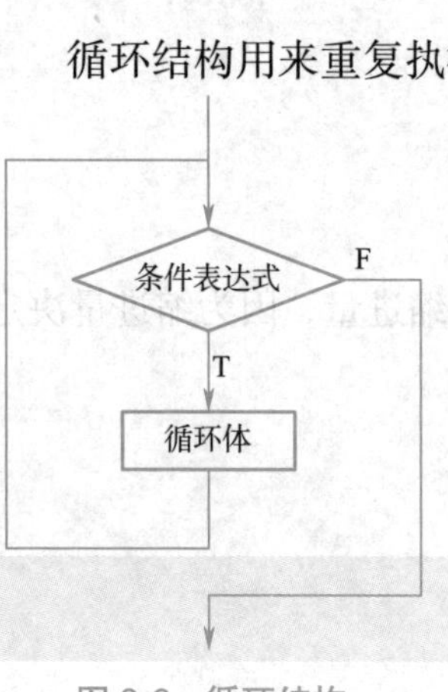

图 3-6　循环结构

我们通过一些简单的练习来熟悉 while 循环。

例 3.7 利用 while 循环打印从 0~10 的数字。

```
num = 0
while num<=10:
    print(num)
    num += 1
```

例 3.8 利用 while 循环，计算 1~100 之间数字的累加和；计算 1~100 之间偶数的累加和，计算 1~100 之间奇数的累加和。

```
num = 0
sum_all = 0              #1-100所有数的累加和
sum_even = 0            #1-100偶数的累加和
sum_odd = 0             #1-100奇数的累加和
while num<=100:
    sum_all += num
    if num%2==0:sum_even += num
    else:sum_odd += num
    num += 1            #迭代，改变条件表达式，使循环趋于结束

print("1-100所有数的累加和",sum_all)
print("1-100偶数的累加和",sum_even)
print("1-100奇数的累加和",sum_odd)
```

### 3.3.2　for 循环和可迭代对象遍历

for 循环通常用于可迭代对象的遍历。for 循环的语法格式如下：

```
for  变量  in  可迭代对象:
    循环体语句
```

例 3.9 遍历一个元组或列表。

```
for  x  in  (20,30,40):
    print(x*3)
```

### 3.3.3　可迭代对象

Python 包含以下几种可迭代对象：字符串、列表、元组、字典、迭代器对象（iterator）、生成器函数（generator）、文件对象。

迭代器对象和生成器函数将在后面进行详解。接下来，我们通过循环来遍历这几种类型的数据。

例 3.10 遍历字符串中的字符。

```
for  x  in  "sxt001":
    print(x)
```

例 3.11 遍历字典。

```
d = {'name':'zhangsan','age':18,'address':'西三旗001号楼'}
for  x  in  d:    #遍历字典所有的key
    print(x)
```

```
for x    in  d.keys():#遍历字典所有的key
    print(x)

for x    in  d.values():#遍历字典所有的value
    print(x)

for x    in  d.items():#遍历字典所有的"键值对"
    print(x)
```

### 3.3.4　range 对象

range 对象是一个迭代器对象，用来产生指定范围的数字序列。

格式为

```
range(start, end  [,step])
```

生成的数值序列从 start 开始到 end 结束（不包含 end）。若没有填写 start，则默认从 0 开始。step 是可选的步长，默认为 1。典型示例如下：

```
for i in range(10)          #产生序列: 0 1 2 3 4 5 6 7 8 9
for i in range(3,10)        #产生序列: 3 4 5 6 7 8 9
for i in range(3,10,2)      #产生序列: 3  5  7  9
```

例 3.12 利用 for 循环，计算 1~100 之间数字的累加和；计算 1~100 之间偶数的累加和，计算 1~100 之间奇数的累加和。

```
sum_all = 0            #1-100所有数的累加和
sum_even = 0           #1-100偶数的累加和
sum_odd = 0            #1-100奇数的累加和
for num in range(101):
    sum_all += num
    if num%2==0:sum_even += num
    else:sum_odd += num

print("1-100累加总和{0},奇数和{1},偶数和{2}".format(sum_all,sum_odd,sum_even))
```

### 3.3.5　流程跳转

流程跳转语句：continue 和 break，应用于 while 或 for 循环语句中，置于条件判定语句块内，当满足某条件时触发该语句的执行。

continue 应用于 while 或 for 循环语句中，跳过本次循环中剩余语句的执行，提前进入下一次循环，如图 3-7 所示。

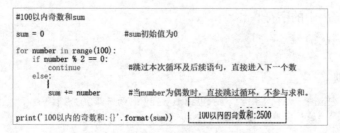

图 3-7　流程跳转语句

break 应用于 while 或 for 循环语句中，跳过当前循环中未执行的次数，提前结束当前层次循环。图 3-8 为 break 应用：输出最大真因子，一旦满足条件就提前结束当前循环。

```
num = int(input())              # 输入一个整数，例如：100
for i in range(num - 1, 0, -1): # 遍历小于num且大于1的整数
    if num % i == 0:            # 若i为num的因数
        print(i)               # 输入100时，输出50
        break                  # 中止循环
```

图 3-8　break 语句

### 3.3.6  嵌套循环和综合练习

一个循环体内可以嵌入另一个循环，一般称为"嵌套循环"，或者"多重循环"。

例 3.13 打印如下图案：

```
0 0 0 0 0
1 1 1 1 1
2 2 2 2 2
3 3 3 3 3
4 4 4 4 4
```

```
for x in range(5):
    for y in range(5):
        print(x,end="\t")
    print()     #仅用于换行
```

例 3.14 利用嵌套循环打印九九乘法表。

```
for m in range(1,10):
    for n in range(1,m+1):
        print("{0}*{1}={2}".format(m,n,(m*n)),end="\t")
    print()
```

执行结果：

```
1*1=1
2*1=2   2*2=4
3*1=3   3*2=6   3*3=9
4*1=4   4*2=8   4*3=12  4*4=16
5*1=5   5*2=10  5*3=15  5*4=20  5*5=25
6*1=6   6*2=12  6*3=18  6*4=24  6*5=30  6*6=36
7*1=7   7*2=14  7*3=21  7*4=28  7*5=35  7*6=42  7*7=49
8*1=8   8*2=16  8*3=24  8*4=32  8*5=40  8*6=48  8*7=56  8*8=64
9*1=9   9*2=18  9*3=27  9*4=36  9*5=45  9*6=54  9*7=63  9*8=72  9*9=81
```

## 3.4  异常处理

程序运行时引发的错误，如除零、下标越界、文件不存在、网络异常、类型错误、名字错误、字典键错误、磁盘空间不足等。如果这些错误得不到正确处理将会导致程序终止运行，合理地使用异常处理结构可使程序更加健壮，容错性更好。

Python 通过 try、except 等保留字提供异常处理功能，异常处理：try...except 语句。示例小程序如图 3-9 所示。

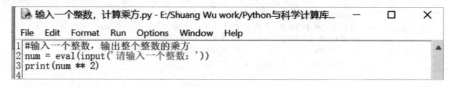

图 3-9　try...except 语句

当用户输入数字 10，程序正常执行，那么如果用户输入的不是数字，而是一个字符串"hello"，会出现什么情况？如图 3-10 所示。

```
>>> = RESTART: E:/Shuang Wu work/Python与科学计算库-Python程序设计/Python与科学计算库-2021年度/Python
    案例库/输入一个整数, 计算乘方.py
    请输入一个整数: 10
    100
>>> = RESTART: E:/Shuang Wu work/Python与科学计算库-Python程序设计/Python与科学计算库-2021年度/Python
    案例库/输入一个整数, 计算乘方.py
    请输入一个整数: hello
    Traceback (most recent call last):
      File "E:/Shuang Wu work/Python与科学计算库-Python程序设计/Python与科学计算库-2021年度/Python案
    例库/输入一个整数, 计算乘方.py", line 2, in <module>
        num = eval(input('请输入一个整数: '))
      File "<string>", line 1, in <module>
    NameError: name 'hello' is not defined. Did you mean: 'help'?
>>>
```

图 3-10　Python 程序运行后异常信息提示

可以看到，Python 解释器返回了异常信息，同时退出程序。

Python 异常信息中包含错误回溯标记、异常文件路径、异常发生所在的代码行、异常名（异常类型）和异常内容提示，如图 3-11 所示。

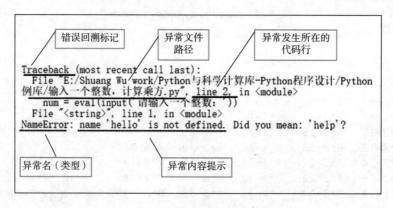

图 3-11　Python 异常信息含义说明

异常信息中最重要的部分是异常名（异常类型），它表明发生异常的原因，也是程序处理异常的依据，我们会根据异常名找到解决问题的突破口。常见的异常名（异常类型）有：

- SyntaxError：语法错误。
- AttributeError：属性错误。

- NameError：名称错误。
- TypeError：类型错误。

读者在实际编程过程中，根据每种类型的提示，找到并分析原因，通过异常处理和规范化编写使程序更加健壮，容错性更好。

Python 使用 try-except 语句实现异常处理，其基本语法格式如下：

```
try:
    <语句块1>
except <异常类型>:
    <语句块2>
```

语句块 1 是正常执行的程序内容，当发生异常时执行 except 保留字后面的语句。我们为上述"输入一个整数，输出这个整数的乘方"增加异常处理，代码如图 3–12 所示。

当输入非整数的时候，程序通过异常处理语句，执行结果如图 3–13 所示。

图 3-12　try-except 异常处理示例（1）　　　图 3-13　try-except 异常处理示例（2）

除了 try 和 except 保留字外，异常处理结构可同时包含 else、finally 和多个 except 子句，语法格式如下：

```
try :
        <语句块1>
except <异常类型1> :
        <语句块2>
else :
        <语句块3>
finally:
        <语句块4>
```

此处的 else 语句与 for 循环和 while 循环中的 else 一样，当 try 中的语句块 1 正常执行结束且没有发生异常时，else 中的语句块 3 执行，可以看作是对 try 语句块正常执行后的一种追加处理。finally 语句块则不同，无论 try 中的语句块 1 是否发生异常，语句块 4 都会执行，可以将程序执行语句块 1 的一些收尾工作放在这里，例如，关闭、打开文件等。

## 习题

一、选择题

1. 以下不是 Python 组合数据类型的是（　　　）。

　　A. 列表类型　　　　　　B. 字符串类型　　　　　C. 数组类型　　　　　D. 元组类型

2. 在 Python 语言中，以下选项不能作为变量名的是（　　　）。

　　A. Temp　　　　　　　　B. 3p　　　　　　　　　C. p　　　　　　　　　D. _fg

3. 以下关于控制结构的描述，错误的是（　　　　）。

A. 使用 range(1,10) 函数，指定语句块的循环次数是 9 次

B. Python 的多分支结构，既包含 else 语句块，也包含 elif 语句块

C. Python 的单分支结构包含 else 语句

D. Python 的 for 循环结构是对遍历结构各元素进行处理

4. 以下关于 Python 语言中 try 语句的描述中，错误是（　　　　）。

A. try 代码块不触发异常时，不会执行 except 后面的语句

B. try 用来捕捉执行代码发生的异常，处理异常后能够回到异常处继续执行

C. 当执行 try 代码块触发异常后，会执行 except 后面的语句

D. 一个 try 代码块可以对应多个处理异常的 except 代码块

5. 以下不是程序设计的基本结构的是（　　　　）。

A. 顺序结构　　　　　B. 选择结构　　　　　C. 循环结构　　　　　D. 流式结构

6. 执行以下程序，输出结果是（　　　　）。

```
y='中文'
x='中文字'
print(x>y)
```

A. FalseorFalse　　　　　B. None　　　　　C. true　　　　　D. false

7. 关于 break 的作用，下列说法中正确的是（　　　　）。

A. 跳出所有 for/while 循环

B. 按照缩进跳出一层语句块

C. 跳出一层 for/while 循环

D. 按照缩进跳出除函数缩进外的所有语句块

8. Python 为源文件指定的默认字符编码是（　　　　）。

A. ASCII　　　　　B. GBK　　　　　C. UTF-8　　　　　D. GB2312

9. 以下关于分支结构的描述中，错误的是（　　　　）。

A. if 语句中语句块执行与否依赖于条件判断

B. 多分支结构用于设置多个判断条件以及对应的多条执行路径

C. if 语句中条件部分可以使用任何能够产生 True 和 False 的语句和函数

D. 二分支结构有一种紧凑形式，使用保留字 if 和 elif 实现

10. 有以下程序：

```
score = eval(input("请输入成绩："))
if score>=60:
    grade="及格"
elif score>=70:
    grade="中等"
elif score>=80:
    grade="良好"
else score>=90:
    grade="优秀"
print(grade)
```

输入 80 时，输出是（　　　）。

    A. 优秀　　　　　　　B. 及格　　　　　　　C. 良好　　　　　　　D. 中等

11. 以下程序的输出结果是（　　　）。

```
ss = set("htslbht")
sorted(ss)
for i in ss:
    print(i,end = '')
```

    A. htslbht　　　　　　B. tsblth　　　　　　C. hlbst　　　　　　D. hhlstt

12. 变量 tstr='kip520'，表达式 eval(tstr[3:-1]) 的结果是（　　　）。

    A. p520　　　　　　B. 52　　　　　　C. p52　　　　　　D. 520

13. 程序如下：

```
s=0
for i in range(1,11):
    s=s+i
    i=i+1
print(s)
```

以上程序去掉（　　　）语句，将不影响程序的功能。

    A. i=i+1　　　　　　B. print(s)　　　　　　C. s=s+i　　　　　　D. for i in range(1,11):

14. 以下程序的输出结果是（　　　）。

```
for i in "Nation":
    for k in range(2):
        if i == 'n':
            break
        print(i, end="")
```

    A. Naattiioon　　　　B. NNaattiioo　　　　C. aattiioonn　　　　D. aattiioo

15. 以下代码绘制的图形是（　　　）。

```
import turtle as t
for i in range(1,5):
    t.fd(50)
    t.left(90)
```

    A. 三角形　　　　　　B. 五角星　　　　　　C. 正方形　　　　　　D. 五边形

16. 以下关于 Python 语言的描述中，正确的是（　　　）。

    A. 条件 11<=22<33 是不合法的

    B. 条件 11<=22<33 是合法的，输出 True

    C. 条件 11<=22<33 是合法的，输出 False

    D. 条件 11<=22<33 是不合法的，抛出异常

17. 函数 chr(x) 的作用是（　　　）。

    A. 返回字符串 x 中每个字符对应的 Unicode 编码值

    B. 返回字符 x 对应的 Unicode 值

    C. 返回数字 x 作为 Unicode 编码对应的字符

    D. 返回数字 x 的十六进制字符串形式

18. 以下遍历循环语句：

```
for i in range(n)
```

关于 n 的数据类型说法正确的是（　　　）。

    A. 整型类型         B. 字符串型         C. 浮点型         D. 复数类型

19. 函数 divmod(40,3) 的输出结果是（　　　）。

    A. (13,1)         B. 13,1         C. 13         D. 1

20. 程序如下：

```
s=0
for i in range(1,11):
    s=s+i
    i=i+1
print(s,i)
```

程序运行结果 s 和 i 的值分别是（　　　）。

    A.50，12         B.55,11         C.50，10         D.55,10

21. 以下程序的输出结果不可能是（　　　）。

```
import random
ls = ['a','b','c','d']
print(random.sample(ls,2))
```

    A.['d','a']         B.['d','c']         C.['a','d','c']         D.['b','d']

22. 以下（　　　）语句的运行结果为 True。

    A. ('3','2')<('a','b')                B. 3>2>2

    C. 5+4j>2-3j                  D. 'abc'<'xyz'

23. 以下代码的输出结果是（　　　）。

```
while True:
    guess =eval(input())
    if guess == 0x452//2:
        break
print(guess)
```

    A.553         B.break         C."0x452//2"         D.0x452

24. 以下关于 Python 循环结构的描述中，错误的是（　　　）。

    A. while 循环可以使用保留字 break 和 continue

    B. while 循环也叫遍历循环，用来遍历序列类型中元素，默认提取每个元素并执行一次循环体

    C. while 循环使用 pass 语句，则什么事也不做，只是空的占位语句

    D. while 循环使用 break 保留字能够跳出所在层循环体

25. 以下代码的输出结果是（　　　）。

```
for i in range(1,6):
    if i%4 == 0:
        break
    else:
        print(i,end =",")
```

A. 1,2,3,4,　　　　　B. 1,2,3,　　　　　C. 1,2,3,5,6　　　　　D. 1,2,3,5,

26.random 库中用于生成随机小数的函数是（　　　）。

A. getrandbits()　　　　B. randrange()　　　　C. randint()　　　　D. random()

二、实战案例

1. 问题描述。

大约在 1 500 年前，《孙子算经》中就记载了这个有趣的问题："今有雉兔同笼，上有三十五头，下有九十四足，问雉兔各几何？"意思是，有若干只鸡和兔子关在同一个笼子里，从上面数有 35 个头，从下面数有 94 只脚，问：笼子中有多少只鸡？多少只兔子？我们今天用 Python 解决鸡兔同笼问题：请用户输入头数和脚数，判断有多少只鸡，多少只兔子？

扫一扫

鸡兔同笼

2. 解题思路。

第一步：用 input() 函数使用户输入头的个数和脚的个数。

第二步：判断鸡和兔子的数量，需要把握关键条件"鸡＋兔＝头数；2 鸡 +4 兔＝脚数"，用两层 for 循环遍历鸡和兔的数量，计算结果。

第三步：输出正确结果。

3. 解题方法。代码如图 3-14 所示。

```python
head = int(input("请输入头数: "))
foot = int(input("请输入脚数: "))
x = 0  # 鸡
y = 0  # 兔子
answer = False

for x in range(head+1):
    for y in range(head+1):
        if x + y == head and 2 * x + 4 * y == foot:
            answer = True
            break
    if answer:
        break

if answer:
    print("鸡有", x, "只；兔子有", y, "只")
else:
    print("此题无解,请重新输入")
```

图 3-14　代码

第 1 行：定义变量 head，用 input() 函数使用户输入头数，int() 函数将其转化为整型。

第 2 行：同理，定义变量 foot，用 input() 函数使用户输入脚数，int() 函数将其转化为整型。

第 3~4 行：定义变量 x，y，分别表示鸡和兔子的数量，初始赋值均为 0。

第 5 行：定义变量 answer，这个问题有没有解，暂时不清楚，所以初始赋值先为 False。

第 7 行：用 for 循环遍历 0 至 head+1 的整数，并为 x 赋值。

第 8 行：在 for 循环的基础上嵌套一个 for 循环，同样遍历 0 至 head+1 的整数，并为 y 赋值。

第 9~11 行：用 if 语句判断，如果两动物的数量和等于 head，脚之和等于 foot，则 answer 为 True，并用 break 退出第一重循环。

第 12~13 行：继续用 if 语句判断变量 x 的循环，如果答案为真，则退出循环。

第 15~18 行：用 if...else 语句判断，如果答案为真，则用 print() 函数打印鸡和兔的数量，否则打印此题无解。

# 第4章

# 列表与元组

序列是一种数据存储方式,用来存储一系列的数据。在内存中,序列就是一块用来存放多个值的连续的内存空间。例如,一个整数序列 [10,20,30,40],表示方式如图 4-1 所示。

图 4-1 整数序列表示

由于 Python 3 中一切皆对象,在内存中实际是按照如下方式存储的:

```
a = [10,20,30,40]
```

从图 4-2 所示,我们可以看出序列中存储的是整数对象的地址,而不是整数对象的值。Python中常用的序列结构有:字符串(str)、列表(list)、元组(tuple)。

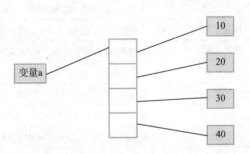

图 4-2 变量在内存中的存储形式

前面学习的字符串就是一种序列。关于字符串里面很多操作,在这一章中仍然会用到,大家一定会感觉非常熟悉。字符串可以看成是单一字符的有序组合,属于序列类型。同时,由于字符串类型十分常用且单一字符串只表达一个含义,也被看作是基本数据类型。

列表则是一个可以修改数据项的序列类型,使用也最灵活。无论哪种具体数据类型,只要它是序列类型,都可以使用相同的索引体系,即正向递增序号和反向递减序号。元组是包含 0 个或多个数据项的不可变序列类型。元组生成后是固定的,其中任何数据项不能替换或删除。

本章的列表和元组,无论是在学习还是工作中,序列都是每天都会用到的技术,可以非常方便地帮助我们进行数据存储的操作。

序列类型是一维元素向量，元素之间存在先后关系，通过序号访问。序列的基本思想和表示方法均来源于数学概念。数学上，序列是被排成一列的对象（或事件）；这样每个元素不是在其他元素之前，就是在其他元素之后。这里，元素之间的顺序非常重要。例如，$n$ 个数的序列 S，可以表示如下：

$$S=S_0, S_1, S_2, \ldots, S_{n-1}$$

当需要访问序列中某个特定值时，只需要通过下标标出即可。例如，需要找到第 2 个元素，即可通过 $S_1$ 获得。这种采用集合名字和下标相结合的表示方法可以简洁地表示序列运算。

## 4.1 列表

列表：用于存储任意数目、任意类型的数据集合。列表是序列类型的一种扩展，是可变序列，当增加或删除元素时，列表对象自动进行内存的扩展或收缩。

列表定义的标准语法格式：a = [10,20,30,40]，其中，10、20、30、40 这些称为列表 a 的元素。如果只有一对方括号而没有任何元素则表示空列表，例如，空列表变量 lst 的形式为：lst = []。

列表中的元素可以各不相同，可以是任意类型。例如，a = [10,20,'abc',True]。

列表对象的常用方法汇总如表 4-1 所示，方便大家学习和查阅。

表 4-1　列表对象的常用方法

| 方　法 | 要　点 | 描　述 |
|---|---|---|
| list.append(x) | 增加元素 | 将元素 x 增加到列表 list 尾部 |
| list.extend(aList) | 增加元素 | 将列表 alist 所有元素加到列表 list 尾部 |
| list.insert(index,x) | 增加元素 | 在列表 list 指定位置 index 处插入元素 x |
| list.remove(x) | 删除元素 | 在列表 list 中删除首次出现的指定元素 x |
| list.pop([index]) | 删除元素 | 删除并返回列表 list 指定为止 index 处的元素，默认是最后一个元素 |
| list.clear() | 删除所有元素 | 删除列表所有元素，并不是删除列表对象 |
| list.index(x) | 访问元素 | 返回第一个 x 的索引位置，若不存在 x 元素则抛出异常 |
| list.count(x) | 计数 | 返回指定元素 x 在列表 list 中出现的次数 |
| len(list) | 列表长度 | 返回列表中包含元素的个数 |
| list.reverse() | 翻转列表 | 所有元素原地翻转 |
| list.sort() | 排序 | 所有元素原地排序 |
| list.copy() | 浅拷贝 | 返回列表对象的浅拷贝 |

Python 的列表大小可变，根据需要随时增加或缩小。

字符串和列表都是序列类型，一个字符串是一个字符序列，一个列表是任何元素的序列。我们前面学习的很多字符串的方法，在列表中也有类似的用法，几乎一模一样。

### 4.1.1　列表的创建

列表是内置可变序列，是包含多个元素的有序连续的内存空间。所有元素放在方括号 [ ] 中，相邻元素以逗号（,）分隔。

```
>>> a = [10,20,'zhangsan','sxt']
>>> a = []      #创建一个空的列表对象
```

使用 list() 可以将任何可迭代的数据转化成列表。

```
>>> a = list()  #创建一个空的列表对象
>>> a = list(range(10))
>>> a
[0, 1, 2, 3, 4, 5, 6, 7, 8, 9]
>>> a = list("zhangsan,sxt")
>>> a
['g', 'a', 'o', 'q', 'i', ',', 's', 'x', 't']
```

## 4.1.2 range() 对象创建

我们在循环结构中接触过 range 对象 range range(5) range(1),(10),(2) 使用 range() 可以帮助我们非常方便地创建整数列表，这在开发中极其有用。

语法格式为：

```
range([start,] end [,step])。
```

其中：

start 参数：可选，表示起始数字。默认是 0。

end 参数：必选，表示结尾数字。

step 参数：可选，表示步长，默认为 1。

Python 3 中 range() 返回的是一个 range 对象，而不是列表。我们需要通过 list() 方法将其转换成列表对象。典型示例如下：

```
>>> list(range(3,15,2))
[3, 5, 7, 9, 11, 13]
>>> list(range(15,3,-1))
[15, 14, 13, 12, 11, 10, 9, 8, 7, 6, 5, 4]
>>> list(range(3,-10,-1))
[3, 2, 1, 0, -1, -2, -3, -4, -5, -6, -7, -8, -9]
```

## 4.1.3 推导式生成列表

使用列表推导式可以非常方便地创建列表，在开发中经常使用。但是，涉及 for 循环和 if 语句。

```
>>> a = [x*2  for  x  in range(5)]    #循环创建多个元素
>>> a
[0, 2, 4, 6, 8]
>>> a = [x*2 for x in range(100) if x%9==0]      #通过if过滤元素
>>> a
[0, 18, 36, 54, 72, 90, 108, 126, 144, 162, 180, 198]
```

## 4.1.4 列表元素的增加

当列表增加和删除元素时，列表会自动进行内存管理，大大减少了程序员的负担。但这个特点涉及列表元素的大量移动，效率较低。除非必要，我们一般只在列表的尾部添加元素或删除元素，这会大大提高列表的操作效率。

### 1. append() 方法

原地修改列表对象，是真正的列表尾部添加新的元素，速度最快，推荐使用。

```
>>> a = [20,40]
>>> a.append(80)
>>> a
[20, 40, 80]
```

### 2. + 运算符操作

并不是真正的尾部添加元素，而是创建新的列表对象；将原列表的元素和新列表的元素依次复制到新的列表对象中。这样，会涉及大量的复制操作，对于操作大量元素不建议使用。

```
>>> a = [20,40]
>>> id(a)
46016072
>>> a = a+[50]
>>> id(a)
46015432
```

通过如上测试，我们发现变量 a 的地址发生了变化，也就是创建了新的列表对象。

### 3. extend() 方法

将目标列表的所有元素添加到本列表的尾部，属于原地操作，不创建新的列表对象。

```
>>> a = [20,40]
>>> id(a)
46016072
>>> a.extend([50,60])
>>> id(a)
46016072
```

### 4. insert() 插入方法

使用 insert() 方法可以将指定的元素插入到列表对象的任意指定位置。这样会让插入位置后面所有的元素进行移动，会影响处理速度。涉及大量元素时，尽量避免使用。类似发生这种移动的函数还有：remove()、pop()、del()，它们在删除非尾部元素时也会发生操作位置后面元素的移动。

```
>>> a = [10,20,30]
>>> a.insert(2,100)
>>> a
[10, 20, 100, 30]
```

### 5. 乘法扩展

使用乘法扩展列表，生成一个新列表，新列表元素是原列表元素的多次重复。

```
>>> a = ['sxt',100]
>>> b = a*3
>>> a
['sxt', 100]
>>> b
['sxt', 100, 'sxt', 100, 'sxt', 100]
```

适用于乘法操作的，还有字符串、元组。例如：

```
>>> c = 'sxt'
>>> d = c*3
>>> c
```

```
'sxt'
>>> d
'sxtsxtsxt'
```

### 4.1.5 列表元素的删除

#### 1. del 方法

删除列表指定位置的元素，如图 4–3 所示。

```
>>> a = [100,200,888,300,400]
>>> del a[2]
>>> a
[100,200,300,400]
```

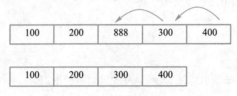

图 4-3　删除列表指定位置的元素

#### 2. pop() 方法

pop() 删除并返回指定位置元素，如果未指定位置则默认操作列表最后一个元素。

```
>>> a = [10,20,30,40,50]
>>> a.pop()
50
>>> a
[10, 20, 30, 40]
>>> a.pop(1)
20
>>> a
[10, 30, 40]
```

#### 3. remove() 方法

删除首次出现的指定元素，若不存在该元素则抛出异常。

```
>>> a = [10,20,30,40,50,20,30,20,30]
>>> a.remove(20)
>>> a
[10, 30, 40, 50, 20, 30, 20, 30]
>>> a.remove(100)
Traceback (most recent call last):
  File "<pyshell#208>", line 1, in <module>
    a.remove(100)
ValueError: list.remove(x): x not in list
```

### 4.1.6 列表元素访问和计数

#### 1. 通过索引直接访问元素

可以通过索引直接访问元素。索引的区间在 [0, 列表长度 –1] 这个范围。超过这个范围则会抛出异常。

```
>>> a = [10,20,30,40,50,20,30,20,30]
>>> a[2]
30
>>> a[10]
Traceback (most recent call last):
  File "<pyshell#211>", line 1, in <module>
    a[10]
IndexError: list index out of range
```

### 2. index() 方法

index() 可以获取指定元素首次出现的索引位置。语法是：index(value,[start,[end]])。其中，start 和 end 指定了搜索的范围。

```
>>> a = [10,20,30,40,50,20,30,20,30]
>>> a.index(20)
1
>>> a.index(20,3)
5
>>> a.index(20,3)     #从索引位置3开始往后搜索的第一个20
5
>>> a.index(30,5,7)   #从索引位置5到7这个区间，第一次出现30元素的位置
6
count()获得指定元素在列表中出现的次数
count()可以返回指定元素在列表中出现的次数
>>> a = [10,20,30,40,50,20,30,20,30]
>>> a.count(20)
3
```

### 3. len() 方法

len() 返回列表长度，即列表中包含元素的个数。

```
>>> a = [10,20,30]
>>> len(a)
3
```

### 4. 成员资格判断

判断列表中是否存在指定的元素，可以使用 count() 方法，返回 0 则表示不存在，返回大于 0 值则表示存在。但是，一般会使用更加简洁的 in 关键字来判断，直接返回 True 或 False。

```
>>> a = [10,20,30,40,50,20,30,20,30]
>>> 20 in a
True
>>> 100 not in a
True
>>> 30 not in a
False
```

## 4.1.7  切片操作

在前面学习字符串时，学习过字符串的切片操作，列表的切片操作和字符串类似。

切片是 Python 序列极其重要的操作，适用于列表、元组、字符串等。切片 slice 操作可以让我们快速提取子列表或修改。切片的格式如下：

```
[起始偏移量start:终止偏移量end[:步长step]]
```

提示：当步长省略时可以省略第二个冒号。

列表切片三个量为正数的典型操作，如表 4–2 所示。

表 4-2　列表切片三个量为正数的操作

| 示例 | 操作和说明 | 结果 |
|---|---|---|
| [10,20,30][:] | [:]：提取整个列表 | [10,20,30] |
| [10,20,30][1:] | [start:]：从 start 索引开始到结尾 | [20,30] |
| [10,20,30][:2] | [:end]：从头开始直到 end−1 | [10,20] |
| [10,20,30,40][1:3] | [start:end]：从 start 到 end−1 | [20,30] |
| [10,20,30,40,50,60,70][1:6:2] | [start:end:step]：从 start 提取到 end−1，步长是 step | [20, 40, 60] |

列表切片三个量为负数的典型操作，如表 4–3 所示。

表 4-3　列表切片三个量为负数的操作

| 示例 | 说明 | 结果 |
|---|---|---|
| [10,20,30,40,50,60,70][-3:] | 倒数三个 | [50,60,70] |
| 10,20,30,40,50,60,70][-5:-3] | 倒数第五个到倒数第三个（包头不包尾） | [30,40] |
| [10,20,30,40,50,60,70][::-1] | 步长为负，从右到左反向提取 | [70, 60, 50, 40, 30, 20, 10] |

切片操作时，起始偏移量和终止偏移量不在 [0, 字符串长度 −1] 这个范围，也不会报错。起始偏移量小于 0 则会当作 0，终止偏移量大于"长度 −1"会被当成"长度 −1"。例如：

```
>>> [10,20,30,40][1:30]
[20, 30, 40]
```

正常输出了结果，没有报错。

## 4.1.8　列表的遍历

```
for obj  in  listObj:
    print(obj)
```

复制列表所有的元素到新列表对象。

思考：如下代码实现列表元素的复制了吗？

```
list1 = [30,40,50]
list2 = list1
```

只是将 list2 也指向了列表对象，也就是说 list1 和 list2 持有地址值是相同的，列表对象本身的元素并没有复制。

我们可以通过如下简单方式，实现列表元素内容的复制：

```
list1 = [30,40,50]
list2 = [] + list1
```

提示：可以查询copy模块，使用浅复制或深复制实现复制操作。

## 4.2 \\\\ 列表排序

#### 1. 修改原列表，不建新列表的排序

```
>>> a = [20,10,30,40]
>>> id(a)
46017416
>>> a.sort()                    #默认是升序排列
>>> a
[10, 20, 30, 40]
>>> a = [10,20,30,40]
>>> a.sort(reverse=True)        #降序排列
>>> a
[40, 30, 20, 10]
>>> import random
>>> random.shuffle(a)           #打乱顺序
>>> a
[20, 40, 30, 10]
```

#### 2. 新列表的排序

也可以通过内置函数 sorted() 进行排序，这个方法返回新列表，不对原列表做修改。

```
>>> a = [20,10,30,40]
>>> id(a)
46016008
>>> a = sorted(a)               #默认升序
>>> a
[10, 20, 30, 40]
>>> id(a)
45907848
>>> a = [20,10,30,40]
>>> id(a)
45840584
>>> b = sorted(a)
>>> b
[10, 20, 30, 40]
>>> id(a)
45840584
>>> id(b)
46016072
>>> c = sorted(a,reverse=True)  #降序
>>> c
[40, 30, 20, 10]
```

通过上面操作，我们可以看出，生成的列表对象 b 和 c 都是完全新的列表对象。

#### 3. reversed() 返回迭代器

内置函数 reversed() 也支持进行逆序排列，与列表对象 reverse() 方法不同的是，内置函数 reversed() 不对原列表做任何修改，只是返回一个逆序排列的迭代器对象。

```
>>> a = [20,10,30,40]
>>> c = reversed(a)
>>> c
```

```
<list_reverseiterator object at 0x0000000002BCCEB8>
>>> list(c)
[40, 30, 10, 20]
>>> list(c)
[]
```

打印输出 c 发现提示是：list_reverseiterator，也就是一个迭代对象。同时，使用 list(c) 进行输出，发现只能使用一次。第一次输出了元素，第二次为空。那是因为迭代对象在第一次时已经遍历结束了，第二次不能再使用。

## 4.3 序列类型通用方法

表 4-4 列出了序列类型通用的函数或方法，在字符串、列表和元组中可以使用，但需要结合每种序列类型的特点来使用。

表 4-4　序列类型通用的函数或方法

| 函数或方法 | 说　明 |
|---|---|
| len(s) | 返回序列 s 的长度 |
| min(s) | 返回序列 s 的最小元素，要求元素间可以比较 |
| max(s) | 返回序列 s 的最大元素，要求元素间可以比较 |
| sum(s) | 返回序列 s 中各元素之和，要求元素是数值型，故不能用于字符 / 节串 |
| all(s) | 如果序列 s 的所有元素都为 True，则返回 True，否则返回 False |
| any(s) | 如果序列 s 的任意值为 True，则返回 True，否则返回 False |
| sorted(s,key=none,reverse=Flse) | 返回序列的排序列表，key 是比较键值的函数，reverse 指默认正向排序 |
| s.count(x) | 返回序列 x 在序列 s 中出现的次数 |
| s.index(x) 或 s.index(x,i,j) | 返回序列 s 中从 i 到 j 的位置中第一次出现 x 的索引位置，不包括 s[j] |

其中 max() 和 min() 函数用于返回列表中最大和最小值。

例如，列表变量 a = [3,10,20,15,9]，获取列表 a 的最大、最小值的执行代码如下：

```
>>> a = [3,10,20,15,9]
>>> max(a)
20
>>> min(a)
3
```

sum() 是对数值型列表的所有元素进行求和操作，对非数值型列表运算则会报错。

```
>>> a = [3,10,20,15,9]
>>> sum(a)
57
```

列表也有专用的操作，如表 4-5 所示。

表 4-5　列表专用的操作

| 表达式 | 说　明 |
| --- | --- |
| ls[i] = x | 替换列表 ls 的第 i 个元素为 x |
| ls[i: j: k] = lt | 用列表 lt 替换 ls 切片后对应元素子列表 |
| del ls[i] | 删除列表 ls 中的第 i 个元素 |
| del ls[i: j: k] | 删除列表 ls 中第 i 到 j 个以 k 为步长的元素 |

列表专用的函数如表 4-6 所示，注意序列通用方法中的 sorted() 和 ls.sort() 的区别。

表 4-6　列表专用的函数

| 方　法 | 说　明 |
| --- | --- |
| ls.append(x) | 在列表 ls 最后增加一个元素 x |
| ls.clear() | 删除列表 ls 中所有元素，相当于 del ls[:] |
| ls.copy() | 生成一个新列表，复制 ls 中所有元素 |
| ls.insert(i, x) | 在列表 ls 的第 i 个位置增加元素 x |
| ls.extend(L) | 将序列 L 中所有元素追加至列表 ls 尾部 |
| ls.pop([i]) | 将列表 ls 中第 i 个元素取出并删除该元素，默认最后一个，越界会报错 |
| ls.remove(x) | 将列表 ls 中出现的第一个 x 元素删除，若不存在，则报错 |
| ls.reverse() | 将列表 ls 中的元素反转 ls[::-1] |
| ls.sort(key=None, reverse=False) | 按照指定的规则 key 对列表 ls 的所有元素进行排序 |

## 4.4　多维列表

一维列表可以存储一维、线性的数据。二维列表可以存储二维、表格的数据，如表 4-7 所示。

表 4-7　二维表格数据

| 姓名 | 年龄 | 薪资 | 城市 |
| --- | --- | --- | --- |
| 高小一 | 18 | 30 000 | 北京 |
| 高小二 | 19 | 20 000 | 上海 |
| 高小三 | 20 | 10 000 | 深圳 |

代码如下：

```
a = [
    ["高小一",18,30000,"北京"],
    ["高小二",19,20000,"上海"],
    ["高小三",20,10000,"深圳"],
]
```

内存结构如图 4-4 所示。

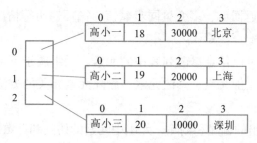

图 4-4　二维列表内存结构

```
>>> print(a[1][0],a[1][1],a[1][2])
高小二 19 20000
```

嵌套循环打印二维列表所有的数据（mypy_08.py），代码如下：

```
a = [
        ["高小一",18,30000,"北京"],
        ["高小二",19,20000,"上海"],
        ["高小三",20,10000,"深圳"],
    ]
for m in range(3):
    for n in range(4):
        print(a[m][n],end="\t")
    print() #打印完一行,换行
```

运行结果：

```
高小一    18    30000    北京
高小二    19    20000    上海
高小三    20    10000    深圳
```

补充知识——列表和数组的比较。

每种编程语言都提供一个或多个表示一组元素的方法，例如，C 语言采用数组，Python 采用列表。在大多数语言中，数组十分常见，仅有少量语言采用列表而不是数组。列表和数组类似，但并不完全一样，列表和数组有两个显著不同。

第一，数组需要预先分配大小，列表则不需要。当创建一个数组时，必须指定数组的大小，即它能容纳元素的个数。如果不知道有多少元素，必须假设一个最大可能的数值，再按照这个最大值分配一个数组，并记录数组中实际存储元素的个数，以保证实际使用的元素数量不超过数组的限制。列表则没有预分配大小的要求和限制，创建列表变量时不需要知道元素个数，可以在使用中动态插入任何数量的元素。

第二，数组要求元素类型一致，列表则不需要。数组要求每个元素具有相同的数据类型，如果某个元素是整数，则数组中全部元素都是整数。列表没有上述要求。列表的这个特点十分灵活，为程序编写提供了很大的设计空间。

## 4.5 元组

元组（tuple）是序列类型中比较特殊的类型，因为它一旦创建就不能被修改。元组类型在表达固定数据项、函数多返回值、多变量同步赋值、循环遍历等情况下十分有用。Python 中元组采用逗号和圆括号（可选）来表示。

列表属于可变序列，可以任意修改列表中的元素。元组属于不可变序列，不能修改元组中的元素。因此，元组没有增加元素、修改元素、删除元素相关的方法。元组的访问速度比列表快一些。

因此，只需要学习元组的创建和删除，元组中元素的访问和计数即可。元组支持如下操作：

①索引访问：a[]。

②切片操作：a[:]。

③连接操作：+。

④成员关系操作：in。

⑤比较运算操作。

⑥计数：元组长度 len()、最大值 max()、最小值 min()、求和 sum() 等。

### 4.5.1 元组的创建

所有元素放在圆括号 () 中，相邻元素使用逗号（,）分隔。

- 如果元组中只有一个元素，则必须在最后增加一个逗号。

- 也可以不使用圆括号 ()，如 a = (10,20,30) 或者 a = 10,20,30。

如果元组只有一个元素，则必须后面加逗号。这是因为解释器会把 (1) 解释为整数 1，(1,) 解释为元组。

```
>>> a = (1)
>>> type(a)
<class 'int'>
>>> a = (1,)        #或者  a = 1,
>>> type(a)
<class 'tuple'>
```

通过 tuple() 创建元组，格式如下：

```
tuple(可迭代的对象)
```

例如：

```
b = tuple()                    #创建一个空元组对象
b = tuple("abc")
b = tuple(range(3))
b = tuple([2,3,4])
```

元组总结：

①元组的核心特点是：不可变序列。

②元组的访问和处理速度比列表快。

③与整数和字符串一样，元组可以作为字典的键，列表则永远不能作为字典的键使用。

列表和元组的显示类型转换：

list() 可以接收元组、字符串、其他序列类型、迭代器等生成列表。

tuple() 可以接收列表、字符串、其他序列类型、迭代器等生成元组。

### 4.5.2　元组的元素访问和计数

①元组的元素不能修改。

```
>>> a = (20,10,30,9,8)
>>> a[3]=33
Traceback (most recent call last):
  File "<pyshell#313>", line 1, in <module>
    a[3]=33
TypeError: 'tuple' object does not support item assignment
```

②元组的元素访问和列表一样，只不过返回的仍然是元组对象。

```
>>> a = (20,10,30,9,8)
>>> a[1]
10
>>> a[1:3]
(10, 30)
>>> a[:4]
(20, 10, 30, 9)
```

③列表关于排序的方法——list.sort () 是修改原列表对象，元组没有该方法。如果要对元组排序，只能使用内置函数 sorted(tupleObj)，并生成新的列表对象。

```
>>> a = (20,10,30,9,8)
>>> sorted(a)
[8, 9, 10, 20, 30]
```

### 4.5.3　zip()：列表和元组结合

zip( 列表 1, 列表 2,...)：将多个列表对应位置的元素组合成为元组，并返回这个 zip 对象。

```
>>> a = [10,20,30]
>>> b = [40,50,60]
>>> c = [70,80,90]
>>> d = zip(a,b,c)
>>> list(d)
[(10, 40, 70), (20, 50, 80), (30, 60, 90)]
```

### 4.5.4　生成器推导式创建元组

从形式上看，生成器（generator object）推导式与列表推导式类似，只是生成器推导式使用小括号。列表推导式直接生成列表对象，生成器推导式生成的不是列表也不是元组，而是一个生成器对象。

可以通过生成器对象，转化成列表或者元组。也可以使用生成器对象的 __next__() 方法进行遍历，或者直接作为迭代器对象来使用。不管什么方式使用，元素访问结束后，如果需要重新访问其中的元素，必须重新创建该生成器对象。

例 4.1　生成器的使用测试。

```
>>> s = (x*2 for x in range(5))
>>> s
<generator object <genexpr> at 0x0000000002BDEB48>
>>> tuple(s)
```

```
(0, 2, 4, 6, 8)
>>> list(s)          #只能访问一次元素，第二次就为空了，需要再生成一次
[]
>>> s
<generator object <genexpr> at 0x0000000002BDEB48>
>>> tuple(s)
()
>>> s = (x*2 for x in range(5))
>>> s.__next__()
0
>>> s.__next__()
2
>>> s.__next__()
4
```

## 习题

### 一、选择题

1. 下列（　　）类型数据是不可变化的。

    A. 列表                B. 元组                C. 复数                D. 字典

2. 将两个列表的内容合并的方法是（　　）。

    A. newlist=listl + list2                B. newlist=[listl,list2]

    C. newlist=listl.update(list2)          D. listl.update(list2)

3. 在 Python 语言中，不属于组合数据类型的是（　　）。

    A. 复数类型        B. 字典类型        C. 列表类型        D. 字符串类型

4. 程序段如下：

```
ls=[256,"Byte",512,"bit"]
lt=ls
ls[1]="Python"
```

print(lt) 的输出结果是（　　）

    A. [256, 'Byte', 512,'bit']                B. [256,'Python', 512,'bit']

    C. [256, 512, 'bit']                      D. []

5. 二维列表 ls=[[9,8],[7,6],[5,4],[3,2],[1,0]]，能够获得数字 4 的选项是（　　）。

    A. ls[2,2]             B. ls[3,2]            C. ls[-2,0]         D. ls[-3,-1]

6. 以下用来处理 Python 列表的方法中，错误的是（　　）。

    A. replace           B. append           C. interleave        D. insert

7. 关于 Python 的元组类型，以下选项中描述错误的是（　　）。

    A. 元组一旦创建就不能被修改

    B. 元组中元素不可以是不同类型

    C. Python 中元组采用逗号和圆括号（可选）来表示

    D. 一个元组可以作为另一个元组的元素，可以采用多级索引获取信息

8. 程序段如下：

```
ls=[2,5,7,1,6]
lt=sorted(ls,reverse=True)
print(ls,lt)
```

print 函数的输出结果是（　　　　）。

    A. [7, 6, 5, 2, 1] [7, 6, 5, 2, 1]        B. [2, 5, 7, 1, 6] [2, 5, 7, 1, 6]

    C. [1, 2, 5, 6, 7] [1, 2, 5, 6, 7]        D. [2, 5, 7, 1, 6] [7, 6, 5, 2, 1]

9. 以下代码的输出结果是（　　　　）。

```
ls=["2020", "20.20", "Python"]
ls.append(2020)
ls.append([2020, "2020" ])
print(ls)
```

    A. ['2020', '20.20', 'Python', 2020, [2020, '2020']]

    B. ['2020', '20.20', 'Python', 2020, ['2020']]

    C. ['2020', '20.20', 'Python', 2020, 2020, '2020']

    D. ['2020', '20.20', 'Python', 2020]

10. 以下语句的执行结果是（　　　　）。

```
ls = [120,'120',int('120'),12*10]
print(ls.index(120),ls.count(120))
```

    A. 0 2          B. 1 3          C. 2 4          D. 0 3

11. 程序段如下：

```
ls=list(range(5))
lt=["a","b"]
ls[-1:1:-2]=lt
print(ls)
```

print 函数的输出结果是（　　　　）。

    A. [0, 1, 'a','b', 3, 'a','b']

    B. [0, 1, 'b', 3, 'a']

    C. [0, 1,2, 'a','b', 3, 'a','b',4]

    D. [0, 1, ['a','b'], 3, ['a','b']]

12. 有以下程序段：

```
ls=[('a', 1), ('b', 2), ('c', 6), ('d', 4), ('e', 3)]
ls=sorted(ls, key=lambda x:x[0])
print(ls)
```

print 函数的输出结果是（　　　　）。

    A. [('e', 3),('d', 4),('c', 6),('b', 2), ('a', 1)]

    B. {('a', 1), ('b', 2), ('c', 6), ('d', 4), ('e', 3)}

    C. [('a', 1), ('b', 2), ('c', 6), ('d', 4), ('e', 3)]

    D. [('a', 1), ('b', 2),('e', 3), ('d', 4),('c', 6)]

13. 以下程序的输出结果是（　　　）。

```
ss = [2,3,6,9,7,1]
for i in ss:
    print(max(ss),end = ',')
    ss.remove(max(ss))
```

　　A. 9,7,6,3,2,1,　　　　B. 9,7,6,　　　　C. 9,7,6　　　　D. 9,7,6,3,2,1

14. 以下代码的输出结果是（　　　）。

```
ls = []
for m in 'AB':
    for n in 'CD':
        ls.append(m+n)
print(ls)
```

　　A. ABCD　　　　　　B. AABBCCDD

　　C. ACADBCBD　　　D. ['AC', 'AD', 'BC', 'BD']

15. 程序段如下：

```
ls=list(range(5))
ls.append["Computer","Python"]
ls.reverse()
print(ls)
```

print 函数的输出结果是（　　　）。

　　A. [0, 1, 2, 3, 4, ['Computer', 'Python']]

　　B. [4, 3, 2, 1, 0, ['Computer', 'Python']]

　　C. [['Computer', 'Python'], 4, 3, 2, 1, 0]

　　D. [['Computer', 'Python'],0, 1, 2, 3, 4]

16. 以下代码的输出结果是（　　　）。

```
ls = ['book',23,[2010,'stud1'],20]
print(ls[2][1][-1])
```

　　A. s　　　　　　　B. 1　　　　　　C. 结果错误　　　　D. stud1

17. 以下代码的输出结果是（　　　）。

```
vlist = list(range(5))
print(vlist)
```

　　A. [0, 1, 2, 3, 4]　　B. 0;1;2;3;4;　　　C. 0 1 2 3 4　　　D. 0,1,2,3,4,

18. 以下程序的输出结果是（　　　）。

```
x = [90,87,93]
y = ("Aele","Bob","lala")
z={}
for i in range(len(x)):
    z[x[i]]=y[i]
print(z)
```

　　A. {'90':'Aele','87':'Bob','93':'lala'}

　　B. {'Aele':'90','Bob':'87','lala':'93'}

　　C. {'Aele':90,'Bob':87,'lala':93}

　　D. {90:'Aele',87:'Bob',93:'lala'}

19. 以下描述中，错误的是（　　　）。

   A. 列表用方括号来定义，继承了序列类型的所有属性和方法

   B. Python 语言通过索引来访问列表中元素，索引可以是负整数

   C. Python 列表是各种类型数据的集合，列表中的元素不能被修改

   D. Python 语言的列表类型能够包含其他的组合数据类型

20. 关于元组类型描述错误的是（　　　）。

   A. 元组中不能删除数据项

   B. 元组生成后是固定的数据类型

   C. 元组中至少包括一个数据项

   D. 元组中不能插入数据项

21. 以下描述中，错误的是（　　　）。

   A. 如果 x 是 s 的元素，x in s 返回 True

   B. 如果 s 是一个序列，s=[1,"kate",True]，s[-1] 返回 True

   C. 如果 s 是一个序列，s=[1,"kate",True]，s[3] 返回 True

   D. 如果 x 不是 s 的元素，x not in s 返回 True

22. 程序段如下：

```
ls=list(range(5))
lt=[["a","b"],"c"]
ls+=lt
del ls[-2:0:-2]
print(ls)
```

print 函数的输出结果是（　　　）。

   A. [0, 1,['a', 'b'], 'c']

   B. [0, 1, 2, 3, 4, ['a', 'b'], 'c']

   C. []

   D. [0, 2, 4, 'c']

23. 列表 ls1=[1,43]，ls2=ls1，ls1[0]=22，请问两个列表 ls1，ls2 中的内容说法正确的是（　　　）。

   A. 结果都为 22

   B. 结果都是 [22,43]

   C. 结果都为 43

   D. 不一样，ls1 是 [22,43]，ls2 是 [1,43]

24. 下面表达结果不是元组类型的是（　　　）。

   A. 多变量同步赋值

   B. 函数的一个返回值

   C. 列表转为元组

   D. 函数的多返回值

25. 下面关于序列类型的索引体系说法正确是（　　　）。

    A. 既可以正向递增访问数据项，也可以反向递增访问数据项

    B. 只能正向递增访问数据项

    C. 只能反向递增访问数据项

    D. 既不能正向递增访问数据项，也不能反向递增访问数据项

26. 下面描述序列类型正确的说法是（　　　）。

    A. 是一维元素向量，元素之间存在先后关系，元素间必须是唯一的

    B. 是一维元素向量，元素之间存在先后关系，通过序号访问元素，元素之间不排他性

    C. 元素之间有先后关系，元素间必须是唯一的

    D. 元素之间没有先后关系，可以通过序号访问

27. 以下程序段：

```
x = [1, 2, 3]
y = [4, 5, 6]
z = [7, 8, 9]
xyz = zip(x, y, z)
u=zip(*xyz)
print(u)
```

print 函数的输出结果是（　　　）。

    A. [(1, 2, 3), (4, 5, 6), (7, 8, 9)]

    B. ((1, 2, 3), (4, 5, 6), (7, 8, 9))

    C. [(1, 4, 7), (2, 5, 8), (3, 6, 9)]

    D. [1, 2, 3, 4, 5, 6, 7, 8, 9]

28. 定义如下的元组，说法正确的是（　　　）。

```
tup1="a","b","c","d";
```

    A. tup1 不是元组类型

    B. 以上说法错误

    C. tup1 是字符串型

    D. tup1 是元组类型

## 二、实战案例

扫一扫

完数

1. 问题描述。

如果一个数等于它的因子之和，则称该数为"完数"（或"完全数"）。例如，6 的因子为 1、2、3，而 6=1+2+3，因此 6 是"完数"，求 1 000 内的所有完数。

2. 解题思路。

根据完数的定义，解决本题的关键是计算出所选取的整数 i（i 的取值范围不固定）的因子（因子就是所有可以整除这个数的数），将各因子累加到变量 s（记录所有因子之和），若 s 等于 i，则可确认 i 为完数，反之则不是完数。

输出某一范围内的所有完数：

第一步：定义范围并遍历范围内的所有数，for 或 while 循环。

第二步：从 1 开始遍历到数 ( 不包括数本身，也就是所有小于数本身的 )，判断是否是其因数，for 循环。

第三步：累加法，判断是否相等。

3. 解题方法。代码如图 4-5 所示。

第 1 行：定义所有完数的集合列表 pnum。

第 2 行：用 for 循环遍历 1-1 000 的所有值，以输出这范围内的所有完数。

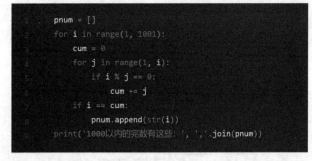

图 4-5　代码

第 3 行：定义变量 cum，初始值为 0，用于累计因子的和。

第 4 行：使用 for 循环遍历小于 i 的所有整数。

第 5~6 行：分别判断小于 i 的值是否为其因子，若是，则加到 cum 上。

第 7~8 行：判断因子和是否与 i 相等，若是，则将 i 的值追加到列表 pnum 的末尾。

第 9 行：输出 1 000 以内的所有完数并用英文的逗号隔开。

代码中有 join 函数，join() 和 os.path.join() 是 Python 中的两个函数，具体作用如下：

join()：连接字符串数组。将字符串、元组、列表中的元素以指定的字符 ( 分隔符 ) 连接生成一个新的字符串。

os.path.join()：将多个路径组合后返回。

语法：

```
'sep'.join(seq)
```

参数说明：

sep：分隔符，可以为空。

seq：要连接的元素序列、字符串、元组、字典。

例如：

```
seq4 = ('hello','good','yes','doiido')
print ':'.join(seq4)
```

输出：

```
hello:good:yes:doiido
```

# 第5章

# 字典与集合

　　字典是"键-值"数据项的组合，每个元素是一个键值对，所有元素用大括号 {} 括起来，键值对用冒号（：）表示，不同键值对用逗号（，）分隔。键值对 {key:value} 是一种二元关系，源于属性和值的映射[1]关系，字典类型是映射的体现。

　　集合类型与数学中的集合[2]概念一致，即包含 0 个或多个数据项的无序集合。

## 5.1 　\\\\\ 字典

　　字典是"键值对"的无序可变序列，字典中的每个元素都是一个"键值对"，包含"键对象"和"值对象"，字典的这种形式和数学中的映射类似。可以通过"键对象"实现快速获取、删除、更新对应的"值对象"。

　　列表中我们通过"下标数字"找到对应的对象。字典中通过"键对象"找到对应的"值对象"。"键"是任意的不可变数据，例如，整数、浮点数、字符串、元组。但是列表、字典、集合这些可变对象，不能作为"键"，并且"键"不可重复。"值"可以是任意的数据，并且可重复。

　　一个典型的字典的定义方式如下：

　　a = {'name':'zhangsan','age':18,'job':'programmer'}

### 5.1.1　字典的创建

#### 1. 通过 {}、dict() 来创建字典对象

```
>>> a = {'name':'zhangsan','age':18,'job':'programmer'}
>>> b = dict(name='zhangsan',age=18,job='programmer')
>>> a = dict([("name","zhangsan"),("age",18)])
>>> c = {}     #空的字典对象
>>> d = dict()     #空的字典对象
```

---

① 　脚本语言：又被称为扩建的语言，或者动态语言，是一种编程语言，用来控制软件应用程序，脚本通常以文本（如 ASCII）保存，只在被调用时进行解释或编译。
② 　集合是指具有某种特定性质的具体的或抽象的对象汇总而成的集体。其中，构成集合的这些对象则称为该集合的元素。

**2. 通过 zip() 创建字典对象**

```
>>> k = ['name','age','job']
>>> v = ['zhangsan',18,'techer']
>>> d = dict(zip(k,v))
>>> d
{'name': 'zhangsan', 'age': 18, 'job': 'teacher'}
```

**3. 通过 fromkeys() 创建值为空的字典**

```
>>> a = dict.fromkeys(['name','age','job'])
>>> a
{'name': None, 'age': None, 'job': None}
```

### 5.1.2　字典元素的访问

为了测试各种访问方法，我们这里设定一个字典对象：

a = {'name':'zhangsan','age':18,'job':'programmer'}

①通过 [ 键 ] 获得"值"。若键不存在，则抛出异常。

```
>>> a = {'name':'zhangsan','age':18,'job':'programmer'}
>>> a['name']
'zhangsan'
>>> a['age']
18
>>> a['sex']
Traceback (most recent call last):
  File "<pyshell#374>", line 1, in <module>
    a['sex']
KeyError: 'sex'
```

②通过 get() 方法获得"值"。优点是：指定键不存在，返回 None；也可以设定指定键不存在时默认返回的对象。推荐使用 get() 方法获取"值对象"。

```
>>> a.get('name')
'zhangsan'
>>> a.get('sex')
>>> a.get('sex','一个男人')
'一个男人'
```

③列出所有的键值对。

```
>>> a.items()
dict_items([('name', 'zhangsan'), ('age', 18), ('job', 'programmer')])
```

④列出所有的键，列出所有的值。

```
>>> a.keys()
dict_keys(['name', 'age', 'job'])
>>> a.values()
dict_values(['zhangsan', 18, 'programmer'])
```

⑤len() 键值对的个数。

```
>>> a ={'Python':95, 'C语言':98, 'Java':96}
>>> len(a)
>>> 3
```

⑥检测一个"键"是否在字典中。

```
>>> a = {"name":"zhangsan","age":18}
>>> "name" in a
True
```

### 5.1.3　字典元素添加、修改、删除

①给字典新增"键值对"。如果"键"已经存在，则覆盖旧的键值对；如果"键"不存在，则新增"键值对"。

```
>>>a = {'name':'zhangsan','age':18,'job':'programmer'}
>>> a['address']='西三旗1号院'
>>> a['age']=16
>>> a
{'name': 'zhangsan', 'age': 16, 'job': 'programmer', 'address': '西三旗1号院'}
```

②使用 update() 方法将新字典中所有键值对全部添加到旧字典对象上。如果 key 有重复，则直接覆盖。

```
>>> a = {'name':'zhangsan','age':18,'job':'programmer'}
>>> b = {'name':'gaoxixi','money':1000,'sex':'男的'}
>>> a.update(b)
>>> a
{'name': 'gaoxixi', 'age': 18, 'job': 'programmer', 'money': 1000, 'sex': '男的'}
```

③字典中元素的删除，可以使用 del() 方法；或者 clear() 方法删除所有键值对；pop() 方法删除指定键值对，并返回对应的"值对象"。

```
>>> a = {'name':'zhangsan','age':18,'job':'programmer'}
>>> del(a['name'])
>>> a
{'age': 18, 'job': 'programmer'}
>>> b = a.pop('age')
>>> b
18
```

④ popitem() 方法。随机删除和返回该键值对。字典是"无序可变序列"，因此没有第一个元素、最后一个元素的概念。若想一个接一个地移除并处理项，这个方法就非常有效（因为不用首先获取键的列表）。

```
>>> a = {'name':'zhangsan','age':18,'job':'programmer'}
>>> a.popitem()
('job', 'programmer')
>>> a
{'name': 'zhangsan', 'age': 18}
>>> a.popitem()
('age', 18)
>>> a
{'name': 'zhangsan'}
```

### 5.1.4　序列解包

序列解包可以用于元组、列表、字典。序列解包可以让我们方便地对多个变量赋值。

```
>>> x,y,z=(20,30,10)
>>> x
20
>>> y
30
>>> z
10
>>> (a,b,c)=(9,8,10)
>>> a
9
>>> [a,b,c]=[10,20,30]
>>> a
10
>>> b
20
```

序列解包用于字典时，默认是对"键"进行操作；如果需要对键值对操作，则需要使用 items()；如果需要对"值"进行操作，则需要使用 values()：

```
>>> s = {'name':'zhangsan','age':18,'job':'teacher'}
>>> name,age,job=s                      #默认对键进行操作
>>> name
'name'
>>> name,age,job=s.items()              #对键值对进行操作
>>> name
('name', 'zhangsan')
>>> name,age,job=s.values()             #对值进行操作
>>> name
'zhangsan'
```

表格数据使用字典和列表存储，并实现访问，如表 5-1 所示。

表 5-1　二维表数据

| 姓　　名 | 年　　龄 | 薪　资/元 | 城　　市 |
| --- | --- | --- | --- |
| 师小一 | 18 | 30 000 | 北京 |
| 师小二 | 19 | 20 000 | 上海 |
| 师小五 | 20 | 10 000 | 深圳 |

源代码（mypy_09.py）：

```
r1 = {"name":"师小一","age":18,"salary":30000,"city":"北京"}
r2 = {"name":"师小二","age":19,"salary":20000,"city":"上海"}
r3 = {"name":"师小五","age":20,"salary":10000,"city":"深圳"}


tb = [r1,r2,r3]


#获得第二行的人薪资
print(tb[1].get("salary"))

#打印表中所有的薪资
for i in range(len(tb)):    # i -->0,1,2
    print(tb[i].get("salary"))
```

```
#打印表的所有数据
for i in range(len(tb)):
    print(tb[i].get("name"),tb[i].get("age"),tb[i].get("salary"),tb[i].
get("city"))
```

### 5.1.5 字典核心底层原理

字典对象的核心是散列表。散列表是一个稀疏数组（总是有空白元素的数组），数组的每个单元叫作 bucket（英文释义为桶）。每个 bucket 有两部分：一个是键对象的引用，一个是值对象的引用，如图 5-1 所示。

由于所有 bucket 结构和大小一致，我们可以通过偏移量来读取指定 bucket。

将一个键值对放进字典的底层过程的代码如下：

```
>>> a = {}
>>>
>>> a["name"]="zhangsan"
```

假设字典 a 对象创建完后，数组长度为 8，如图 5-2 所示。

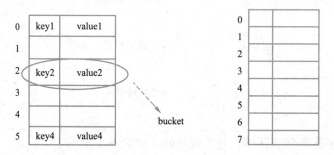

图 5-1　字典对象的 bucket 结构　　　图 5-2　字典对象的数组长度

要把 "name"="zhangsan" 这个键值对放到字典对象 a 中，第一步需要计算键 "name" 的散列值。Python 中可以通过 hash() 函数来计算。

```
>>> bin(hash("name"))
'-0b10101111010011101101011000100101'
```

由于数组长度为 8，可以拿计算出的散列值的最右边 3 位数字作为偏移量，即"101"，十进制是数字 5。查看偏移量 5，对应的 bucket 是否为空。如果为空，则将键值对放进去。如果不为空，则依次取右边 3 位作为偏移量，即"100"，十进制是数字 4。再查看偏移量为 4 的 bucket 是否为空。直到找到为空的 bucket 将键值对放进去。

#### 1. 扩容

Python 会根据散列表的拥挤程度扩容。"扩容"指的是创造更大的数组，将原有内容拷贝到新数组中。当内容接近 2/3 时，数组就会扩容。

#### 2. 用法总结

键必须可散列，数字、字符串、元组，都是可散列的。

自定义对象需要支持下面两点：

（1）支持 hash() 函数

字典在内存中开销巨大，典型的空间换时间。

（2）键查询速度很快

往字典里面添加新键可能导致扩容，导致散列表中键的次序变化。因此，不要在遍历字典的同时进行字典的修改。

字典类型操作函数和方法如表 5-2 所示。

表 5-2　字典类型操作函数和方法

| 函数和方法 | 说　　明 |
| --- | --- |
| len/min/max/sum/ sorted 等 | 返回字典 d 中元素的个数 / 最小值 / 最大值 / 和 / 排序结果，注意：这些操作默认是基于键 |
| k in d | 判断键 k 是否在字典 d 中，如果存在返回 True，否则返回 False |
| d.keys() | 返回字典 d 中所有的键信息 |
| d.values() | 返回字典 d 中所有的值信息 |
| d.items() | 返回字典 d 中所有的键值对信息 |
| d.get(k, [default]) | 键 k 存在，则返回相应值，不存在则返回 default 值 |
| d.update(dn) | 将字典 dn 添加到字典 d，并以 dn 的值更新相同的键 |
| d.pop(k, [default]) | 键 k 存在，则弹出并返回相应值，不存在则返回 default 值 |
| d.popitem() | 随机从字典 d 中弹出一个键值对并以元组形式返回 |
| d.clear() | 删除所有的键值对 |

## 5.2　集合

集合是无序可变，元素不能重复。实际上，集合底层是字典实现，集合的所有元素都是字典中的"键对象"，因此是不能重复的且唯一的。

在数学中集合具有确定性、互异性和无序性，这样就不难理解集合中的元素不能重复且唯一了。集合的例子有 {1,2,3,4}、{'you', 'me', 'he'}。

### 1. 确定性

给定一个集合，任给一个元素，该元素或者属于或者不属于该集合，二者必居其一，不允许有模棱两可的情况出现。

### 2. 互异性

一个集合中，任何两个元素都认为是不相同的，即每个元素只能出现一次。有时需要对同一元素出现多次的情形进行刻画，可以使用多重集，其中的元素允许出现多次。

### 3. 无序性

一个集合中，每个元素的地位都是相同的，元素之间是无序的。集合上可以定义序关系，定义了序关系后，元素之间就可以按照序关系排序，但就集合本身的特性而言，元素之间没有必然的序。

根据集合的数学特性，我们得出集合类型主要应用于三个场景：

①成员关系测试。

②元素去重。

③删除数据项。

集合中元素不可重复，元素类型只能是固定的数据类型：整数、浮点数、字符串、元组等。列表、字典和集合类型本身都是可变数据类型，不能作为集合的元素。由于集合是无序组合，没有索引和位置的概念，不能分片。集合中元素可以动态增加或删除。

### 5.2.1 集合创建和删除

使用 {} 创建集合对象，并使用 add() 方法添加元素。所有元素用大括号 ｛｝ 括起来，元素之间以逗号分隔。

集合内的每个元素都是唯一的，不允许重复。元素只能是数字、字符串、元组等不可变类型，不能是列表、字典、集合等可变对象。

```
>>> a = {3,5,7}
>>> a
{3, 5, 7}
>>> a.add(9)
>>> a
{9, 3, 5, 7}
```

#### 1. 显示类型转换

使用 set() 函数将列表、元组、字符串、range 对象等其他可迭代对象转换为集合。如果原来数据存在重复数据，则只保留一个。

```
>>> a = ['a','b','c','b']
>>> b = set(a)
>>> b
{'b', 'a', 'c'}
```

#### 2.remove()

删除指定元素，而 clear() 则清空整个集合，使用时注意数据的保存。

```
>>> a = {10,20,30,40,50}
>>> a.remove(20)
>>> a
{10, 50, 30}
```

### 5.2.2 集合运算符

在数学中，两个集合间基本关系有：并集、交集、差集和补集。Python 中两个集合间关系如图 5-3 所示。

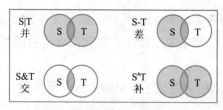

图 5-3　两个集合间的基本关系

在 Python 中，集合的交集、并集、对称差集等运算借助于位运算符来实现，而差集则使用减号运算符实现（并集运算符不是加号），关系运算符用来判断集合之间的包含关系，均支持复合赋值运算：|=、-=、&=、^=。

## 5.2.3 集合的操作

像数学中概念一样，Python 对集合也提供了并集、交集、差集等运算。Python 中关于两个集合之间操作的表达式和含义如表 5-3 所示。

表 5-3　Python 集合间关系的操作

| 表达式 | 说　明 |
| --- | --- |
| S \| T | 并集，返回一个新集合 |
| S – T | 差集，返回一个新集合 |
| S & T | 交集，返回一个新集合 |
| S ^ T | 对称差集，返回一个新集合 |
| S <= T 或 S < T | 判断集合包含关系 |
| S >= T 或 S > T | 判断集合包含关系 |

示例如下：

```
>>> a = {1,3,'sxt'}
>>> b = {'he','it','sxt'}
>>> a|b                      #并集
{1, 3, 'sxt', 'he', 'it'}
>>> a&b                      #交集
{'sxt'}
>>> a-b                      #差集
{1, 3}
>>> a.union(b)               #并集，可以使用"|"和.union()方法
{1, 3, 'sxt', 'he', 'it'}
>>> a.intersection(b)        #交集，可以使用"&"和.intersection()方法
{'sxt'}
>>> a.difference(b)          #差集，可以使用"-"和.difference()方法
{1, 3}
```

集合类型的操作和方法如表 5-4 所示。

表 5-4　集合类型的操作和方法

| 函数和方法 | 说　明 |
| --- | --- |
| len/max/min/sum/sorted(S) | 返回集合元素个数、最大值、最小值、和、排序结果 |
| x not in/in S | 判断元素 x 是否在集合 S 中 |
| S.copy() | 返回集合 S 的一个副本 |
| S.add(x) | 如果 x 不在集合 S 中，将 x 增加到 S |
| S.update(T) | 将集合 T 中的元素添加到 S 中，移除重复元素 |
| S.discard(x) | 移除 S 中元素 x，如果 x 不存在，不报错 |
| S.remove(x) | 移除 S 中元素 x，如果 x 不存在，产生 KeyError 异常 |
| S.pop() | 随机弹出并返回 S 的一个元素，如果 S 为空，则产生异常 |
| S.clear() | 移除 S 的所有元素 |

## 习题

### 一、选择题

1. 字典 :d={" 张三 ":88, " 李四 ":90," 王五 ":73," 赵六 ":82," 钱七 ":86}，在字典 d 中返回 " 李四 " 键的值，正确的语句是（　　　　）。

    A. get(" 李四 ")　　　　　B. d.get(" 李四 ")　　　C. d." 李四 "　　　　　D. d.put(" 李四 ")

2. 以下（　　　　）不是正确的字典创建方式。

    A. d={[1,2]:1,[3,4l:3]}　　　　　　　B. d={1:[1,2],3:[3,4]}

    C. d={(1,2):1,(3,4):3}　　　　　　　D. d={1:' 张三 ',3:' 李四 '}

3. 在字典里，同一个键（　　　　）。

    A. 不能对应值　　　B. 只能对应两个值　　C. 可以对应多个值　　D. 只能一个键对应一个值

4. 关于字典的描述，错误的是（　　　　）。

    A. 字典是键值对的结合，键值对之间没有顺序

    B. 字典的元素以键为索引进行访问

    C. 字典的一个键可以对应多个值

    D. 字典长度是可变的

5. 字典 :d={" 张三 ":88, " 李四 ":90," 王五 ":73," 赵六 ":82," 钱七 ":86}，在字典 d 中删除 " 赵六 " 对应的键值对，正确的语句是（　　　　）。

    A. d.popitem(" 赵六 ")　　　　　　　B. del d[" 赵六 "]

    C. delete d[" 赵六 "]　　　　　　　　D. d[" 赵六 "]=""

6. 组合类型可以分为三类，分别是（　　　　）。

    A. 列表类型、字符串类型、元组　　　B. 序列类型、集合类型、映射类型

    C. 字符串类型、整型、浮点型　　　　D. 整型、浮点型、复数型

7. 以下程序的输出结果是（　　　　）。

```
d={'1':1,'2':2,'3':3,'4':4}
d2=d
d['2']=5
print(d['2']+d2['2'])
```

    A. 5　　　　　　　　B. 10　　　　　　　C. 7　　　　　　　　D. 2

8. 以下关于字典描述错误的是（　　　　）。

    A. 字典是包括 0 个或多个键值对的集合　　B. 字典是根据键索引的

    C. 字典没有长度限制　　　　　　　　　　D. 字典索引时根据键值在字典中的序号索引

9. 以下关于字典中键的数据类型说法不正确的是（　　　　）。

    A. 可以是列表、集合类型　　　　　　　B. 可以是字符串型

    C. 可以是整型　　　　　　　　　　　　D. 可以是元组类型

10. d 是一个字典变量，能够输出数字 5 的语句是（　　　　）。

```
d = {'food':{'cake':1,'egg':5},'cake':2,'egg':3}
```

A. print(d['food']['egg'])　　　　　　　B. print(d['cake'][1])

C. print(d['food'][-1])　　　　　　　　D. print(d['egg'])

11. 以下选项中不能生成一个空字典的是（　　　　）。

　　A. dict()　　　　　　B. {}　　　　　　C. {[]}　　　　　　D. dict([])

12. 下面对字典的叙述不正确的是（　　　　）。

　　A. 字典长度是可变的

　　B. 字典是键值对的集合

　　C. 字典中的元素以键信息为索引访问

　　D. 字典元素的增加或删除不能通过键信息赋值实现

13. 下面关于字典的描述正确的是（　　　　）。

　　A. 字典中的键可以是列表　　　　　　B. 字典中的键值对是不唯一的

　　C. 字典中的键值对是有顺序的键值对　　D. 1 个键后只能跟 1 个值

14. 集合：s={1,2,3,4,5,6}，t={4,5,6}，s^t，集合运算的结果是（　　　　）。

　　A. {}　　　　　　B. {1, 2, 3}　　　　　　C. {1,2,3,4,5,6}　　　　D. {4,5,6}

15. 以下代码的输出结果是（　　　　）。

```
d = {}
for i in range(26):
    d[chr(i+ord("a"))] = chr((i+13) % 26 + ord("a"))
for c in "Python":
    print(d.get(c,c), end="")
```

　　A. Plguba　　　　　　B. Python　　　　　　C. Pabugl　　　　　　D. Cabugl

16. 以下语句不能创建一个字典的是（　　　　）。

　　A. d={3:5}　　　　　　　　　　　　B. d={(1,2,3):'Python'}

　　C. d={[1,2,3]:'Python'}　　　　　　D. d={ }

17. 程序段如下：

```
d={"张三":88, "李四":90,"王五":73,"赵六":82,"钱七":86}
item=list(d.items())
item.sort(key=lambda x:x[1],reverse=True)
print(item)
```

函数 print 的输出结果是（　　　　）。

　　A. [(' 李四 ', 90), (' 张三 ', 88), (' 钱七 ', 86), (' 赵六 ', 82), (' 王五 ', 73)]

　　B. [(' 李四 ':90), (' 张三 ':88), (' 钱七 ':86), (' 赵六 ':82), (' 王五 ':73)]

　　C. [" 张三 ":88," 李四 ":90," 王五 ":73," 赵六 ":82," 钱七 ":86]

　　D. [(" 张三 ",88),(" 李四 ",90),(" 王五 ",73),(" 赵六 ",82),(" 钱七 ",86)]

18. 以下代码的输出结果是（　　　　）。

```
d = {'food':{'cake':1,'egg':5}}
print(d.get('cake','no this food'))
```

　　A. food　　　　　　B. no this food　　　　　　C. egg　　　　　　D. 1

19. 字典 :d={" 张三 ":88，" 李四 ":90," 王五 ":73," 赵六 ":82," 钱七 ":86}，向字典 d 中增加键值对 " 王二 ":69，正确的语句是（ ）。

    A. d.add(" 王二 ")=69    B. " 王二 "=69    C. d[" 王二 "]=69    D. d." 王二 "=69

20. 以下关于 Python 字典的描述中，错误的是（ ）。

    A. 字典中引用与特定键对应的值，用字典名称和中括号中包含键名的格式

    B. 在 Python 中，用字典来实现映射，通过整数索引来查找其中的元素

    C. 在定义字典对象时，键和值用冒号连接

    D. 字典中的键值对之间没有顺序并且不能重复

21. 程序段如下：

```
d={"张三":88,"李四":90,"王五":73,"赵六":82,"钱七":86}
item=list(d.items())
item.sort(key=lambda x:x[1],reverse=True)
for i in range(3):
    xm,cj=item[i]
    print("%16s        %6d"%(xm,cj))
```

该程序段的功能是（ ）。

    A. 输出班上成绩前四名的同学

    B. 输出全班同学的所有成绩

    C. 输出班上成绩后四名的同学

    D. 输出班上成绩前三名的同学

22. 下面关于集合叙述不正确的是（ ）。

    A. 集合中元素可以动态的增加和删除

    B. 集合不能分片

    C. 集合有索引和位置的概念

    D. 集合是无序的组合

23. 以下哪种说法是错误的（ ）。

    A. 空字典对象不等于 False，条件判断为真

    B. 空字符串对象相当于 False，条件判断为假

    C. 空列表对象相当于 False，条件判断为假

    D. 值为 0 的任何数字类型元素相当于 False，条件判断为假

## 二、实战案例

1. 问题描述。

    已知文件夹内存在一个文件 PY202.py，请将代码缺失部分补充完整（见图 5-4），以实现如下功能：

    键盘输入一组水果名称并以空格分隔，共一行。示例格式如下：

    苹果 芒果 草莓 芒果 苹果 草莓 芒果 香蕉 芒果 草莓

    统计各类型水果的数量，以数量从多到少的顺序输出类型及对应数量，以英文冒号分隔，每个类型一行。输出结果保存在原有文件夹下，命名为 "PY202.txt"。

扫一扫

统计水果
数量

输出参考格式如下：

芒果:4

草莓:3

苹果:2

香蕉:1

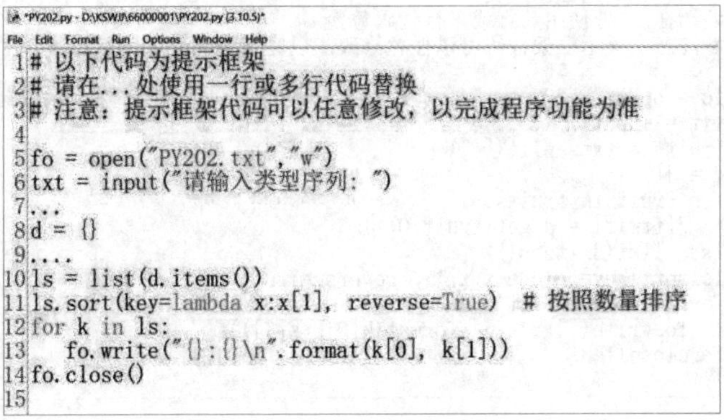

```
1  # 以下代码为提示框架
2  # 请在...处使用一行或多行代码替换
3  # 注意：提示框架代码可以任意修改，以完成程序功能为准
4
5  fo = open("PY202.txt", "w")
6  txt = input("请输入类型序列: ")
7  ...
8  d = {}
9  ...
10 ls = list(d.items())
11 ls.sort(key=lambda x:x[1], reverse=True)  # 按照数量排序
12 for k in ls:
13     fo.write("{}:{}\n".format(k[0], k[1]))
14 fo.close()
15
```

图 5-4　代码

2. 解题思路。

统计元素个数问题非常适合采用字典类型表达，即构成"元素:次数"的键值对。因此可以把输入的数据构造成一个字典类型存储。创建字典变量 d，可以利用"d[ 键]＝值"的方式为字典增加新的键值对变量。

下面代码是最常用的对元素进行统计的语句：d[fruit]= d.get(fruit,0)+1，其作用就是增加元素 fruit 出现的次数。假设将水果和对应数量保存在字典变量 d 中，d 的初值为 0。统计水果出现的次数可采用如下代码：d[fruit] = d[fruit] + 1。

当遇到一种新水果时，没有出现在字典结构中，则需要在字典中新建键值对：

```
d[new_fruit] = 1
```

因此，无论水果是否在字典 d 中，加入字典 d 的处理可以统一表示：

```
if fruit in d:
    d[fruit] = d[fruit] +1
else:
    d[fruit] = 1
```

以上代码可以简洁地表示为：d[fruit]= d.get(fruit,0)+1，get 方法获得字典中 fruit 作为键对应的值，即 fruit 出现的次数。如果 fruit 不存在，则返回 0 值，若存在，则返回对应的值。

由于题目要求按照数量的多少进行排序输出，字典类型没有顺序，因此需要把字典类型转换为列表类型，使用字典的 .items() 函数返回包含所有键值对的项，使用 list() 函数把取出的内容重新构造成一个列表。列表中的每个元素都是一个键值对形式的元组（第 0 列是水果名 fruit，第 1 列为水果个数），使用 sort() 方法和 lambda() 函数配合实现根据水果出现的次数对元素进行排序并输出。

3. 解题方法。

这里用到了 " 字符串 ".split() 函数方法，用户可以查询具体细节参数，简单讲解如下：

.split() 可以基于指定分隔符将字符串分隔成多个子字符串 ( 存储到列表中 )。如果不指定分隔符，则默认使用空白字符 ( 换行符 / 空格 / 制表符 )。题目中将用户输入的水果字符串 txt 以空格进行分割：txt.split(" ")。代码如图 5-5 所示。

```
File  Edit  Format  Run  Options  Window  Help
 1 # 以下代码为提示框架
 2 # 请在...处使用一行或多行代码替换
 3 # 注意：提示框架代码可以任意修改，以完成程序功能为准
 4
 5 fo = open("PY202.txt","w")
 6 txt = input("请输入类型序列：")
 7 fruits = txt.split(" ")
 8 d = {}
 9 for fruit in fruits:
10     d[fruit] = d.get(fruit,0)+1
11 ls = list(d.items())
12 ls.sort(key=lambda x:x[1], reverse=True)   # 按照数量排序
13 for k in ls:
14     fo.write("{}:{}\n".format(k[0], k[1]))
15 fo.close()
16
```

图 5-5　代码

4. 运行结果如图 5-6 所示。

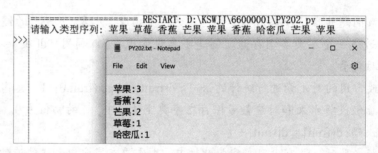

图 5-6　运行结果

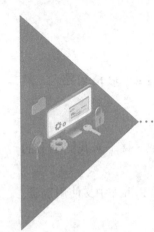

# 第6章

## 函数

函数是可重用的程序代码块。函数的作用，不仅可以实现代码的复用，更能实现代码的一致性。一致性指的是，只要修改函数的代码，则所有调用该函数的地方都能得到体现。

在编写函数时，函数体中的代码写法和我们前面讲述的基本一致，只是对代码实现了封装，并增加了函数调用、传递参数、返回计算结果等内容。

## 6.1 函数的基本概念

一个程序由一个个任务组成，函数就是代表一个任务或者一个功能。函数是代码复用的通用机制。Python 中函数分为如下几类：

### 1. 内置函数

Python 解释器提供了 68 个内置函数，这些函数不需要引用相关库就可直接使用，前面使用的 str()、list()、len() 等都是内置函数，如表 6-1 所示。

表 6-1　Python 内置函数

| | | | | |
|---|---|---|---|---|
| abs() | dict() | help() | min() | setattr() |
| all() | dir() | hex() | next() | slice() |
| any() | divmod() | id() | object() | sorted() |
| ascii() | enumerate() | input() | oct() | staticmethod() |
| bin() | eval() | int() | open() | str() |
| bool() | exec() | isinstance() | ord() | sum() |
| bytearray() | filter() | issubclass() | pow() | super() |
| bytes() | float() | iter() | print() | tuple() |
| callable() | format() | len() | property() | type() |
| chr() | frozenset() | list() | range() | vars() |
| classmethod() | getattr() | locals() | repr() | zip() |
| compile() | globals() | map() | reversed() | __import__() |
| complex() | hasattr() | max() | round() | reload() |
| delattr() | hash() | memoryview() | set() | — |

### 2. 标准库函数

我们可以通过 import 语句导入库，然后使用其中定义的函数。

### 3. 第三方库函数

Python 社区也提供了很多高质量的库。下载安装这些库后，也是通过 import 语句导入，然后可以使用这些第三方库的函数。

### 4. 用户自定义函数

用户自己定义的函数，显然也是开发中适应用户自身需求定义的函数。接下来我们学习的函数定义和调用，就是用户自定义函数。

Python 语言具有丰富的内置数据类型、函数和标准库，更多资料请查阅 Python 中文使用手册，根据需要访问网站，选择相应文档阅读并下载，如图 6-1 所示。

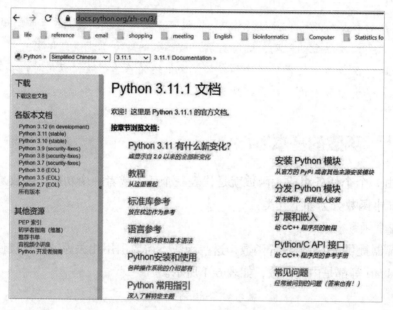

图 6-1 Python 使用手册

## 6.2 \\\\ 函数的定义和调用

### 6.2.1 函数的定义

计算机中的函数，是一个固定的一个程序段，或称其为一个子程序，它在可以实现固定运算功能的同时，还带有一个入口和一个出口。

Python 中，定义函数的语法如下：

```
def <函数名> ([参数列表]):
    ['''注释：函数功能说明''']
    <函数体>
    [return <返回值>]
```

要点：

①使用 def 来定义函数，def 是定义的英文 define 的缩写，def 后是一个空格和函数名称。

Python 执行 def 时，会创建一个函数对象，并绑定到函数名变量上，一般在定义函数时，需要指定一个函数名变量，后续调用函数时就可以使用函数名来执行函数的具体功能。

②参数列表。

圆括号内是形式参数列表，有多个参数则使用逗号隔开。形式参数不需要声明类型，也不需要指定函数返回值类型。无参数时，也必须保留空的圆括号。实参列表必须与形参列表一一对应。

③ return 返回值。

如果函数体中包含 return 语句，则结束函数执行并返回值；如果函数体中不包含 return 语句，则返回 None 值。

④调用函数之前，必须要先定义函数，即先调用 def 创建函数对象。内置函数对象会自动创建，标准库和第三方库函数通过 import 导入模块时，会执行模块中的 def 语句。

定义函数后，如果不经过调用和执行，函数是不能在程序中发挥具体功能的。因此，函数必须在定义后，经过调用和执行才能执行函数体中语句的功能。

### 6.2.2　函数的调用

函数调用和执行的一般形式如下：

```
函数名([参数列表])
```

此时，参数列表中给出要传入函数内部的参数，也就是实际参数，简称"实参"。

程序调用一个函数需要执行以下四个步骤：

①调用程序在调用处暂定执行。

②在调用时将实参复制给函数的形参。

③执行函数体语句。

④函数调用结束给出返回值，程序回到调用前的暂停处继续执行。

同一函数名的功能是定义好的，但是参数不同，得到的结果就不一样。

要强调的是 Python 是一种解释型脚本语言，与 Java、C、C++ 等几种语言不同。了解过 Java、C、C++ 的读者应该都知道，每次开启一个程序，都必须写一个主函数作为程序的入口，也就是我们常说的 main 函数。

以下代码是 Java 语言的 "HelloWorld" 程序。

```java
public class HelloWorld {
    public static void main(String[] args) {
        System.out.println("HelloWorld");
    }
}
```

Python 程序运行时是从模块顶行开始，逐行进行翻译执行，所以，最顶层（没有被缩进）的代码都会被执行，Python 中并不需要一个统一的 main() 作为程序的入口。但是在 Python 的程

序代码中，有时会出现如下语句

```
"if __name__ == '__main__':"
```

这条语句也像是一个标志，象征着 Java 等语言中的程序主入口，告诉我们，代码入口在此——这是 "if __name__=='__main__:" 这条代码的意义之一。

### 6.2.3 形参和实参

例 6.1 定义一个函数，实现两个数的比较，并返回较大的值。

```
def  printMax(a,b):
    '''实现两个数的比较，并返回较大的值'''
    if a>b:
        print(a,'较大值')
    else:
        print(b,'较大值')


printMax(10,20)
printMax(30,5)
```

执行结果：

```
20 较大值
30 较大值
```

上面的 printMax() 函数中，在定义时写的 printMax(a,b)。a 和 b 为形式参数。也就是说，形式参数是在定义函数时使用的。形式参数的命名只要符合"标识符"命名规则即可。

在调用函数时，传递的参数为实际参数。上面代码中，printMax(10,20)，10 和 20 就是实际参数。

### 6.2.4 文档字符串

程序的可读性最重要，一般建议在函数体开始的部分附上函数定义说明，这就是"文档字符串"，也有人称为"函数的注释"。通过三个单引号或者三个双引号来实现，中间可以加入多行文字进行说明。

例 6.2 测试文档字符串的使用。

```
def print_star(n):
    '''根据传入的n，打印多个星号'''
    print("*"*n)


help(print_star)
```

调用 help( 函数名 .__doc__) 可以打印输出函数的文档字符串。执行结果如下：

```
Help on function print_star in module __main__:

print_star(n)
    根据传入的n，打印多个星号
```

### 6.2.5　返回值

如果函数体中包含 return 语句，则结束函数执行并返回值；如果函数体中不包含 return 语句，则返回 None 值。要返回多个返回值，使用列表、元组、字典、集合将多个值"存起来"即可。

例 6.3 定义一个打印 $n$ 个星号的无返回值的函数。

```python
def print_star(n):
    print("*"*n)

print_star(5)
```

例 6.4 定义一个返回两个数平均值的函数。

```python
def my_avg(a,b):
    return (a+b)/2

#如下是函数的调用
c = my_avg(20,30)
print(c)
```

## 6.3 参数的传递

函数的参数传递本质上是从实参到形参的赋值操作。Python 中"一切皆对象"，所有的赋值操作都是"引用的赋值"。所以，Python 中参数的传递都是"引用传递"，不是"值传递"。具体操作时分为两类：

① 对"可变对象"进行"写操作"，直接作用于原对象本身。

② 对"不可变对象"进行"写操作"，会产生一个新的"对象空间"，并用新的值填充这块空间。（起到其他语言的"值传递"效果，但不是"值传递"）

可变对象有：字典、列表、集合、自定义的对象等。

不可变对象有：数字、字符串、元组、function 等。

### 6.3.1　传递可变对象的引用

传递参数是可变对象（如列表、字典、自定义的其他可变对象等）时，实际传递的还是对象的引用。在函数体中不创建新的对象拷贝，而是可以直接修改所传递的对象。

例 6.5 参数传递：传递可变对象的引用。

```python
b = [10,20]
def f2(m):
    print("m:",id(m))        #b和m是同一个对象
    m.append(30)             #由于m是可变对象，不创建对象拷贝，直接修改这个对象

f2(b)
print("b:",id(b))
print(b)
```

执行结果：

```
m: 45765960
b: 45765960
[10, 20, 30]
```

### 6.3.2 传递不可变对象的引用

传递参数是不可变对象（如 int、float、字符串、元组、布尔值）时，实际传递的还是对象的引用。在"赋值操作"时，由于不可变对象无法修改，系统会新创建一个对象。

例 6.6 参数传递：传递不可变对象的引用。

```
a = 100
def f1(n):
    print("n:",id(n))        #传递进来的是a对象的地址
    n = n+200                #由于a是不可变对象，因此创建新的对象n
    print("n:",id(n))        #n已经变成了新的对象
    print(n)
f1(a)
print("a:",id(a))
```

执行结果：

```
n: 1663816464
n: 46608592
300
a: 1663816464
```

显然，通过 id 值我们可以看到 n 和 a 一开始是同一个对象。给 n 赋值后，n 是新的对象。

## 6.4　参数的几种类型

#### 1. 位置参数

函数调用时，实参默认按位置顺序传递，需要个数和形参匹配。按位置传递的参数，称为"位置参数"。

例 6.7 测试位置参数。

```
def f1(a,b,c):
    print(a,b,c)


f1(2,3,4)
f1(2,3)        #报错，位置参数不匹配
```

执行结果：

```
234
Traceback (most recent call last):
  File "E:\PythonExec\if_test01.py", line 5, in <module>
    f1(2,3)
TypeError: f1() missing 1 required positional argument: 'c'
```

#### 2. 默认值参数

可以为某些参数设置默认值，这样这些参数在传递时就是可选的，称为"默认值参数"。默认值参数放到位置参数后面。

例 6.8 测试默认值参数。

```
def f1(a,b,c=10,d=20):     #默认值参数必须位于普通位置参数后面
    print(a,b,c,d)

f1(8,9)
f1(8,9,19)
f1(8,9,19,29)
```

执行结果：

```
8 910 20
8 919 20
8 919 29
```

### 3. 命名参数

也可以按照形参的名称传递参数，称为"命名参数"，也称"关键字参数"。

例 6.9 测试命名参数。

```
def  f1(a,b,c):
    print(a,b,c)

f1(8,9,19)          #位置参数
f1(c=10,a=20,b=30)  #命名参数
```

执行结果：

```
8919
203010
```

### 4. 可变参数

可变参数指的是"可变数量的参数"。分两种情况：

① *param（一个星号），将多个参数收集到一个"元组"对象中。

② **param（两个星号），将多个参数收集到一个"字典"对象中。

例 6.10 测试可变参数处理（元组、字典两种方式）。

```
def f1(a,b,*c):
    print(a,b,c)

f1(8,9,19,20)


def f2(a,b,**c):
    print(a,b,c)

f2(8,9,name='zhangsan',age=18)


def f3(a,b,*c,**d):
    print(a,b,c,d)

f3(8,9,20,30,name='zhangsan',age=18)
```

执行结果：

```
8 9(19, 20)
8 9{'name': 'zhangsan', 'age': 18}
8 9(20, 30) {'name': 'zhangsan', 'age': 18}
```

### 5. 强制命名参数

在带星号的"可变参数"后面增加新的参数，必须在调用的时候"强制命名参数"。

例 6.11 强制命名参数的使用。

```
def f1(*a,b,c):
    print(a,b,c)


#f1(2,3,4)     #会报错。由于a是可变参数，将2,3,4全部收集，造成b和c没有赋值。

f1(2,b=3,c=4)
```

执行结果：

```
(2,) 3 4
```

### 6. lambda 表达式和匿名函数

lambda 表达式可以用来声明匿名函数。lambda() 函数是一种简单的、在同一行中定义函数的方法。lambda() 函数实际生成了一个函数对象。lambda 表达式只允许包含一个表达式，不能包含复杂语句，该表达式的计算结果就是函数的返回值。

lambda 表达式的基本语法如下：

```
lambda  arg1,arg2,arg3...  : <表达式>
```

arg1、arg2、arg3 为函数的参数。< 表达式 > 相当于函数体。运算结果是表达式的运算结果。

例 6.12 lambda 表达式使用。

```
f = lambda a,b,c:a+b+c
print(f)
print(f(2,3,4))

g = [lambda a:a*2,lambda b:b*3,lambda c:c*4]
print(g[0](6),g[1](7),g[2](8))
```

执行结果：

```
<function <lambda> at 0x0000000002BB8620>
9
12 2132
```

### 7. eval() 函数

功能：将字符串 str 当成有效的表达式来求值并返回计算结果。

简单说，eval(str) 的作用是将输入的字符串转换成 Python 语句，并执行该语句。使用 eval( ) 函数处理字符串需要注意合理使用。一般用户从键盘输入变量，Python 环境会根据输入自动识别。有时候在处理实际问题中，遇到不同变量间计算处理问题时，eval() 函数常常与 input() 函数配合使用。

请参考图 6-2 实例，通过接收用户输入的姓名和年龄，Python 系统会互动显示"您好 !***，

您今年 ** 岁。"的结果。

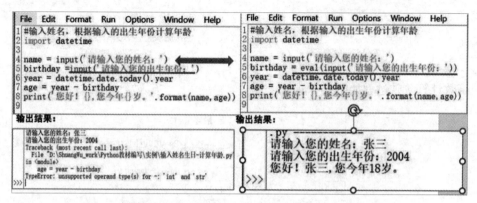

图 6-2  eval() 函数与 input() 函数配合使用

> 💡注意：name和birthday两个变量输入时所在的语句差别，eval()函数在输入出生年份变量时，将用户的输入当成有效的表达式（变量）直接参与后续的运算，但是name变量本身是字符串，如果加上eval()函数，将其解释为一个变量。

下面的代码，可以测试体验 eval() 的具体功能。

```
#测试eval()函数
s = "print('abcde')"
eval(s)
a = 10
b = 20
c = eval("a+b")
print(c)
dic1 = dict(a=100,b=200)
d = eval("a+b",dic1)
print(d)
```

8. 递归函数

递归函数指的是：自己调用自己的函数，在函数体内部直接或间接地自己调用自己。递归类似于数学中的"数学归纳法"。每个递归函数必须包含两个部分：

①终止条件，表示递归什么时候结束。一般用于返回值，不再调用自己。

②递归步骤，把第 $n$ 步的值和第 $n-1$ 步相关联。

递归函数由于会创建大量的函数对象、过量的消耗内存和运算能力。在处理大量数据时，谨慎使用。

例 6.13 使用递归函数计算阶乘。

```
def factorial(n):
    if n==1:return 1
    return n*factorial(n-1)


for i in range(1,6):
    print(i,'!=',factorial(i))
```

执行结果:

```
1! = 1
2! = 2
3! = 6
4! = 24
5! = 120
```

递归函数计算阶乘过程如图 6-3 所示

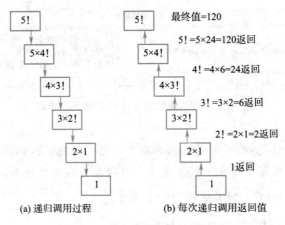

(a) 递归调用过程   (b) 每次递归调用返回值

图 6-3 递归函数计算阶乘过程

### 9. 嵌套函数（内部函数）

嵌套函数是在函数内部定义的函数。

例 6.14 嵌套函数定义。

```
def  f1():
    print('f1 running...')

    def f2():
        print('f2 running...')

    f2()

f1()
```

执行结果:

```
f1 running...
f2 running...
```

上面程序中，f2() 函数就是定义在 f1() 函数内部的函数。f2() 函数的定义和调用都在 f1() 函数内部。

一般在什么情况下使用嵌套函数?

①封装，数据隐藏。

②外部无法访问"嵌套函数"。

③贯彻 DRY（Don't Repeat Yourself）原则。

④嵌套函数，可以在函数内部避免重复代码。

⑤闭包。

例 6.15 使用嵌套函数避免重复代码。

```
def printChineseName(name,familyName):
    print("{0} {1}".format(familyName,name))

def printEnglishName(name,familyName):
    print("{0} {1}".format(name, familyName))
#使用1个函数代替上面的两个函数
def printName(isChinese,name,familyName):
    def inner_print(a,b):
        print("{0} {1}".format(a,b))

    if isChinese:
        inner_print(familyName,name)
    else:
        inner_print(name,familyName)

printName(True,"小七","高")
printName(False,"George","Bush")
```

## 习题

### 一、选择题

1. 函数定义是用（　　　）保留字。

    A. global           B. return          C. yield          D. def

2. 有以下程序：

```
ef f1(a,b):
    a=a+b
    return a*10
print(f1(f1(1,2),5))
```

print 函数的输出结果是（　　　）。

    A. 350          B. 30          C. 300          D. 320

3. 以下代码的输出结果是（　　　）。

```
def young(age):
    if  12 <= age <= 17:
        print( "作为一个大学生，你很年轻")
    elif age <12:
        print( "作为一个大学生，你太年轻了")
    elif age <= 28:
        print( "作为一个大学生，你要努力学习")
    else:
        print( "作为一个大学生，你很有毅力")
young(18)
```

    A. 作为一个大学生，你要努力学习     B. 作为一个大学生，你很年轻

    C. 作为一个大学生，你太年轻了     D. 作为一个大学生，你很有毅力

4. 使用 Python 的函数，需要的步骤不包括（　　　）。

A. 函数调用　　　　　B. 函数测试　　　　　C. 函数执行　　　　　D. 函数定义

5. 有以下程序：

```
def f1(a,b):
    a=a+b
    return a,10
print(f1(1,2))
```

print 函数的输出结果是（　　　　）。

A. (3, 10)　　　　　B. (10, 3)　　　　　C. (10, 10)　　　　　D. (3, 3)

6. 有以下程序：

```
def f1(a,b):
    global x,y
    x,y=b,a
    return a,b
x,y=10,20
print(x,y)
print(f1(x,y))
print(x,y)
```

第二和第三个 print 函数的输出结果分别是（　　　　）。

A. (2, 1)　　　　　B. (20, 10)　　　　　C. (10, 20)　　　　　D. (1, 2)
20 10　　　　　　　2 1　　　　　　　　20 10　　　　　　　20 10

7. 有以下程序：

```
def f1(a,b):
    a,b=1,2
    return a,b
a,b=10,20
print(a,b)
print(f1(a,b))
print(a,b)
```

第二和第三个 print 函数分别输出的结果是（　　　　）。

A. (1, 2)　　　　　B. (10, 20)　　　　　C. (1, 2)　　　　　D. (10, 20)
1 2　　　　　　　　1 2　　　　　　　　10 20　　　　　　　10 20

8. 假设函数中不包括 global 保留字，对于改变参数值的方法，以下选项中错误的是（　　　　）。

A. 参数是整数类型时，不改变原参数的值

B. 参数是组合类型（可变对象）时，改变原参数的值

C. 参数的值是否改变与函数中对变量的操作有关，与参数类型无关

D. 参数是列表类型时，改变原参数的值

9. 有以下程序：

```
def f1(a,b):
    c=a*b
    return c
c=10
print(f1(2,4),c)
```

print 函数的输出结果是（　　　　）。

    A. 10,8　　　　　　　　B.8,8　　　　　　　　C. 8,10　　　　　　　　D.None

10. 以下关于 Python 函数的说法中正确的是（　　　　）。

    A. 可以用保留字作为函数的名字

    B. 函数中没有 return 语句或者 return 语句不带任何返回值，那么该函数的返回值为 True

    C. 带有默认值参数的函数时，不能为默认值参数传递任何值，必须使用函数定义时设置的默认值

    D. 函数内部可以通过关键字 global 来定义全局变量

11. 下列不是递归程序特点的是（　　　　）。

    A. 一定要有基例　　　　　　　　　　　B. 执行效率高

    C. 思路简单，代码不一定容易理解　　　D. 书写简单

12. 有以下程序，可能的输出结果是（　　　　）。

```
import random
def test():
    x = random.randint(0,10)
    y = random.randint(10,20)
    return([x,y])
print(test())
```

    A. [11,13]　　　　　B. (6,20)　　　　　C. (1,11)　　　　　D. [6,20]

13. 下列说法错误的是（　　　　）。

    A. 函数定义必须放在调用之前

    B. 当代码中有 main 函数时，程序将从 main 开始执行

    C. 语句 a= func() 中，func 函数可以没有返回值

    D. 可以在函数中定义函数

14. 以下关于 Python 的函数的描述，错误的是（　　　　）。

    A. 用 def 定义了函数之后，就等同于运行函数的代码

    B. Python 支持用名称传递参数，调用的时候，带名称的参数可以改变在参数序列中的位置

    C. Python 支持可选参数传递，定义的时候设置参数的默认值

    D. Python 函数可以没有 return 语句，不返回值

15. 在 Python 中，关于全局变量和局部变量，以下选项中描述不正确的是（　　　　）。

    A. 全局变量在程序执行的全过程有效

    B. 全局变量一般没有缩进

    C. 一个程序中的变量包含两类：全局变量和局部变量

    D. 全局变量不能和局部变量重名

16. 以下关于 Python 函数的描述中，错误的是（　　　　）。

    A. 函数是一段可重用的语句组

    B. 函数是一段具有特定功能的语句组

C. 每次使用函数需要提供相同的参数作为输入

D. 函数通过函数名进行调用

17. 以下程序被调用后，运行错误的是（　　）。

```
deff(x,y=1,z=2):
pass
```

    A. f(1,3)             B. f(1,2)             C. f(1)             D. f(1,2,3)

18. 关于 return 说法正确的是（　　）。

    A. 不能返回函数值                     B. 可以返回 0 个或多个函数值

    C. 有多少个实参就返回多少个值          D. 只能返回一个函数值

19. 以下关于 Python 语言 return 语句的描述中，正确的是（　　）。

    A. 函数可以没有 return 语句            B. return 只能返回一个值

    C. 函数必须有 return 语句              D. 函数中最多只有一个 return 语句

20. 以下程序的输出结果是（　　）。

```
s = 10
def run(n):
    global s
    for i in range(n):
        s += i
    return s
print(s,run(5))
```

    A. 2020             B. 1020             C. 1010          D. UnboundLocalError

21. 以下函数定义格式正确的是（　　）。

    A. def (n):             B. def f(n)            C. def f(n):          D. def fn:

22. 以下程序的输出结果是（　　）。

```
img1 = [12,34,56]
img2 = [1,2,3,4]
def disp1(img):
    print(img)
img1 = img2
img1.append([5,6])
disp1(img2)
```

    A. [1,2,3,4]         B. [1,2,3,4,5,6]         C. [12,34,56]        D. [1,2,3,4,[5,6]]

23. 以下关于 Python 函数的描述中，正确的是（　　）。

    A. 函数 eval() 可以用于数值表达式求值，如 eval("2*3+1")

    B. Python 中，def 和 return 是函数必须使用的保留字

    C. 一个函数中只允许有一条 return 语句

    D. Python 函数定义中没有对参数指定类型，这说明，参数在函数中可以当作任意类型使用

24. 以下不能用于生成空字典的选项是（　　）。

    A. {[]}               B. dict(())            C. dict()             D. {}

25. 以下程序的输出结果是（　　　）。

```
a=[3,2,1]
b=a[:]
print(b)
```

    A. []　　　　　　　　　　B. 0xA1F8　　　　　　　C. [1,2,3]　　　　　　　D. [3,2,1]

26. 以下选项中，对于函数的定义错误的是（　　　）。

    A. def vfunc(a,*b):　　B. def vfunc(a,b=2):　　C. def vfunc(*a,b):　　D. def vfunc(a,b):

27. 以下关于函数优点的描述中，错误的是（　　　）。

    A. 函数可以表现程序的复杂度　　　　　　　B. 函数可以减少代码重复

    C. 函数可以使程序更加模块化　　　　　　　D. 函数便于阅读

## 二、实战案例

**1. 问题描述。**

斐波那契数列（Fibonacci sequence），又称黄金分割数列，因数学家列昂纳多·斐波那契以兔子繁殖为例子而引入，故又称为"兔子数列"。斐波那契数列指的是这样一个数列：

扫一扫

斐波那契

1 1 2 3 5 8 13 21 34 55 89 144 233 377 610 987 1597 2584 4181 6765 ……

这个数列从第 3 项开始，每一项都等于前两项之和。试用 Python 代码输出斐波那契数列前 20 项。

**2. 解题思路。**

用 Python 代码输出斐波那契数列，需把握住数列的特点：从第 3 项开始，每一项都等于前两项之和，因此可以使用递归和 for 循环等方法实现。

**3. 解题方法。**代码如图 6-4 所示。

```
1 def fib(n):
2     if n == 1 or n == 2:
3         return 1
4     return fib( n - 1) + fib( n - 2)
5
6 for i in range(1, 21):
7     print(fib(i), end = ' ')
8
```

图 6-4　代码

第 1 行：定义函数 fib()，传入参数 n。

第 2~4 行：用 if...else 语句进行判断，由于该数列从第三项开始，每个数的值为其前两个数之和，所以当 n == 1 或 n == 2 时，返回值为 1，这也是递归的结束条件；否则返回值为前两个数的和，即 fib (n-1) +fib (n-2)。

第 6 行：用 for 语句遍历 1~20 的整数。

第 7 行：为参数 n 赋值为 i，并用 end 将 print 输出到同一行并以空格结尾。

# 第7章

## 文件与操作

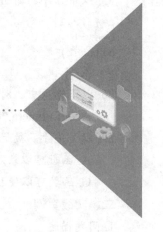

文件是存储在计算机内部的存储器上的数据序列，可以包含任何数据内容。日常生活中，我们接触到的图片（图像）、文字、声音等都是以文件形式存储在计算机中。

概念上，文件是数据的集合与抽象。文件包括两种类型：文本文件和二进制文件。Python 能够以文本和二进制两种方式处理文件。

文本文件一般由单一特定编码的字符组成，内容容易统一展示和阅读。大部分文本文件都可以通过文本编辑软件或文字处理软件创建、修改和阅读。

由于文本文件存在编码（信息从一种形式或格式转换为另一种形式的过程，也称为计算机编程语言的代码，简称编码），因此，它也可以被看作是存储在磁盘上的长字符串，例如我们常接触的 .txt 格式的文本文件，也被称为"纯"文本文件,逗号分隔值文件（CSV）、日志文件（Log）、配置文件（InI）等。

二进制文件直接由比特（bit）0 和比特 1 组成，没有统一字符编码，文件内部数据的组织格式与文件用途有关。二进制是信息按照非字符但特定格式形成的文件，例如，.png、.jpg 格式的图片文件、.avi、.mp4 格式的视频文件,Windows 下的可执行文件 .exe 等。

二进制文件和文本文件最主要的区别在于是否有统一的字符编码。二进制文件由于没有统一字符编码，只能当作字节流，而不能看作是字符串。

### 7.1 \\\\\\ 文件的操作

为了长期保存数据以便重复使用、修改和共享，必须将数据以文件的形式存储到计算机中的存储介质（如磁盘、U 盘、云盘、网盘等）中。当需要使用文件中保存的数据时，需要对文件进行一系列相关的操作与处理。

#### 7.1.1 文件的打开与关闭

Python 对文本文件和二进制文件采用统一的操作步骤，即"打开—操作—关闭"。在计算机的操作系统中，文件默认处于存储状态，要使用某个文件时首先需要将其打开，使得当前程序（以 Python 的 IDLE 为例）有权操作这个文件，打开不存在的文件可以创建文件。

打开后的文件处于占用状态，此时，其他进程不能操作这个文件。在 Python 中，文件作为一个数据对象存在，以任一文件对象 a 为例，打开文件的操作是 a.open()，我们有权对文件 a 进行操作，操作后需要将文件 a 关闭，即关闭文件的操作 a.close()，如图 7-1 所示。

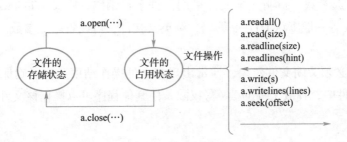

图 7-1　文件的状态和操作过程

### 1. 文件的打开

文件的打开，如图 7-2 所示。

open(file, mode='r', encoding=None)，其中参数 file 是一个带路径的文件名，是一个由引号引导的字符串。

①路径有两种形式：绝对路径和相对路径。

绝对路径是从根目录开始到当前要打开文件的完整路径，例如，f = open('D:\\test\\temp.txt')，表示变量 f 是打开 D 盘 test 文件夹内的文档 temp.txt。

图 7-2　文件的打开

相对路径是相对当前打开文件位置的路径，例如，f = open('./test/temp.txt')，表示变量 f 是当前的 Python 程序和要打开的 temp.txt 在同一个目录下。

文件与程序在相同文件夹下时可不加路径，例如，f = open('temp.txt')。

② mode 可选参数，指定文件打开的方式和类型。省略时使用默认值 'r'，以只读方式打开。语句 f = open('temp.txt') 和 f = open('temp.txt', 'r') 意思相同，是以只读方式打开文件 temp.txt。

打开模式用于控制使用何种方式打开文件，open() 函数提供七种基本的打开模式，mode 打开模式类型如表 7-1 所示。

表 7-1　文件打开模式

| 模　　式 | 说　　明 |
|---|---|
| r | 只读模式（默认模式，可省略），如果文件不存在抛出 FileNotFoundError |
| w | 覆盖写模式，文件不存在则创建，存在则先清空原有内容 |
| x | 创建写模式，文件不存在则创建，存在则抛出 FileExistsError |
| a | 追加写模式，文件不存在则创建，存在则在文件最后追加内容 |
| b | 二进制文件模式（可与其他模式组合使用） |
| t | 文本文件模式（默认模式，可省略） |
| + | 与 r/w/x/a 组合使用，在原功能基础上增加同时读 / 写功能 |

打开模式使用字符串方式表示，根据字符串定义，单引号或者双引号均可。上述打开模式中，'r'、'w'、'x'、"b" 可以和 'b'、't'、'+' 组合使用，形成既表达读写又表达文件模式的方式。

③ encoding: 可选参数，指明文本文件采用何种字符编码，中文 Windows 10 一般默认 GBK 编码，Mac 和 Linux 等一般默认 UTF-8 编码，纯英文文件，可以省略此参数。

2. 文件的关闭

文件使用完毕必须关闭文件对象，通常出现在文件操作结束后，以确保对文件中数据的所有改变都写回到文件中，释放文件的读 / 写权限，使其他程序可以操作该文件，关闭文件的代码是 f.close()。

## 7.1.2 文件的遍历

可以通过程序，按照一定的顺序遍历文件的所有内容。例如，以纯文本文件存储的《静夜思》，通过如下代码的执行，在 Python 环境下按照行遍历文件的结果如图 7-3 所示。

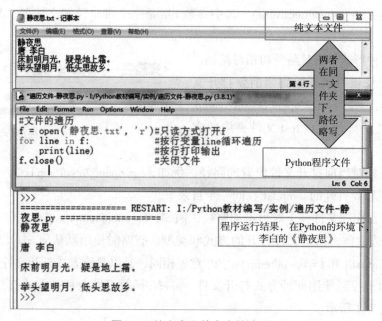

图 7-3　纯文本文件内容的遍历

程序源代码如下（运行前提：已经创建好文本文件 "jingyesi.txt"，如果和本程序在同一个文件夹内，可以不用标注绝对路径）：

```python
f = open('jingyesi.txt', 'r')
for line in f:
    print(line)
f.close()
```

如果程序需要逐行处理文件内容，建议采用上述代码中的格式：

```python
f = open (fname, "r")
for line in f:
        #处理一行数据
f.close()
```

### 7.1.3　文件的读 / 写

对文件的操作有读取和写入操作。文件被打开后，根据打开方式不同可以对文件进行相应的读 / 写操作。注意，当文件以文本文件方式打开时，读 / 写按照字符串方式，采用当前计算机使用的编码或指定编码；当文件以二进制文件方式打开时，读 / 写按照字节流方式。

Python 提供四个常用的文件内容读取方法，其中涉及的操作如表 7–2 所示。

表 7-2　文件常用的读 / 写操作

| 方　　法 | 功能说明 |
| --- | --- |
| <f>.read(size=–1) | 从文本文件中读取 size 个字符的内容作为结果返回，或从二进制文件中读取指定数量的字节并返回，当 size 为负值或值是 None 时，则表示读取所有内容 |
| <f>.readline(size=–1) | 每次只读取一行数据，文件指针移动到下一行开始，如果指定了 size，将在当前行读取最多 size 个字符 |
| <f>.readlines(hint=–1) | 读取文件中所有数据，指针移动到文件结尾处，可以指定 hint 来读取的直到指定字符所在的行 |
| <f>.seek(offset) | 用于移动文件指针到指定的位置，当指针移动到文件结尾后，读不到数据，可使用 seek(0) 将文件读取指针移动到起始处 |
| <f>.write(s) | 将给定的字符串或字节流 s 对象写入文件 f |
| <f>.writelines(s) | 把字符串列表 s 写入文本文件 f，不添加换行符 |

向指定文件写一个列表类型的数据，并打印输出结果，代码如图 7–4 所示。

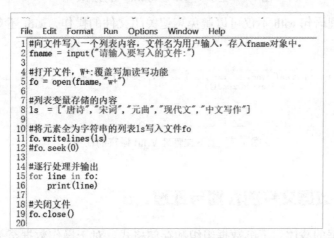

图 7-4　指定文件写一个列表类型的数据

程序运行结果如图 7–5 所示。

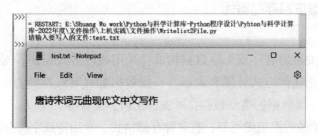

图 7-5　运行结果

可以看到，程序并没有直接在 IDLE 交互模式输出被写入的列表数据，需要在和此段程序代码——".py" 源文件所在的同一文件夹中找到输入的指定文件 "test.txt"，打开这个 "test.txt" 文件后看到其中被写入的列表数据内容。

### 7.1.4　上下文管理语句 with

关键字 with 可以自动管理资源，不管是否发生异常，总能保证文件被正确关闭，常用于文件操作、数据库连接、网络连接、多线程与多进程同步时的锁对象管理等场合。

下面用同一个操作来测试使用上下文管理语句 with 和用打开—操作—关闭之间的差别：两者执行结果一致，但是 with 使整个程序代码更加简洁，如图 7-6 所示。

```
File Edit Format Run Options Window Help
#with上下文管理-自动管理资源
#open()参数'a'-追加写模式，文件不存在则创建，存在则在文件最后追加内容

#f为文件对象

with open(r'd.txt','a') as f:
    f.write('长春师范大学计算机科学与技术学院')

'''用open-操作-close
f = open(r'd.txt','a')
f.write('长春师范大学计算机科学与技术学院')
f.close()
'''
```

图 7-6　上下文管理语句 with 语言的使用

使用上下文管理语句 with 不仅可以避免忘记关闭文件的操作，with 还支持多文件管理，代码实例如图 7-7 所示。

```
>>> with open('jingyesi.txt','r') as src,open('test_new.txt','w') as dst:
        dst.write(src.read())

35
```

图 7-7　上下文管理 With 语言的使用

## 7.2　数据文件的存储与处理

文件是存储数据的载体，了解数据组织和存储格式，对于操作数据至关重要。需要知道生活中数据组织的维度，不同维度数据的存储与处理。

### 7.2.1　数据组织的维度和存储格式

#### 1. 一维数据

一维数据由对等关系的有序或无序数据构成，采用线性方式组织，对应于数学中的数组和集合等概念。无论采用任何方式分隔和表示，一维数据都具有线性特点。我们学习过的 Python 数据类型中可以存储一维数据的类型包括：列表、元组、集合等。

一维数据是最简单的数据组织类型，有多种存储格式，常用特殊字符分隔，分隔方式如下：

①用一个或多个空格分隔，例如：

苹果　香蕉　梨　葡萄　芒果　柚子

②用逗号分隔，注意，这里的逗号是英文输入法中的半角逗号，不是中文逗号，例如：

苹果,香蕉,梨,葡萄,芒果,柚子

③用其他符号或符号组合分隔，不要用数据中的特殊符号，例如：

苹果;香蕉;梨;葡萄;芒果;柚子

### 2. 二维数据

二维数据，也称表格数据，由关联关系的数据构成，采用表格方式组织，对应于数学中的矩阵，常见的表格都属于二维数据。其中，表格说明部分（第一行）可以看作是二维数据的一个维度，也可以看作是数据外的说明。

二维数据由多条一维数据构成，可以看成是一维数据的组合形式。国际通用的一二维数据存储格式为 CSV 格式，是数据转换的标准格式，一般以 .csv 为扩展名，可为 Excel 等编辑软件读取、编辑、另存为或导出 CSV 格式，通过 Windows 平台的记事本或写字板，以及其他操作平台上的文本编辑工具打开。

CSV（comma separated values）称为以逗号分隔数值的存储格式，以纯文本形式存储表格数据。CSV 数据按行或按列存储取决于程序，一般索引习惯为先行后列。

二维数据采用 CSV 存储后的内容如下：

```
case_id,vital_status,survival time
47990d5e-a0e1-4752-86f5-4f5b84e219df,2,617
c65ba2b8-e867-42e8-bbd0-c2cdf5130cfb,2,612
6a3e87d7-e360-44c5-9764-4b630df383e6,1,345
cc8602bb-78e2-4732-9784-83c3388b999e,1,35
aaa55de1-8f53-4b56-ba0a-67cff909cf81,1,1090
```

其规范如下：

- 开头不留空，以行为单位。
- 可含或不含表头，表头居文件第一行，可另行存储。
- 一行数据不跨行，无空行。
- 以半角逗号（,）作分隔符，元素缺失也要保留。
- 列内容如存在半角引号（"），替换成半角双引号（""）转义。
- 内码格式不限，可为 ASCII、Unicode 或者其他。
- 不支持特殊字符。

### 3. 高维数据

高维数据由键值对类型的数据构成，采用对象方式组织，属于整合度更好的数据组织方式。高维数据在网络系统中十分常用，HTML、XML、JSON 等都是高维数据组织的语法结构。

内容按照层级采用逗号和大括号组织起来。高维数据相比一维和二维数据，能表达更加灵活和复杂的数据关系。

用 JSON 表示的高维数据中国部分省市信息如下：

```
1 {
2   "sites": [
3   { "name":"长春师范大学", "url":"https://www.ccsfu.edu.cn/" },
4   { "name":"中国知网", "url":"https://www.cnki.net/" },
5   { "name":"百度", "url":"https://www.baidu.com/" }
6   ]
7 }
```

## 7.2.2 CSV 格式文件的读取与写入

数据包括文件存储和程序使用两个状态。存储不同维度的数据需要适合维度特点的文件存储格式，处理不同维度数据的程序需要使用相适应的数据类型或结构。因此，对于数据处理，需要考虑存储格式以及表示和读 / 写等两个问题。

### 1. CSV 格式文件的读取

CSV 文件的每一行是一维数据，整个 CSV 文件是一个二维数据，从 CSV 文件中读取数据，去掉内容中的逗号，打印输出到 IDLE 交互模式，使用存储好的 "price2016.csv" 文件，如图 7-8 所示。

```
File  Edit  Format  Run  Options  Window  Help
1 #导入CSV格式数据到列表-r"
2 '''
3 fo = open("price2016.csv","r")
4 ls = []
5 for line in fo:
6     line = line.replace("\n","")
7     ls.append(line.split(","))
8 print(ls)
9 fo.close()
10 '''
11 with open("price2016.csv","r") as fo:
12     ls = []
13     for line in fo:
14         line = line.replace("\n","")
15         ls.append(line.split(","))
16     print(ls)
17
```

图 7-8　从 CSV 文件中读取数据

可以使用 With 上下文管理和文件打开和关闭操作两种方式。需要注意的是，以 split(" ,") 方法从 CSV 文件中获得内容时，每行最后一个元素后面包含了一个换行符 ("\n")。对于数据的表达和使用来说，这个换行符是多余的，可以通过使用字符串的 replace() 方法将其去掉。

### 2. CSV 格式文件的写入

对于 Python 列表变量保存的一维数据结果，可以用字符串的 join() 方法组成逗号分隔形式再通过文件的 write() 方法存储到 CSV 文件中。其中，",".join(ls) 生成一个新的字符串，它由字符串 "," 分隔列表 ls 中的元素形成，具体过程参考实例代码，如图 7-9 所示。

```
File  Edit  Format  Run  Options  Window  Help
1 #将一维数据['changchun','101.5','100.7','111.2']写入price2016out.csv文件
2 f = open('price2016out.csv','w')
3
4 ls = ['changchun','101.5','100.7','111.2']
5 f.write(','.join(ls) + '\n')
6
7 f.close()
8
```

图 7-9　CSV 格式文件的写入

以上代码将一维数据列表 ['changchun','101.5','100.7','111.2'] 写入 price2016out.csv 文件，输出

结果在 price2016out.csv 的第一行中，如图 7-10 所示。

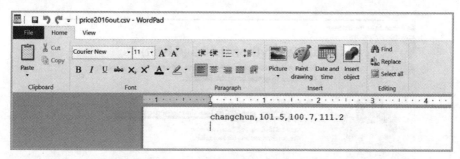

price2016out.csv - WordPad
File
Home
View
Cut
Copy
Paste
Clipboard
Courier New
11
Font
Paragraph
Picture
Paint drawing
Date and time
Insert object
Insert
Find
Replace
Select all
Editing
changchun,101.5,100.7,111.2

图 7-10 一维数据写入 CSV 文件

对于列表中存储的二维数据，可以通过循环写入一维数据的方式写入 CSV 文件，参考代码如下：

```
for row in ls:
    <输出文件>.write(" , ".join(row)+"\n")
```

## 7.3 文件夹的操作

在计算机中，对于文件的操作不仅包含文件的打开、内容的读取与写入和关闭，还有在操作系统下对文件所在的目录（文件夹）及文件操作相关的方法，统称为“文件级操作”。

在 Python 中，内置 os 库除了提供使用操作系统功能和访问文件系统的简便方法之外，还提供了目录及文件操作相关的方法。在使用前，内置 os 库不需要安装，直接在程序的最前端输入语句“import os”导入 os 库的所有函数模块功能。下面，介绍 os 库几种常用的文件级操作，更多功能读者可以查阅相关资料。

### 7.3.1 获取当前工作目录

```
import os            #导入os库
os.getcwd()          #返回当前程序工作目录的绝对路径
```

os 库的函数“.getcwd()”是英文“get working directory”的缩写。

我们想要获取当前使用的 Python 程序运行环境 IDLE shell 所在的工作目录，就需要进行如下语句的操作如图 7-11 所示。

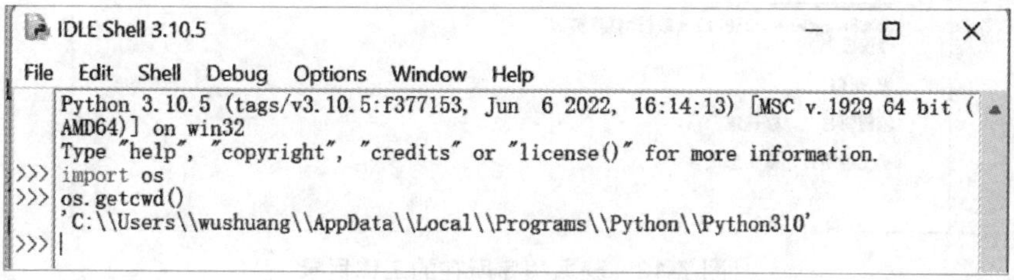

IDLE Shell 3.10.5
File Edit Shell Debug Options Window Help
Python 3.10.5 (tags/v3.10.5:f377153, Jun 6 2022, 16:14:13) [MSC v.1929 64 bit (AMD64)] on win32
Type "help", "copyright", "credits" or "license()" for more information.
>>> import os
>>> os.getcwd()
'C:\\Users\\wushuang\\AppData\\Local\\Programs\\Python\\Python310'
>>>

图 7-11 获取当前工作目录

这是在安装 Python 版本时默认的工作目录，安装 Python 运行环境时的目录如图 7-12 所示，与通过"os.getcwd()"获取的工作目录一致。通常情况下，IDLE 的工作目录不需要改变。

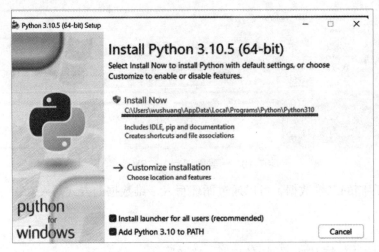

图 7-12　安装 Python 运行环境

对于任意一个编写的 Python 程序，想要获取程序所在的工作目录，同样可以使用 os 库的函数 "os.getcwd()" 获取当前程序所在的工作目录。例如：在文件的遍历操作中编写的 Python 程序 "遍历文件 – 静夜思 .py"，要获取这个程序的工作目录，需要进行如下操作：

在 Python 程序的最开始位置，导入 os 库并将 "os.getcwd()" 获取的工作目录的结果存入变量 "result" 中并打印输出 result。这个结果是显而易见的，因为在运行 Python 程序前已经将程序保存在指定的位置了，如果需要改变它的工作目录，就需要继续下一节的操作，如图 7–13 所示。

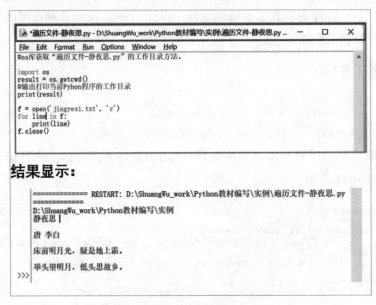

图 7-13　获取程序所在的工作目录

### 7.3.2 改变当前工作目录

想要改变当前程序的工作目录，就是用 os 库的函数 os.chdir() 来改变当前运行程序的工作目录，如图 7-14 所示。

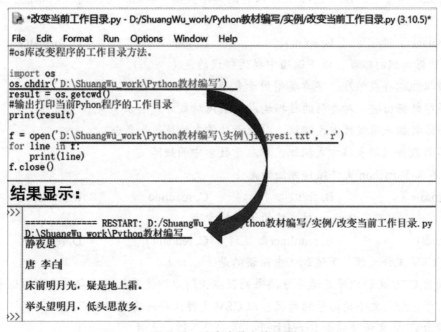

图 7-14 改变当前工作目录

> 注意：改变了当前程序的工作目录，打开的《静夜思》文本文件的目录需要写清绝对路径。

### 7.3.3 获取文件名称列表

os.listdir()，能够获取指定文件夹中所有文件和文件夹的名称列表。注意，指定文件夹根据读者当前程序代码所在的文件夹，获取结果会因设备而异，示例代码如图 7-15 所示。

```
>>> import os
>>> os.listdir()
['CalHamlet_1.py', 'CalHamlet_2.py', 'CSVtoP.jpg', 'data.csv', 'hamlet.txt', 'hamlet结果统计.jpg',
'hamlet语句分析.jpg', 'Point截图.png', 'Python之禅.jpg', 'text.txt', 'Threekindom.py', 'Writelist2F
ile.py', '三国演义.txt', '三国演义中文词频统计.jpg', '三国演义人物统计结果.jpg', '例题_CSV21s.jpg',
'向文件写入一个列表-结果.jpg', '向文件写入一个列表.jpg', '实例write2csv.jpg', '实例_CSV21s.jpg',
'带排除的汉姆雷特英文词频统计.jpg', 'test.txt']
>>>
```

图 7-15 获取文件名称列表

## 习题

### 一、选择题

1. 在 Python 语言中，读入 CSV 文件保存的二维数据，按特定分隔符抽取信息，最可能用到的函数是（　　）。

    A. replace()　　　　　　B. split()　　　　　　C. join()　　　　　　D. format()

2. 关于数据组织的维度，以下选项中描述错误的是（　　）。

    A. 数据组织存在维度，字典类型用于表示一维和二维数据

    B. 高维数据由键值对类型的数据构成，采用对象方式组织

    C. 一维数据采用线性方式组织，对应于数学中的数组和集合

    D. 二维数据采用表格方式组织，对应于数学中的矩阵

3. 以下不属于 Python 文件操作方法的是（　　）。

    A. write　　　　　　B. split　　　　　　C. readline　　　　　　D. writelines

4. 下列（　　）不是 Python 对文件的读操作方法。

    A. read()　　　　　　B. readline()　　　　　　C. readall()　　　　　　D. readl()

5. 关于 CSV 文件处理，下述说法中错误的是（　　）。

    A. 因为 CSV 文件以半角逗号分隔每列数据，所以即使列数据为空也要保留逗号

    B. 对于包含英文半角逗号的数据，以 CSV 文件保存时需进行转码处理

    C. 因为 CSV 文件可以由 Excel 打开，所以是二进制文件

    D. 通常，CSV 文件每行表示一个一维数据，多行表示二维数据

6. 执行以下语句后，文件 txt 里的内容是（　　）。

```
fo = open("txt",'w')
x=['大学','','道德经','','易经']
fo.write(''.join(x))
fo.close()
```

    A. '大学','道德经','','易经'　　　　　　B. 大学道德经易经

    C. 大学 道德经 易经　　　　　　D. '大学','道德经','','易经'

7. 以下关于文件的描述，错误的是（　　）。

    A. open() 打开文件之后，文件的内容就被加载到内存中了

    B. fo.readlines() 函数是将文件的所有行读入一个列表

    C. open() 函数的参数处理模式 'b' 表示以二进制数据处理文件

    D. open() 函数的参数处理模式 '+' 表示可以对文件进行读和写操作

8. 下面代码的输出结果是（　　）。

```
d ={" 大海 ":" 蓝色 "," 天空 ":" 灰色 "," 大地 ":" 黑色 "}
print(d[" 大地 "], d.get(" 大地 "," 黄色 "))
```

    A. 黑的 灰色　　　　　　B. 黑色 蓝色　　　　　　C. 黑色 黄色　　　　　　D. 黑色 黑色

9. 下列文件／语法格式通常不用作高维数据存储的是（　　）。

    A. HTML　　　　　　B. XML　　　　　　C. JSON　　　　　　D. CSV

10. 文本文件和二进制文件的区别是（　　　　）。

    A. 文本存在统一的编码，它被看作是存储在磁盘上的长字符串，二进制文件直接由比特 0 和比特 1 组成，没有统一字符编码

    B. 文本没有统一的编码，它被看作是存储在磁盘上的长字符串，二进制文件直接由比特 0 和比特 1 组成，有统一字符编码

    C. 文本文件使用不需要打开，直接使用，二进制文件使用需要打开

    D. 文本文件使用需要打开，二进制文件不需要打开，直接使用

11. 表达式 ",".join(ls) 中 ls 是列表类型，以下选项中对其功能的描述正确的是（　　　　）。

    A. 将逗号字符串增加到列表 ls 中

    B. 将列表所有元素连接成一个字符串，元素之间增加一个逗号

    C. 将列表所有元素连接成一个字符串，每个元素后增加一个逗号

    D. 在列表 ls 每个元素后增加一个逗号

12. "键值对（字典）"类型数据的组织维度是（　　　　）。

    A. 多维数据　　　　　　B. 一维数据　　　　　　C. 二维数据　　　　　　D. 高维数据

13. 以下对 CSV 格式描述正确的是（　　　　）。

    A. CSV 文件以英文分号分割元素　　　　　B. CSV 文件以英文特殊符号分割元素

    C. CSV 文件以英文逗号分割元素　　　　　D. CSV 文件以英文冒号分割元素

14. fname=input(" 请输入要写入的文件：")

```
fo=open(fname,"w+")
ls=["唐诗","宋词","元曲"]
fo.writelines(ls)
for line in fo:
  print (line)
fo.close()
```

上述代码的运行结果是（　　　　）。

    A. " 唐诗宋词元曲 "　　　　　　　　　　B. 唐诗 宋词 元曲

    C. " 唐诗 "" 宋词 "" 元曲 "　　　　　　　　D. 唐诗宋词元曲

15. 以下关于数据维度的描述，正确的是（　　　　）。

    A. 一维数据可以用列表表示，也可以用字典表示

    B. 一维的列表 a 里的某个元素是一个一维的列表 b，这个列表是二维数据

    C. JSON 格式可以表示具有复杂关系的高维数据

    D. 采用列表表示一维数据，各个元素的类型必须是相同的

16. 以下对 Python 文件处理的描述中，错误的是（　　　　）。

    A. Python 能够以文本和二进制两种方式处理文件

    B. Python 通过解释器内置的 open() 函数打开一个文件

    C. 文件使用结束后可以用 close() 方法关闭，释放文件的使用授权

    D. 当文件以文本方式打开时，读写按照字节流方式

17. 下列说法中错误的是（　　　）。

    A. HTML.XML.JSON.CSV 四个格式中，和 Python 字典类型最相近的是 JSON

    B. 高维数据通常以 HTML.XML.JSON 等格式进行存储

    C. CSV 无法用于高维数据的存储

    D. HTML.XML.JSON.CSV 的一个共同点是：都以文本格式存储数据

18. 关于下面代码中的变量x，以下选项中描述正确的是（　　　）。

```
fo = open(fname, "r")
for x in fo:
    print(x)
fo.close()
```

    A. 变量 x 表示文件中的一个字符　　　　B. 变量 x 表示文件中的一行字符

    C. 变量 x 表示文件中的一组字符　　　　D. 变量 x 表示文件中的全体字符

19. 文件的状态有两个，分别是（　　　）。

    A. 文件打开和关闭状态　　　　B. 文件的存储状态和文件的占用状态

    C. 文件的存储和删除状态　　　　D. 文件的读写状态

## 二、实战案例

1. 问题描述。

扫一扫

CSV 数据处理

将二维数据通过微软 Office Excel 等工具录入，另存成 .csv 文件，或直接使用现有的 .csv 文件，数据经过处理后，将处理后的二维数据重新写入新的 CSV 文件。

2. 解题思路。

CSV 文件的每一行是一维数据，可以使用 Python 中的列表类型表示。首先将原始文件的数据全部导入，用列表方式表示。对列表中的元素逐行判断，对浮点数值进行百分比运算，运算结果写回列表。将更新后的列表输出新的 CSV 文件。

3. 解题方法。代码如图 7-16 所示。

```
1  #二维数据写入CSV文件
2  #读入price2016.csv文件，将其中的数据读出，将数字部分计算百分比后输出到price2016out.csv文件
3
4  fr = open("Price2016.csv","r")          #现有CSV文件
5  fw = open("Price2016out.csv","w")       #处理后数据写入的新CSV文件
6  ls = []
7  for line in fr:                          #将CSV文件中的二维数据读入到列表变量
8      line = line.replace("\n","")
9      ls.append(line.split(","))
10 print(ls)
11
12 for i in range(len(ls)):                 #遍历列表变量计算百分数
13     for j in range(len(ls[i])):
14         if ls[i][j].replace(".","").isnumeric():
15             ls[i][j] = "{:.2}%".format(float(ls[i][j])/100)
16 for row in ls:                           #将列表变量中的数据按行输出到CSV文件
17     print(row)
18     fw.write(",".join(row)+"\n")
19 fr.close()
20 fw.close()
```

图 7-16　代码

第 1~2 行：注释文件。

第 4 行：打开当前文件夹中的现有 CSV 文件。

第 5 行：数据处理后的新 CSV 文件，若不存在，则创建一个新 CSV 文件。

第 6 行：用于存储 CSV 文件中的二维数据的列表变量。

第 7~9 行：按行处理 CSV 文件数据到列表中。需要注意的是，按行处理的 CSV 文件，以 split(",") 方法从 CSV 文件中获得内容时，每行最后一个元素后面包含了一个换行符 ("\n")，通过使用字符串的 replace() 方法将其去掉。

第 10 行：打印并查看列表数据。

第 12~15 行：双重 for 循环遍历列表变量计算百分数。

第 16~18 行：将列表变量中的数据按行输出到新的 CSV 文件。

第 19~20 行：分别关闭使用的 CSV 文件。

# 第二部分
## 人工智能基础

进入 21 世纪以来，由于深度学习技术的飞速发展和深入应用，人工智能一词，再次引起了普通大众的广泛关注。随着人工智能逐步从科幻进入现实，本次人工智能的兴起已经上升到世界多数国家的战略发展目标，我国也出台了《新一代人工智能发展规划》，力图借此机遇加快建设创新型国家和世界科技强国。目前，人工智能正在快速融入工业制造、农业生产和生活服务等方方面面，应用深度迎来质的飞跃，也被称作第四次工业革命的代表技术。占领新一轮科技革命的历史制高点，对我国缓解未来人口老龄化压力，应对可持续发展挑战，以及促进经济结构转型升级至关重要。

那么到底什么是人工智能呢？其背后的原理是什么，它是如何改变我们生活的呢？针对这些问题，面向教育部《高等学校人工智能创新行动计划》培养"人工智能+X"复合型人才目标，本部分将主要介绍人工智能的概念、发展、主要代表技术的原理，以及常见应用领域，以帮助读者形成对人工智能的初步认识和理解。

# 第8章

# 人工智能之路

人工智能作为计算机科学的一个重要分支，发展几经沉浮，但始终是人类追求解放脑力劳动的目标。本章将首先介绍人工智能的基本概念、判定方法，以及发展历史，然后从智能主体（Agent）视角归纳人工智能的主要研究内容，并简要介绍人工智能的层级和主要学派，最后概述人工智能的应用领域及发展趋势，以开阔读者视野。

## 8.1 人工智能的概念

人工智能（Artificial Intellegence，AI）又称机器智能，是一门研究如何使用机器（通常是指计算机）模仿人类智能行为的交叉学科，其涉及的专业领域很广泛，包括数学、哲学、经济学、心理学、社会学，以及计算机科学等。在人类发展的历史长河中，用人工方法创造具备类人智能的实体一直是人们的梦想。通过 AI 研究，可以使机器具有感知功能（如视觉、听觉、嗅觉、触觉）、思维功能（如分析、计算、推理、联想、判断、规划、决策）、行为功能（如说话、写字、画画）、学习、记忆等功能。目前，学术界和工业界已经在图像处理、语音识别、自然语言处理和机器人技术等方面的研究和应用取得了长足进展。但是，由于人体结构（尤其是大脑）的高度复杂性，目前我们对人类自身智能形成机理的理解仍然非常有限，对智能构成要素的认识尚不全面。因此，学术界还没形成对智能的确切定义，关于 AI 主要有以下几个重要观点：

①计算机学家约翰·麦卡锡（John McCarthy）在 1956 年的达特茅斯会议上首次提出人工智能的定义：研究使机器的反应方式像人类在行动时所依据的智能，制造智能机器的科学与工程，特别是智能计算机程序。

②斯坦福大学的尼尔斯·尼尔森（Nils John Nilsson）提出，人工智能是关于知识的学科，即如何表示知识，以及如何获得知识并使用知识的学科。

③麻省理工学院的帕特里克·温斯顿（Patrick Winston）认为，人工智能就是研究如何使计算机去做过去只有人类才能做的智能工作。

④斯图尔特·罗素（Stuart J. Russell）和皮特·诺威格（Peter Norvig）在经典权威教材《人工智能：一种现代的方法（第 3 版）》中将 AI 定义为"研究从环境接收感知并执行动作的主体"。

总体来讲，目前对人工智能的定义可以划分为四个层次，即"像人一样思考""像人一样行动""理性地思考""理性地行动"。这里的"行动"是指为采取行动或制定行动的决策，而不是单纯的肢体动作。

如今，人工智能已经渡过了简单地模拟人类智能的发展阶段，演进为研究人类智能活动的规律、构建具有一定智能的人工系统或硬件，以使其能够开展需要人的智力才能进行的工作，并对人类智能进行拓展的综合学科。

## 8.2 人工智能的判定方法

尽管目前缺少对人工智能的统一、确切的定义，但并不影响如何判断一个机器是否具备智能。某些科学家倾向从机器的行为表现判断其智能水平，并提出了著名的图灵测试和中文屋实验。

### 8.2.1 图灵测试

1950 年，英国数学家、计算机科学家、密码学家艾伦·图灵（Alan Turing，见图 8-1）在论文《计算机器与智能》中提出了如何判断"机器能否思维（Can machines think？）"的论点，并设计了一种可操作的判定标准，称为"图灵测试（Turing Test）"。如图 8-2 所示，图灵测试采用问答模式进行。一个人类的裁判，同时测试一个人和一台机器。测试时，裁判与被测试的人和机器是相互隔离的。裁判与被测试人和机器分别以通信线路连接起来，并且利用键盘和显示屏来交谈。裁判同时向被测试人和机器提出一些书面问题，经过一系列的测试后，如果裁判无法分辨这些回答究竟是来自于人还是机器，则认为该机器通过了测试，具备了人类的思维能力。

图 8-1　艾伦·图灵

图 8-2　图灵测试示意图

图灵还曾预言在 20 世纪末，机器经过五分钟的测试能够蒙骗 30% 的人类裁判。图灵测试的主要贡献在于，它给出了一个相对客观的智能概念。虽然测试的科学性受到过质疑，例如存在测试内容局限于文本，以及测试时间过短等问题，但仍被广泛认为是测试机器智能的重要标准，对人工智能的发展产生了极为深远的影响。因此，图灵也被称作人工智能之父。

### 8.2.2　中文屋实验

中文屋（Chinese Room）是一个思想实验，也被称作中文房间论争，是由美国哲学家约翰·塞尔（John R. Searle，见图 8-3）在 1980 年发表的论文《心智、头脑与程序》中提出的。该实验认为即使机器通过了图灵测试，也不能认为机器就有智能，这是因为图灵测试仅仅反映了结果，没有涉及思维过程。

如图 8-4 所示，设想一个人独自在一个房间内，门上有小孔。房间里有一本英文与中文字符对照指南，写着中文的纸条从一侧的小孔被送入房间。该人对中文一窍不通，但通过该指南来处理中文符号，生成了适当的中文字符串，从而蒙骗了屋外的人，以为屋内有一个懂中文的人。但他实际上并不理解他所处理的中文，也不会在此过程中提高自己对中文的理解。用计算机模拟这个系统，可以通过图灵测试。

图 8-3　约翰·塞尔

图 8-4　中文屋实验示意图

该实验的结论是：计算机按程序运行可以使它看起来理解了语言，但并没有产生真正的理解。实验试图揭示计算机绝不能被描述为有 "mind（心智）" 或 "understanding（理解）"，不管它看起来多么智能。

在该论文中，塞尔教授还写道：问题的关键之一是图灵测试的充分性。许多人对塞尔的中文屋思想实验进行了反驳，但还没有人能够彻底将其驳倒。实际上，目前要使机器达到人类智能的水平是非常困难的。但是，人工智能的研究正朝着这个方向前进，图灵的梦想总有一天会变成现实。

### 8.2.3　东大机器人项目

2017 年，日本学者荒井纪子（Noriko Arai）团队创建了 Todai 机器人项目（见图 8-5），该人工智能程序在日本著名大学东京大学入学考试中的表现超过了 80% 的人类考生。

如图 8-6 所示，在入学考试中有一个英文阅读理解题，结合上下文理解，很明显该题的正确答案是 4，但是 Todai 机器人却选择了 2，而且这一答案是其通过深度学习技术学习了 150 亿个英文句子后给出的。因此，人工智能目前还无法真正理解文字，只是表面上好像理解了，就像 "死记硬背" 一样。

图 8-5　Todai 机器人在答题

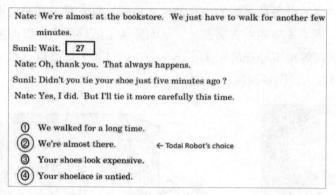

图 8-6　Todai 在完型填空题上的表现

## 8.3　人工智能的发展历史

如图 8-7 所示，人工智能是伴随计算机的诞生而逐渐发展起来的，产生于第三次工业革命阶段。纵观 AI 的历史，并非一帆风顺，迄今为止共经历了三起两落，不同时期的代表技术反映出人们对智能的理解逐渐变得深入，目前人工智能正在促进人类社会实现由数字化向智能化的转变。

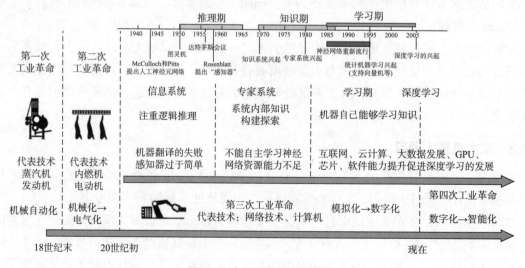

图 8-7　人工智能的发展历程

如表 8-1 所示，人工智能的发展史主要分为如下阶段：1950—1956 年，人工智能从孕育到诞生；1957—1973 年，是人工智能诞生后的第一个黄金年代；1974—1979 年，人工智能遭遇第一个寒冬；1980—1986 年，人工智能迎来第二次繁荣；1987—1992 年，人工智能研究的热潮逐渐走向衰退；1993—2005 年，人工智能再次兴起；2006 年至今，人工智能不断取得突破，迎来了前景无限的兴盛期。表 8–1 分别介绍每个发展阶段中的典型代表事件。

表 8-1　人工智能发展阶段

| 年　份 | 概　况 |
| --- | --- |
| 1950—1956 | 人工智能的孕育和诞生 |
| 1957—1973 | 人工智能黄金年代 |
| 1974—1979 | 第一个人工智能寒冬 |
| 1980—1986 | 人工智能的繁荣期 |
| 1987—1992 | 第二个人工智能寒冬 |
| 1993—2005 | 人工智能的第二次繁荣 |
| 2006—至今 | 人工智能的突破 |

### 8.3.1　孕育和诞生

1943 年，沃伦·麦卡洛克（Warren McCulloch）和沃尔特·皮茨（Walter Pitts）在详细分析生物原型的基础上提出了大脑神经元的抽象数学模型（M-P 模型），指出了神经元的激活和抑制方式，并展示了神经元的学习方法。

1950 年，艾伦·图灵提出了一种判定机器是否有智能的方法，被后人誉为"图灵测试"。

1951 年，普林斯顿大学数学系的研究生马文·明斯基（Marvin Minsky）和迪恩·埃德蒙兹基于感知机构建了第一台人工智能计算机 SNARC。在这个只有 40 个神经元的小网络里第一次模拟了神经信号的传递，为人工智能奠定了深远的基础。

1955 年，艾伦·纽厄尔、赫伯特·西蒙和约翰·肖建立了名为"逻辑学家（Logic theorist）"的计算机程序来模拟人类解决问题的技能，成功证明了著名数学家罗素和怀特海的名著《数学原理》中的 38 条定理，并在 11 年后证明了其中全部 52 条定理，部分定理的证明甚至比原著作者的证明更加巧妙，开创了搜索推理的方法体系。

1956 年夏，一群学者（见图 8-8）在美国达特茅斯学院召开了重要会议"达特茅斯夏季人工智能研究项目"。会上，约翰·麦卡锡明确提出了"人工智能"的概念，从此人工智能作为一个研究领域正式诞生。

约翰·麦卡锡　　　马文·明斯基　　　艾伦·纽厄尔　　　赫伯特·西蒙　　　亚瑟·塞缪尔

图 8-8　达特茅斯会议的主要参加者

这一时期，学者们研究人工智能主要遵循的指导思想是：研究和总结人类思维的普遍规律，并用计算机来模拟人类的思维活动，而实现这种计算机智能模拟的关键是建立一种通用的符号逻辑运算体系。

### 8.3.2　第一次繁荣

达特茅斯会议之后，人工智能的发展进入了黄金时期，多国政府部门均大力投入资金建立人工智能实验室，并取得了一些初步成就。

1956 年，IBM 工程师亚瑟·塞缪尔编写了一套西洋跳棋程序，该程序整合了走棋策略，可以记住一定数量的棋谱，并选择其中胜率最高的走法。1962 年，该程序战胜了跳棋冠军罗伯特·尼赖（Robert Nealy）。

1958 年，约翰·麦卡锡发明了著名的 Lisp 编程语言，这是人工智能领域中第一个广泛流行的编程语言，目前仍有大量使用者。

20 世纪 60 年代，英国剑桥大学的玛格丽特·马斯特曼等人设计了语义网络，用于机器翻译。

1965 年，爱德华·费根鲍姆等人开创了 Dendral，这是第一个根据质谱仪数据推断有机化合物分子结构的专家系统。该系统把化学家关于分子结构质谱测定法的知识结合到控制搜索的规则中，从而能迅速消去不可能为真的分子结构，避免了搜索对象指数级膨胀，它甚至可以找出那些人类专家可能漏掉的结构。后来爱德华·费根鲍姆也被称为专家系统之父，并因此获得了图灵奖。

1966 年，约瑟夫·维森鲍姆建立了第一个自然语言对话程序 ELIZA，其可以扫描用户提问中的关键词，并利用简单的模式匹配和对话规则聊天，虽然简陋但首秀令人惊叹，如图 8-9 所示。

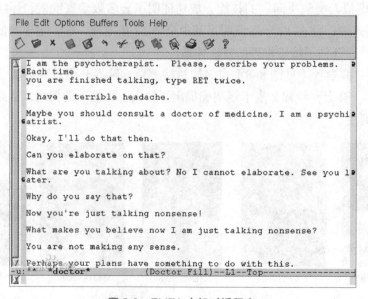

图 8-9　ELIZA 人机对话程序

1972 年，日本早稻田大学发明了世界上第一个人形机器人，不仅能对话，而且可利用视觉系统在室内走动和抓取物体。

1974 年，爱德华·肖特列夫推出了著名的 MYCIN 医学诊断系统，可以基于有限的事实实现不确定性推理，具备了很强的实用价值。

这段时期被称为人工智能的"推理期"，人们认为只要赋予机器逻辑推理的能力，机器就能具有智能。人工智能的各个分支蓬勃发展，当时的研究者对未来充满信心，认为完全智能的机器人在 20 年内就能出现。

### 8.3.3　第一个寒冬

伴随研究的深入推进，人工智能的发展逐渐遇到了瓶颈。当时的计算机内存和处理速度有限，很难处理复杂的问题。同时，视觉和自然语言理解中的巨大可变性与模糊性等问题使得机器翻译和联结主义遇到了难以克服的困难。

1969 年，马文·明斯基在《感知机》一书中指出单层感知机不能解决"异或问题"的缺陷，并表明多层感知机尚缺少有效的训练方法。当时，人工智能研究的成果大多局限在实验室（如下棋或简单翻译），在实际问题中的表现乏善可陈。例如，投资 1 000 多万美元的机器翻译也遇到了令人尴尬的成果，机器将 "The spirit is willing, but the flesh is weak"（心有余而力不足）这句英文谚语翻译为俄语之后，再重新翻译成英文，却出现了 "The wine is good, but the meet is spoiled"（酒是好的，但肉是坏的）的结果。

在此期间，有很多人公开发表报告批评人工智能。休伯特·德雷福斯（Hubert Dreyfus）在"炼金术与人工智能"的报告中指出当时的科学家对于 AI 的态度过于乐观，并将爱德华·费根鲍姆所讲的"AI 领域的显著进步是向终极目标的逐步接近"讽刺为"第一个爬上树的人可以声称这是飞往月球的显著进步"。

1973 年，数学家詹姆斯·莱特希尔（James Lighil）向英国科学研究委员会提交了"人工智能：综合调查报告"，对人工智能研究的自然语言处理、机器人等领域提出严重质疑。受其影响，英国及很多国家的研究机构大幅度缩减人工智能的研究经费，人工智能遭遇第一个寒冬。

### 8.3.4　第二次繁荣

尽管遇到寒冬，以爱德华·费根鲍姆为代表的研究者仍然对人工智能抱有希望。他们认为，人工智能之所以无法向前推进，是因为他们太过于强调推理求解的作用。对比人类思考求解的过程会发现，知识绝对是不可缺少的，因此要让人工智能摆脱困境就需要有大量的知识。为此，费根鲍姆提出了知识工程的概念，并聚焦于面向专业领域设计和开发专家系统，从而在特定场景下借助知识库和推理引擎模拟人类专家给出专业解答，其结构如图 8-10 所示。从此，人工智能的发展进入知识期，逐渐从理论研究走向实际应用，再次焕发了生机。

1980 年，卡内基梅隆大学开发了 XCON 专家系统，可以帮助 DEC 公司根据客户需求自动选择计算机部件的组合，每年可为公司节省 4 000 万美元，极大地激发了工业界对人工智能尤其是专家系统的热情。

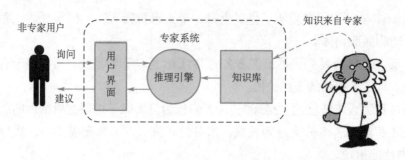

图 8-10　专家系统的结构

在专家系统的刺激下，很多科研计划也陆续被推出。1982 年，日本推出第五代计算机计划，计划预计在 10 年内完成，其目标是制造出能与人对话、看懂图像、翻译语言，并能像人一样推理的机器人。

与此同时，关于人工神经网络的研究也有了新的进展。1982 年，霍普菲尔德（Hopfield）提出了一种新型的神经网络，它使用一种全新的相联存储机制进行学习和信息处理，后来被称为 Hopfield 网络。1986 年，经典论文《通过误差反向传播学习表示》表明反向传播算法可以在神经网络的隐藏层中学习到对输入数据的有效表达，该算法的提出在很大程度上促进了人工神经网络的发展，并成为深度学习理论的重要基础。

## 8.3.5　第二个寒冬

然而，20 世纪 80 年代末，专家系统的缺陷逐渐显露出来。主要表现在两个方面：一是专家系统中的知识大多是人工总结而来，机器的推断能力完全由人工输入了多少知识决定，这意味着"有多少人工，就有多少智能"。二是获取专家知识的成本很高，某些知识无法利用有效的数据结构进行表达。同时，专家系统只适用于特定领域，存在应用领域狭窄，难以复制的问题。在此时期，适用于专家系统的 Lisp 机（lisp machine）的市场出现崩溃。日本第五代计算机项目历经 11 年后，悄然退场。随着专家系统缓慢滑向低，人工智能领域再次遭遇了一系列的财政危机，进入了第二个寒冬。

## 8.3.6　第三次兴起

20 世纪 90 年代，计算机性能的提高和互联网的快速发展促进了人工智能的研究，学者们开始引入不同学科的数学工具（如高等代数、概率统计与优化理论等），并专注于发展解决具体问题的智能技术。他们主张让机器自主从数据中"学习"知识，而不是传统的由人工总结知识。这一时期，在数学的驱动下，以机器学习为代表，出现了大批新的数学模型和算法，如统计学习理论、支持向量机（support vector machine，SVM）和概率图模型等，人工智能进入了学习阶段。

1995 年，统计学家弗拉基米尔·万普尼克（Vladimir Naumovich Vapaik）提出了线性支持向量机算法，其具备完整的数学推导过程，并且在线性分类问题上取得了当时最好的成绩。1997 年，Adaboost 算法被提出，它通过集成一些弱分类器来达到强分类器的效果。2000 年，非线性支持向量机算法被提出，它通过巧妙的核函数将原空间线性不可分的问题映射到高维空间，实现了线性可分。由于 SVM 算法在小规模数据集上解决非线性分类和回归问题的效果非常好，因此其在 20 世纪 90 年代到 21 世纪初的很长一段时间里，一直"碾压"人工神经网络，占据人工智能算法的主流地位。

同一时期，关于人工神经网络的研究由于理论不够清楚、试错性强、存在梯度消失等问题，进入了发展低谷，但此时依然出现了对人工智能发展影响深远的网络结构。1997 年，尤尔根·施米德胡贝（Juren Schmidhuber）提出了长短期记忆（long short-tem memory，LSTM）网络，目前在语音识别和自然语言处理等领域均有广泛使用。1998 年，杨乐昆（Yan Lecun）和约书亚·本吉奥（Yoshua Bengio）等人提出了用于美国邮政手写数字识别的人工神经网络 LeNet，现已成为入门深度学习领域的经典网络。

理论突破推动了应用的进展。1997 年，IBM 的深蓝（Deep Blue）战胜了国际象棋冠军加里·卡斯帕罗夫（Kasparov），是人工智能第一次战胜了人类的顶级棋手，引起了世界的广泛关注（见图 8-11）。1998 年，美国 Tiger Flectronics 公司推出了第一个宠物机器人"菲比"（Furby），摸一下就可以与其语音互动（见图 8-12）。2000 年，日本本田公司的第一代 ASIMO 机器人（见图 8-13）诞生。ASIMO 可以灵活地走动，完成弯腰、握手等动作。

  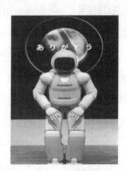

图 8-11　卡斯帕罗夫对战超级电脑"深蓝"　　图 8-12　菲比玩具　　　图 8-13　ASIMO 机器人

### 8.3.7　人工智能的突破

21 世纪以来，人类迈入了大数据时代，同时计算机芯片的计算能力得到指数级增长，促进了人工智能算法的重大突破，以深度学习为代表的人工神经网络方法迎来了新的曙光。

2006 年，加拿大多伦多大学的教授杰弗里·辛顿（Geoffrey Hinton，见图 8-14）在学术期刊 *Science* 上发表了一篇文章，提出了深度学习的概念，并表述了两个重要观点：第一，多个隐层的人工神经网络具有优秀的特征学习能力；第二，梯度消失问题可以通过无监督学习算法逐层预训练，并使用反向传播算法调优解决，这种逐层预训练网络被称为深度信念网络（deep belief network，DBN）。

2012 年，辛顿和他的学生亚历克斯·克里泽夫斯基（Alex Krizhevsky）参加了 ImageNet 视觉识别挑战赛，采用卷积神经网络 AlexNet 以惊人的优势（错误率比第二名低了 10% 左右）取得了大赛冠军，开启了深度学习的井喷期。在那之后，每年 ImageNet 大赛都会产生非常优秀的模型结构，如 2014 年的 VGGNet，2015 年的 ResNet 等。ImageNet（见图 8-15）是由斯坦福大学华裔女科学家李飞飞于 2007 年发起的项目，包含 1 400 万张图片数据和超过 2 万个类别。从人工神经网络逐步发展到深度学习，辛顿在其间的贡献意义非凡，BP 算法、深度学习概念、AlexNet 均是深度学习发展过程中的重要事件。因此，辛顿也被称作"神经网络之父"。

图 8-14　杰弗里·辛顿

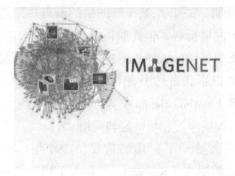

图 8-15　ImageNet 项目

2015 年，DeepMind 公司在 *Nature* 杂志上发表了深度 Q 网络（Deep Q-Network），通过深度强化学习方法构建的 AI 视频游戏系统达到了人类操控 Atari 视频游戏机的水平。

2016 年，同是 DeepMind 公司的 AlphaGo 以 5 战 4 胜赢得了韩国九段职业棋手李世石。其改进版在 2017 年以 3：0 战胜了排名世界第一的中国棋手柯洁。两次人机对战证明 AlphaGo 的水平已经超过了人类职业围棋的顶尖水平。与 IBM 的深蓝计算机不同，围棋中所有可能的走子方式远远多于国际象棋，并不适合暴力穷举，为此 AlphaGo 采用深度学习的技术来应对这个难题，先判断对手可能落子的位置，再判断在目前情况下最后的胜率，最后寻找最佳落子点。这样运行机制更贴近人脑的应对方式，更加智能。

除了在棋类这种完全信息博弈（即对弈双方均能够看到棋局的所有状态）上取得的突破，人工智能在非完全信息博弈中同样大放异彩。2017 年，美国卡内基梅隆大学的人工智能扑克 Libratus（冷扑大师）参加了一对一无限注德州扑克比赛，挫败了四位人类顶级德州扑克选手，其获胜意义不亚于 AlphaGo。

目前，深度学习作为人工智能的主流技术，不仅在算法上受到研究人员的广泛重视，而且在硬件设计、软件框架、产品应用方面带动了国内外著名公司的研究热潮，人工智能进入了百花齐放的时代。

在硬件设计上，出现了 GPU、FPGA、ASIC 等各种成熟的加速芯片，并且基于人工神经网络结构设计的微处理器已经广泛用于手机、智能手表等移动终端，在提高性能的同时大幅降低了能耗。在软件层面，Facebook、阿里巴巴、百度、腾讯、科大讯飞等各大公司发布了众多优秀的开源深度学习框架，如 TensorFlow、Keras、PyTorch、X-Deep Learning，以及飞桨等。这些框架的出现显著降低了人工智能研究的门槛，促进了技术进步和产品智能化。

当前，人工智能相关产品已经与人们的生活密不可分，在智能家居（见图 8-16）、智能安防（见图 8-17）、无人驾驶（见图 8-18）、智能机器人（见图 8-19）等众多场景中应用广泛。在智能家居场景中，用户通常可以通过语音直接控制各种家居产品，如智能音箱、电灯开关、电饭煲等，极大地方便了人们的生活。小米公司的小爱同学就是这类产品。在智能安防中，高铁检票口的人脸识别、小区车库的车牌识别、仓库的入侵检测等应用已经非常广泛。

图 8-16　小爱同学智能音箱

图 8-17　智能安防

图 8-18　百度无人车

图 8-19　波士顿动力机器人

## 8.4 人工智能研究的 Agent 视角

人工智能涉及的理论、算法十分复杂，如何从其本源组织系统架构对于学习、研究和应用人工智能具有重要的指导意义。自 20 世纪 90 年代开始，主体（agent）论点逐渐在人工智能领域中成为主流。主体一词在很多领域中均有广泛使用，如哲学、社会学、法学、化学等学科，同时在人工智能领域也有意义相近但称谓不同的术语，如计算主体、理性主体和智能主体等。本书中将这类主体统称为智能主体。人工智能的内涵就是研究这类能够感知外部环境、经过一定的思维加工并生成动作作用于环境的智能主体，如图 8-20 所示。

由该内涵可知，智能主体将感知的信息加以处理，相当于智能主体的思维，而感知环境并施加动作作用于环境相当于与环境的交互。基于此，可将人工智能的研究体系归纳如图 8-21 所示。

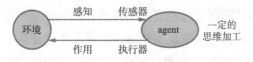

图 8-20　智能主体的结构

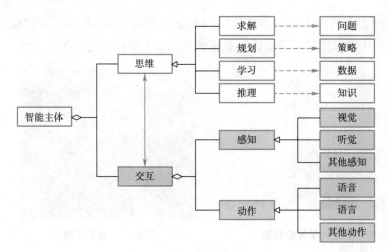

图 8-21　人工智能研究体系

根据思维与交互，可将现有关于人工智能的研究加以归类，其中智能主体的思维可以分为求解、规划、学习和推理四种代表性问题；而智能主体的交互可以分为感知和动作。

①求解：通常称为问题求解，具体形式依赖于问题，包括搜索问题、优化问题、博弈问题和约束问题等。

②规划：通过制定策略进行规划，包括空间规划、时序规划和调度等。

③学习：即机器学习，主要是从数据或环境中学习，包括有监督学习、无监督学习和强化学习等。

④推理：推理建立在知识的基础上，是人类的高级思维活动，具体包括确定性推理和不确定性推理。

⑤感知：指的是如何接收、识别和理解来自外部环境的信息，包括计算机视觉、计算机听觉和触觉等其他感知方式。

⑥动作：包括智能主体所发出的语音（即语音合成）、语言（如机器翻译、写诗等）和其他动作（如机器人肢体动作、无人驾驶的操作指令）等。

## 8.5　人工智能的层级

按照智能主体的智能化程度，可将人工智能分为：弱人工智能（artificial varrow intelligence，ANI）、强人工智能（artificial general intelligence，AGI）和超人工智能（artificial super intelligence，ASI）三个层面。

### 1. 弱人工智能

弱人工智能观点认为不可能制造出能真正的推理（reasoning）和解决问题（problem solving）的智能机器，这些机器只不过看起来像是智能的，但是并不真正拥有智能，也不会有自主意识。弱人工智能通过对原始数据的收集、整理、清洗、分析，利用机器学习神经网络、优化算法等技术，通过训练和学习，完成分类、聚类、回归值等判断或预测计算。弱人工智能让计算机看起来会像人脑一样思考。弱人工智能擅长于单一方面的人工智能，例如战胜世界围棋冠军的AlphaGo，但是它只会下围棋，如果你让它辨识猫和狗，它就不知道怎么做了。主流科研集中在弱人工智能上，并且一般认为这一研究领域已经取得可观的成就。

### 2. 强人工智能

强人工智能观点认为有可能制造出真正能推理和解决问题的智能机器，并且这样的机器被认为是有知觉的、有自我意识的，如自己会思考的计算机。也可以说，强人工智能是指在各方面都能和人类比肩的人工智能，人类能干的脑力活它都能干。强人工智能可以有两类：类人的人工智能，即机器的思考和推理就像人的思维一样；非类人的人工智能，即机器产生了和人完全不一样的知觉和意识，使用和人完全不一样的推理方式。

### 3. 超人工智能

超人工智能可以视为强人工智能的终极形态，可以是各方面都比人类强一点，也可以是各方面都比人类强很多倍。目前，这类智能还是一种假想中的智能主体，拥有远远超过人类的智能，也被称为超级 AI（super AI）、超智能（hyper-intelligence），以及超人智能（superhuman intelligence）。

## 8.6 \\\\ 人工智能研究的三大学派 ------------------------------

在人工智能的发展历程中，涌现出许多持不同主张的代表性人物，他们在各自的研究领域为人工智能的进步做出了巨大贡献，并逐渐形成了以专家系统为标志的符号主义学派、以神经网络为标志的连接主义学派和以感知—动作模式为标志的行为主义学派三大研究学派。三大学派观点鲜明，相互竞争、相互渗透并各自发展，都取得了许多引人注目的标志性成果。

### 8.6.1 符号主义

符号主义（symbolicism），又称逻辑主义（logicism）或心理学派（psychlogism），是基于物理符号系统假设和有限合理性原理的人工智能学派。60 多年来，符号主义走过了一条"启发式算法→专家系统→知识工程"的发展道路，并长期在人工智能中处于主导地位，即使在其他学派出现之后，它也仍然是人工智能的主流学派。从理论上，符号主义认为：认知的基元是符号，认知过程就是符号运算过程；智能行为的充要条件是物理符号系统，人脑和计算机都是物理符号系统；智能的基础是知识，其核心是知识表示和知识推理；知识可用符号表示，也可用符号进行推理，因而可以建立基于知识的人类智能和机器智能的统一的理论体系。从研究方法上，符号主义认为人工智能的研究应该采用功能模拟的方法，即通过研究人类认知系统的功能和机理，再用计算机进行模拟，从而实现人工智能。符号主义特别适合解决现实生活中的状态转换和逻辑推理问题，如数学定理证明，它主张用逻辑方法建立人工智能的统一理论体系，但却遇到了"常识"问题的障碍、不确知事物的知识表示和问题求解等难题。因此，受到了其他学派的批评与否定。早期的人工智能研究者大多都是这一学派，该学派的代表人物有纽厄尔、西蒙和尼尔森等。

### 8.6.2 连接主义

连接主义（connectionism），又称仿生学派（bionicsism）或生理学派（physiologism），是基于神经网络及网络间的连接机制与学习算法的人工智能学派。连接主义认为人工智能起源于仿生学，特别是对人脑模型的研究。连接主义学派从神经生理学和认知科学的研究成果出发，把人的智能归结为人脑的高层活动的结果，强调智能活动是由大量简单的单元通过复杂的相互连接后，并行运行的结果。连接主义采用的是结构模拟方法，其代表性成果是人工神经元的 M-P 模型、Hopfield 网络模型，以及 BP 神经网络。从理论上，连接主义认为：思维的基元是神经元，而不是符号；思维过程是神经元的连接活动过程，而不是符号运算过程；反对符号主义关于物理符号系统的假设，认为人脑不同于计算机；提出连接主义的人脑工作模式，以取代符号主义的计算机工作模式。从研究方法上，连接主义主张人工智能研究应采用结构模拟的方法，即着重于模拟人的生物神经网络结构，并认为神经网络的功能、结构与智能行为是密切相关的，不同的神经网络结构表现出不同的智能行为。进入 21 世纪以来，由于知识工程方面很多远大目标实现起来仍困难重重，符号主义再度沉沦，深度神经网络的出现和深度学习算法的改善使得连接主义迅速兴起。

### 8.6.3 行为主义

行为主义（actionism），又称进化主义（evolutionism）或控制论学派（cyberneticsism），是基于控制论和"感知—动作"控制系统的人工智能学派。行为主义认为人工智能起源于控制论，提出智能取决于感知和行为，取决于对外界复杂环境的适应，而不是表示和推理，人工智能可以像人类智能那样逐步进化，智能只有在现实世界中通过与周围环境的交互作用才能表现出来。行为主义采用的是行为模拟方法，同时认为功能、结构和智能行为是不可分开的，不同的行为表现出不同的功能和不同的控制结构。该学派的代表性成果是布鲁克斯研制的机器虫（见图 8-22）。布鲁克斯认为，要求机器人像人一样去思维太困难了，但可以先做一个机器虫，由机

器虫慢慢进化，或许可以做出机器人。布鲁克斯成功研制了一个六足行走的机器虫实验系统。这个机器虫虽然不具有像人那样的推理、规划能力，但其应付复杂环境的能力却大大超过了原有的机器人，能够实现在自然环境下的灵活漫游。1991 年 8 月，布鲁克斯发表了题为《没有推理的智能》的论文，对传统人工智能进行了批评和否定，提出了基于行为（进化）的人工智能新途径，从而在国际人工智能界形成了行为主义这个新的学派。

图 8-22　六足机器人模型

人工智能研究进程中的这三种学派不同的理论假设和研究范式推动了人工智能的发展。就人工智能三大学派的历史发展来看，符号主义认为认知过程在本体上就是一种符号处理过程，人类思维过程总可以用某种符号来进行描述。其研究是以静态、顺序、串行的数字计算模型来处理智能，寻求知识的符号表征和计算，它的特点是自上而下。而连接主义则是模拟发生在人类神经系统中的认知过程，提供一种完全不同于符号处理模型的认知神经研究范式，主张认知是相互连接的神经元的相互作用。行为主义与前两者均不相同，认为智能是系统与环境的交互行为，是对外界复杂环境的一种适应。这些理论与范式在实践中都形成了自己特有的问题解决

方法体系，并在不同时期都有成功的实践范例。就解决问题而言，符号主义有从定理机器证明、归结方法到非单调推理理论等一系列成就。连接主义有归纳学习。行为主义有反馈控制模式和广义遗传算法等解题方法。人工智能是一个交融了诸多学科的特殊的领域，多学科相互交融带来了多元观点的争论和冲突、修正与提高。没有一种"假说"在经过选择后被全面地批判、推翻及取代，也没有一种"假说"或"范式"能够一统人工智能领域。随着研究和应用的深入，人们逐步认识到三大学派只不过是基于的理论不同，采用的模拟方法不同，所模拟的能力不同，其实各有所长、各有所短，应该采取相互结合、取长补短、综合集成的研究策略。可以预见，在不久的将来，三大研究学派将逐渐由对立转为协作，并最终会走向统一。

## 8.7 ||||> 人工智能的应用

人工智能的应用十分广泛，下面仅给出一些重要的应用领域。

### 1. 计算机视觉

计算机视觉就是用各种成像系统代替视觉器官作为输入敏感手段，由计算机来代替大脑完成处理和解释。计算机视觉的最终研究目标就是使计算机能像人那样通过视觉观察和理解世界，具有自主适应环境的能力。目前，计算机视觉中应用比较广泛的是人脸识别，即利用人脸识别技术，进行人员信息的录入与图像匹配，并将接受的信息传入数据库。人脸识别技术在犯罪嫌疑人的身份认定、户籍信息管理、追逃工作及重点场所布控等反恐安防领域，发挥着越来越重要的作用。人脸识别作为生物特征识别的一个分支，相较于其他的生物识别方式，人脸识别具有识别方式友好、识别结果直观、识别过程隐蔽等优势，这些特点的存在使得人脸识别技术在公安工作中的应用具备了天然的优势。此外，在理解图像上也取得了一定突破，图 8-23 展示的是微软推出的看图说话系统 CaptionBot，能够根据图像内容给出文字描述。

"man in black shirt is playing guitar."

"construction worker in orange safety vest is working on road."

"two young girls are playing with lego toy."

"boy is doing backflip on wakeboard."

"girl in pink dress is jumping in air."

"black and white dog jumps over bar."

"young girl in pink shirt is swinging on swing."

"man in blue wetsuit is surfing on wave."

图 8-23 微软 CaptionBot 能"看懂"图片

### 2. 自然语言处理

自然语言处理主要研究能实现人与计算机之间用自然语言进行有效通信的各种理论和方法，常见的应用包括语音识别、语音合成、机器翻译等。

在万物互联的时代，人类使用语音与计算机交互显得最自然、最便捷。语音交互，首先要教会机器人听懂人类的语言，让机器通过计算、识别和理解自然语言的信号，并转换为文本或者命令，也就是为机器打造听觉系统，这项技术就是语音识别。目前来看，常规语音识别技术已经比较成熟，但语音合成中的发音技术有待完善。同时，真正的语义理解技术还都处于比较初级的阶段，对于松散自由的口语表述，语音助手往往无法获得重点，更无法正确回答。但研究人员正在努力地克服这些不足，如图 8-24 所示，小米公司的智能产品"小爱同学"已经能够实现多轮对话和语音全双工，并且能够定制情感声音，这可能预示着新一代自然语言处理和语义理解技术的到来。

图 8-24　小爱同学语音助手

机器翻译是自然语言处理领域的另一常用应用。机器翻译需要两种数据，一种是双语对照的数据，它告诉机器什么样的句子翻译成什么样的句子；第二种是要准备大量句子，这实际上是在告诉机器什么样的句子是合理的句子。2012 年 10 月，微软研究院理查德·拉希德博士在天津举行的"21 世纪计算机大会"上演示了语音翻译系统，首次把语音识别、合成和机器翻译这 3 项人工智能技术融合在一起。

### 3. 自动生成图像

2014 年，古德费洛（Goofellow）等提出了一种生成对抗网络（generative advertial network，GAN），并迅速成为最流行的深度学习算法之一，在图形生成、图像分类、图像识别等领域展现出了强大的能力。GAN 包含两个部分：生成器和判别器，能够让生成器和判别器在互相对抗中自动获得最优的结果。这种方法的核心是利用卷积神经网络对目标图像进行特征提取，然后根据目标图像的像素概率密度分布特点进行重构，再将重构图像与目标图像进行对比后不断调优。GAN 将图像生成技术带到了全新的高度，在 GAN 被提出之后，许多领域的图像生成模型都采用了 GAN 的基本结构并对其进行了各种各样的改进，成功地运用于人脸、地图、景观、艺术画作等的自动生成，图 8-25 展示了 Deep Dream 程序的画作。

（a）Deep Dream的画作　　　　　　（b）机器人作画

图 8-25　自动创作艺术画作

### 4. 机器博弈

机器博弈是人工智能最早的研究领域之一，而且经久不衰。早在人工智能学科建立的 1956 年，塞缪尔就研制成功了一个跳棋程序。1997 年，IBM 的深蓝计算机以 2 胜 3 平 1 负的战绩击败了蝉联 12 年之久的世界国际象棋冠军加里·卡斯帕罗夫，轰动了全世界。2001 年，德国的"更弗里茨"国际象棋软件更是击败了当时世界排名前 10 位棋手中的 9 位，计算机的搜索速度达到创纪录的 600 万步 / 秒。2016 年至 2017 年，DeepMind 研制的围棋程序 AlphaGo 更是横扫人类各路围棋高手。2017 年 12 月，DeepMind 又推出了一款名为 Alpha Zero 的通用棋类程序，除了围棋外，该程序还会国际象棋等多种棋类。现在可以说，在棋类比赛上计算机或者说人工智能已经彻底战胜了人类。

### 5. 自动程序设计

自动程序设计就是让计算机设计程序。具体来讲，就是只要给出关于某程序要求的非常高级的描述，计算机就会自动生成一个能完成这个要求目标的具体程序。所以，这相当于给机器配置了一个超级编译系统，它能够对高级描述进行处理，通过规划过程，生成所需的程序。但这只是自动程序设计的主要内容，它实际是程序的自动综合。自动程序设计还包括程序自动验证，即自动证明所设计程序的正确性。因此，自动程序设计也是人工智能和软件工程相结合的研究课题。

2021 年，微软与 OpenAI 共同推出了一款 AI 自动编程工具 GitHub Copilot，可以根据程序员的注释写代码，自动补全代码，提供与代码匹配的测试，还能生成多个备选方案的代码供选择。它可以帮助开发者用更少的时间来更快地编写出代码，而且生成的代码大部分是原创的（见图 8-26）。

### 6. 智能控制

智能控制就是把人工智能技术引入控制领域，建立智能控制系统。智能控制具有两个显著的特点：第一，智能控制是同时具有知识表示的非数学广义世界模型和传统数学模型混合表示的控制过程，也往往是含有复杂性、不完全性、不确切性或不确定性以及不存在已知算法的过程，并以知识进行推理，来引导求解过程；第二，智能控制的核心在高层控制，即组织级控制，其任务在于对实际环境或过程进行组织，即决策与规划，以实现广义问题求解。

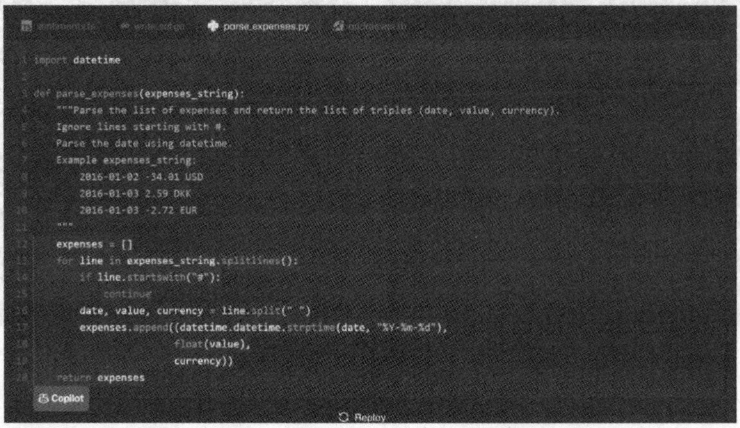

图 8-26　GitHub Copilot 生成的 Python 语言代码

智能控制系统的智能可归纳为以下几方面。

①先验智能：有关控制对象及干扰的先验知识，可以从一开始就考虑在控制系统的设计中。

②反应性智能：在实时监控、辨识及诊断的基础上，对系统及环境变化的正确反应能力。

③优化智能：包括对系统性能的先验性优化及反应性优化。

④组织与协调智能：表现为对并行耦合任务或子系统之间的有效管理与协调。

### 7. 智能教育

智能教育就是在教育的各个环节引入人工智能技术，实现教育智能化。个人计算机问世不久，人们就开始研究计算机辅助教学；之后，随着人工智能技术的发展，计算机辅助教学升级为智能辅助教学，其特点是能对学生因材施教地进行指导，并且具备下列智能特征：

①自动生成各种问题与练习。

②根据学生的水平和学习情况自动选择与调整教学内容与进度。

③在理解教学内容的基础上自动解决问题生成解答。

④具有自然语言的生成和理解能力。

⑤对教学内容有解释咨询能力。

⑥能诊断学生错误，分析原因并采取纠正措施。

⑦能评价学生的学习行为。

⑧能不断地在教学中改善教学策略。

为了实现上述智能辅助系统，一般把整个系统分为专门知识、教导策略和学生模型等三个基本模块和一个自然语言的智能接口。近年来，随着人工智能技术、互联网技术、通信与计算技术的飞速发展，在智能辅助系统的基础上，智能教育被提上了教育界的议事日程。智能教育将会使当前的教育形式、教学方式、教学方法、教育资源分配等发生重大变革，远程教育、个性化教育、名师面对面、因材施教、随机学习等设想，都在陆续变为现实。

**8. 难题求解**

在实际生产生活中许多没有算法解，或虽有算法解但在现有机器上无法实施或无法完成的困难问题。例如，智力性问题中的梵塔问题、n 皇后问题、旅行商问题、博弈问题等；现实世界中复杂的路径规划、车辆调度、电力调度、资源分配、任务分配、系统配置、地质分析、数据解释、天气预报、市场预测、股市分析、疾病诊断、故障诊断、军事指挥、机器人行动规划等，都是这样的难题。在这些难题中，有些是组合数学理论中所称的 NP 问题或 NP 完全问题。NP 问题是指那些既不能证明其算法复杂度超出多项式界，但又未找到有效算法的一类问题，而 NP 完全问题又是 NP 问题中最困难的一种问题，例如，有人证明过排课表问题就是一个 NP 完全问题。

研究工程难题的求解是人工智能的重要课题，而研究智力难题的求解则具有双重意义：一方面，可以找到解决这些难题的途径；另一方面，由解决这些难题而发展起来的一些技术和方法可用于人工智能的其他领域。这也正是人工智能研究初期研究内容基本上都集中于游戏世界的智力性问题的重要原因。例如，博弈问题就可为搜索策略、机器学习等研究提供很好的实际背景。

**9. 智能机器人**

智能机器人也是当前人工智能十分重要的应用领域和热门的研究方向之一。由于它直接面向应用，社会效益高，因此发展非常迅速。事实上，在媒体上已频频出现有关机器人的报道，诸如工业机器人、太空机器人、水下机器人、家用机器人、军用机器人、服务机器人、医疗机器人、运动机器人、助理机器人、机器人足球赛、机器人象棋赛等等，几乎应有尽有（见图 8-27）。智能机器人的研制几乎需要所有的人工智能技术，而且还涉及其他许多科学技术门类和领域。所以，智能机器人是人工智能技术的综合应用，其能力和水平已经成为人工智能技术水平甚至人类科学技术综合水平的一个代表和体现。

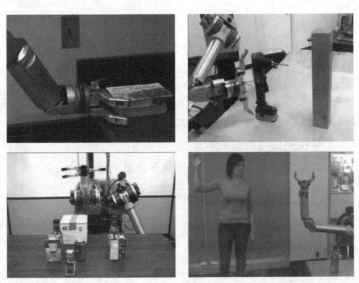

图 8-27　机器人模仿人类动作

10. 智能推荐

智能推荐系统最初只是计算机学术领域的一个研究方向，在大数据和人工智能时代则越来越成为影响每个人日常生活的重要因素。在几乎所有涉及需要解决信息过载和个性化问题的商业应用中，都会出现智能推荐的身影，因此智能推荐也越来越成为人工智能应用领域的一个重要分支。

智能推荐是为用户推荐所需要物品的一种人工智能工具，提供推荐的目的是对用户提供决策支持，例如买什么物品、听什么歌曲或读什么新闻，其价值在于帮助用户解决信息过载的问题，做出最好的选择。解决推荐问题的方法通常分为两类：基于内容的方法和协同过滤的方法。

## 8.8 人工智能的发展趋势

人工智能的发展离不开各国战略和政策的高度支持，离不开机器学习人工智能的现状算法的发展、计算能力的提高、数据开放和应用的不断深化。而随着人工智能技术的成熟与深化，相关的领域，如金融、健康医疗、制造、零售、运输物流、自动驾驶等都可应用相关的技术，人们未来的生活也逐渐得到改变。

2016 年，世界经济论坛将人工智能视为第四次工业革命的核心，预言这个技术将对全球产生翻天覆地的影响。根据瑞士银行研究预测，2030 年人工智能在亚洲可创造最高 3 百万亿美元经济价值。各国也纷纷制定政策与计划迎接人工智能时代的到来。例如，2013 年欧盟启动 10 亿欧元"人类脑计划"；中国 2017 年提出新一代人工智能发展规划，计划 2030 年成为全球领先的人工智能创新中心。

## 习题

**一、思考题**

1. 什么是人工智能？你如何理解它的定义？

2. 人工智能的发展经历了哪几个主要阶段，每个阶段有哪些标志性成果？

3. 人工智能有哪几个主要学派？各自的特点是什么？你支持哪个学派的观点？

4. 人工智能有哪些主要研究和应用领域？其中哪些是新的研究热点？

5. 如何理解弱人工智能和强人工智能？

6. 你如何看待超人工智能，未来人类如何确保和机器人友好共处？

7. 对于企业的生存和发展，人工智能会带来哪些影响？

**二、选择题**

1.（单选题）人工智能中通常把（　　）作为衡量机器智能的准则。

    A. 图灵机　　　　　　　B. 图灵测试　　　　C. 中文屋思想实验　D. 人类智能

2.（单选题）人工智能的目的是让机器能够（　　），以实现某些脑力劳动的机械化。

    A. 具有智能　　　　　　　　　　　　B. 和人一样工作

C. 完全代替人的大脑　　　　　　　　D. 模拟、延伸和扩展人的智能

3.（单选题）2016 年 3 月，人工智能程序（　　）在韩国首尔以 4:1 的比分战胜人类围棋冠军李世石。

　　A. AlphaGo　　　　　B. Deepblue　　　　　C. DeepMind　　　　　D. AlphaGo Zero

4.（单选题）下面（　　）不是人工智能的主要研究流派。

　　A. 符号主义　　　　　B. 连接主义　　　　　C. 模拟主义　　　　　D. 行为主义

5.（单选题）从人工智能研究流派来看，西蒙和纽厄尔提出的"逻辑理论家"（LT）方法，应当属于（　　）。

　　A. 符号主义　　　　　B. 连接主义　　　　　C. 行为主义　　　　　D. 模拟主义

6.（单选题）与图灵测试相比，中文屋提出了如何判断是否拥有（　　）的问题。

　　A. 行动力　　　　　B. 理解力　　　　　C. 表达能力　　　　　D. 接收能力

7.（多选题）目前来说，下列（　　）应用不属于典型的人工智能应用。

　　A. 火炮弹道计算　　　B. 自动削面机器人　　C. 图像压缩　　　D. 人像自动分类

8.（多选题）下列关于人工智能概念的正确表述是（　　）。

　　A. 任何计算机程序都具有人工智能

　　B. 人工智能程序和人类具有相同的思考方式

　　C. 针对特定的任务，人工智能程序具有自主学习的能力

　　D. 根据对环境的感知做出合理的行动，并获得最大收益的计算机程序

9.（多选题）下列属于家中的人工智能产品的是（　　）。

　　A. 智能音箱　　　　　B. 扫地机器人　　　　C. 声控灯　　　　　D. 个人语音助手

# 第9章

# 知识表示

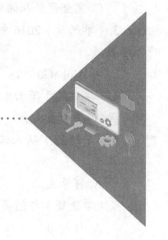

人工智能系统要有效地解决其应用领域的问题，就必须拥有该领域特有的知识。知识在人脑中的表示、存储和使用机理仍是一个尚待揭开的谜，尽管在智能系统中，让机器给出一个清晰简洁的、有关知识的描述是很困难的，但以形式化的方式表示知识并提供计算机自动处理，已发展成为了一种比较成熟的技术。

本章将首先介绍知识表示的概念，然后概述一阶谓词逻辑、产生式、框架和知识图谱等具有代表性的知识表示方法，为后面介绍推理方法奠定基础。

## 9.1 知识表示的概念

知识表示（knowledge representation）是指一种关于描述事物的约定，其将人类知识表示成机器能够保存和处理的数据结构。目前，知识表示方法的发展经历了三个阶段：符号主义的一阶谓词逻辑和产生式系统；基于知识的系统，包括框架和语义网络等；而随着研究的深入，目前知识表示又进入了知识图谱的阶段。除了这类显式的知识表示方法外，还有基于连接主义的隐式表示方法，该方法认为人的认知就是相互联系的、具有一定活性值的神经单元所构成的网络的整体活动，知识信息不存在于特定的点，而是在神经网络的联结或者权值中，其结构将在第12章进行具体阐述。

在人的头脑中有关知识内容与结构的表示既包括感觉、知觉、表象等形式，又包括概念、命题、图式等形式，它们分别标志着人们对事物反映的不同广度和深度。已有知识表示方法大都是在进行某项具体研究时提出来的，有一定的针对性和局限性，应用时需根据实际情况作适当的改变，有时还需要把几种表示模式结合起来。在建立一个具体的智能系统时，究竟采用哪种表示模式，目前还没有统一的标准，也不存在一个万能的知识表示模式。

图 9-1 从不同角度对知识进行了分类。

知识
├─ 按知识性质：概念、命题、公理、规则、方法等
├─ 按知识适应范围 ┬ 常识性知识
│                └ 领域性知识
├─ 按知识的作用效果 ┬ 事实性知识
│                 ├ 过程性知识
│                 └ 控制性知识
├─ 按知识的确定性 ┬ 确定性知识
│               └ 不确定性知识
├─ 按知识的等级：零级知识、一级知识、二级知识等
└─ 按知识的结构 ┬ 逻辑性知识
              └ 形象性知识

图 9-1 知识的概念分类

从知识的适应范围看，主要分为常识性知识和领域性知识，其中常识性知识是指通识知识，即人们普遍知道的、适用于所有领域的知识。领域性知识则是指面向某个具体专业的专业性知识，这些知识只有相应专业领域的人员才能掌握并用来求解领域内的有关问题，如领域专家的经验等。

从知识的作用效果看，知识可分为事实性知识、过程性知识和控制性知识。

事实性知识也称叙述性知识，是用来描述问题或事物的概念属性、状态、环境及条件等情况的知识，常以"…是…"的形式出现。事实性知识主要反映事物的静态特征，是知识库中底层的知识，例如，"雪是白色的""小李和小张是好朋友"等都是事实性知识。

过程性知识是用来描述问题求解过程所需要的操作演算或行为等的规律性知识，一般是由规则、定律定理及经验构成。这类知识主要用来解决"做什么"和"如何做"的问题，可用来进行操作和实践。

控制性知识是指有关如何选择相应的操作、演算和行动的比较、判断、管理和决策的知识，又称元知识、控制策略，控制性知识常与元知识有所重叠，所谓元知识是指有关知识的知识，是知识库中的高层知识。

从知识中是否存在不确定性来看，可分为确定性知识和不确定性知识。确定性知识是指可以给出其值为"真"或"假"的知识，是可以精确表示的知识。不确定性知识是指具有不确定特性（不精确、模糊、不完备）的知识。不精确是指知识本身有真假，但由于认识水平等限制却不能肯定知识的真假，可以用可信度、概率等描述。模糊是指知识本身的边界就是不清楚的，例如大、小等，可以用可能性、隶属度来描述。不完备是指解决问题时不具备解决该问题的全部知识，例如医生看病。

按知识的等级可将知识分为零级知识、一级知识和二级知识。零级知识即陈述性知识或事实性知识，用于描述事物的概念、定义、属性，或状态、环境、条件等，回答"是什么"、"为什么"。一级知识即过程性知识或程序性知识，用于问题求解过程的操作、演算和行为的知识，即如何使用事实性知识的知识，回答"怎么做"。二级知识即控制性知识或策略性知识，是关于如何使用过程性知识的知识，如推理策略、搜索策略，不确定性的传递策略等。通常把零级知识和一级知识称为领域知识，把二级知识称为元知识。

另外，按知识的结构也可将其分为逻辑性知识和形象性知识。逻辑性知识是指反映人类逻辑思维过程的知识，一般具有因果关系或难以精确描述的特点，是人类的经验性知识和直观感觉，例如人的为人处事的经验与风格。形象性知识是指通过事物的形象建立起来的知识，例如一个人的相貌。

## 9.2　一阶谓词逻辑

谓词逻辑表示法是指各种基于形式逻辑的知识表示方式，适合于表示事物的状态、属性、概念等事实性知识，也可以用来表示事物间具有确定因果关系的规则性知识。它是人工智能领域中使用较早和较广泛的知识表示方法之一。其根本目的在于把数学中的逻辑论证符号化，根据对象和对象上的谓词（即对象的属性和对象之间的关系），通过使用连接词和量词来表示事物。

### 9.2.1　命题

非真即假的陈述句称作命题。例如，太阳从东边升起；1+1 = 2 等。而 1 + 2 = ? 无法判定真假，故不是命题。

命题通常用符号进行表示：

　　$P$：小王同学住在 132 宿舍。

　　$Q$：小李同学也住在 132 宿舍。

上述表示单一意义的命题称作原子命题。可以看到，不同原子命题之间是有内在联系的，但使用命题无法将其表达出来。同时，命题也无法描述对象之间的联系。

### 9.2.2　一阶谓词逻辑

一阶谓词逻辑在命题逻辑的基础上，将原子命题分解为个体和谓词，记为 $P(x_1, x_2, \cdots, x_n)$，其中 $P$ 是谓词名称，$x_i$ 表示个体，当 $n=1$ 时称作一元谓词，以此类推。

因此，前述住宿关系就可以表示成：132 宿舍（小王）、132 宿舍（小李），命题小王和小李是同学，也可以表示成：同学（小王，小李）。这样谓词就可以表示出对象本身的属性或者对象之间的联系。

个体 $x_i$ 可以是常量、变量、函数或谓词等。例如，要表示"$a$ 在 $n$ 号房间（ROOM）内"，可用简单的原子公式描述，即 INROOM $(a,n)$，其中个体符号 $a$，$n$ 为常量符号。一般用英文小写字母 $a$，$b$，$c$，$d$ 等表示个体常量；用小写字母 $x$，$y$，$z$ 等表示个体变量。某个体变量的值域称为该个体的个体域，或称为论域。谓词符号是代表对象的属性或多个对象之间关系的符号，如 INROOM，通常用大写字母 $P$，$Q$，$R$ 等表示谓词符号。

一般一元谓词表达了个体的性质，而多元谓词表达了个体之间的关系。

原子公式是谓词演算的基本积木块，通过连词可将原子公式组合成由多个原子公式构成的比较复杂的合式公式。这些连词有 $\wedge$（与）、$\vee$（或）、$\rightarrow$（蕴涵）等，它们的意义同数字逻辑中的相同。

**例 9.1** "张三是一名计算机系的学生，他喜欢编程序。"可以表示为

$$\text{Computer(张三)} \wedge \text{Like(张三, programming)}$$

其中，Computer$(x)$ 表示 $x$ 是计算机系的学生，Like$(x, y)$ 表示 $x$ 喜欢 $y$。

对规则性知识，通常使用由蕴涵符号连接起来的谓词公式来表示。"如果 $x$，则 $y$"可以表示为 $x \rightarrow y$。

**例 9.2** "自然数都是大于零的整数"可表示为

$$N(x) \rightarrow C(x)$$

其中 $N(x)$ 表示"$x$ 是自然数"，$C(x)$ 表示"$x$ 是大于零的数"。

### 9.2.3　全称量词与存在量词

有了上述连接词，就可以用上面所介绍的方法构成句子，把其中谓词演算的子集叫作命题演算。为了扩大命题演算的能力，需要使公式中的命题带有变量。为此引入了全称量词$\forall x$和存在量词$\exists x$，用这些量词对变量进行量化，能表达更为丰富的内容。

全称量词（universal quantifier）（$\forall x$）："对个体域中的所有（或任一个）个体 $x$"。

例 9.3 "所有机器人都是灰色的"可表示为

$(\forall x)[\text{ROBOT}(x) \rightarrow \text{COLOR}(x,\text{GRAY})]$

存在量词（existential quantifier）（$\exists x$）："在个体域中存在个体 $x$"。

例 9.4 "1 号房间有个物体"可表示为

$(\exists x)\text{INROOM}(x,r1)$。

全称量词和存在量词出现的次序将影响命题的意思。

例 9.5

$(\forall x)(\exists y)(\text{Employee}(x) \rightarrow \text{Manager}(y, x))$："每个雇员都有一个经理。"

$(\exists y)(\forall x)(\text{Employee}(x) \rightarrow \text{Manager}(y, x))$："有一个人是所有雇员的经理。"

由于谓词有真值，因此可以得到表 9-1 中的真值表。

表 9-1　谓词逻辑真值表

| $P$ | $Q$ | $\neg P$ | $P \lor Q$ | $P \land Q$ | $P \rightarrow Q$ | $P \leftrightarrow Q$ |
|-----|-----|----------|------------|-------------|-------------------|------------------------|
| T | T | F | T | T | T | T |
| T | F | F | T | F | F | F |
| F | T | T | T | F | T | F |
| F | F | T | F | F | T | T |

例 9.6 将下列命题符号化。

（1）好人一定有好报。

假设谓词 $P(x)$：$x$ 是好人；$Q(x)$：$x$ 会有好报。则命题可以符号化为

$$(\forall x)[P(x) \rightarrow Q(x)]$$

（2）有的大学生会弹吉他。

假设谓词 $P(x)$：$x$ 是大学生；$Q(x)$：$x$ 会弹吉他。则命题可以符号化为

$$(\exists x)[P(x) \rightarrow Q(x)]$$

### 9.2.4　一阶谓词逻辑表示法的优缺点

1. 优点

①自然性：符合人类语言习惯，容易理解。

②精确性：用于表示确定性的知识。

③严密性：具备严格的形式定义和推理规则。

④易实现：容易被转换为计算机的内部表示形式。

**2. 缺点**

①无法表示不确定性的知识。

②容易出现事实或规则的组合爆炸问题，导致推理效率低下。

作为早期的符号主义知识表示方法，一阶谓词逻辑在形式化问题中运用广泛，包括自动问答系统（Green 等人研制的 QA3 系统）、机器人行动规划系统（Fikes 等人研制的 STRIPS 系统）、机器博弈系统（Filman 等人研制的 FOL 系统），以及问题求解系统（Kowalski 等设计的 PS 系统）等。

## 9.3 \\\\ 产生式表示法

产生式系统是美国数学家波斯特（E. Post）于 1943 年作为组合问题的形式化变换理论首先提出来的。产生式表示法也常称为产生式规则表示法，因为它的求解过程和人类求解问题的思维过程很相像，可以用来模拟人类求解问题的思维过程，许多成功的专家系统都采用了这种知识表示方法。例如，1965 年斯坦福大学设计的第一个专家系统 DENDRAL 就采用了这种知识表示方式。1972 年，纽厄尔和西蒙在研究人类的认知模型中开发了基于规则的产生式系统。

### 9.3.1 产生式的概念

产生式表示法可以用来表示事实性的知识和规则性的知识，同时具备表示不确定性知识的能力，该表示法主要包括事实和规则两种表示。

#### 1. 事实的表示

事实可以看作一个语言变量的值或断言，或者多个语言变量间的关系的陈述句。语言变量的值或语言变量间的关系可以是一个词。对于确定性知识，事实通常用一个三元组表示，即（对象，属性，值）或（关系，对象 1，对象 2），其中，对象就是语言变量。对于不确定性知识，事实通常用一个四元组表示，即（对象，属性，值，置信度）或（关系，对象 1，对象 2，置信度），其中，置信度是指该事实为真的可信程度，其范围为 [0, 1]，其值越接近于 1，表示为真的可能性越高，否则为假的可能性越高。

**例 9.7**

"雪是白色的"可表示为（snow，color，white）或（雪，颜色，白）。

"老王和老张不太可能是朋友"可表示为（friendship，wang，zhang，0.2）或（朋友，老王，老张，0.2)。

#### 2. 规则的表示

对于确定性的规则，其表示的基本形式为

IF $P$ THEN $Q$ 或 $P \rightarrow Q$

例如，$r_4$: IF 动物会飞 AND 会下蛋 THEN 该动物是鸟。

在现实当中，受经验限制和语言描述的模糊性等影响，知识经常带有不确定性。对于此类知识，通常可在确定性规则形式之后增加一个置信度来予以表示。

IF $P$ THEN $Q$（置信度）或 $P \rightarrow Q$（置信度）

例如：IF 发烧 THEN 感冒（0.6）。

### 9.3.2 产生式与一阶谓词逻辑的区别

产生式与一阶谓词在形式上比较类似，但内涵存在较大区别：

①谓词逻辑只能表示确定性的知识，即结果非真即假。但产生式可以表示事实或者规则的不确定性；

②在基于产生式实现的系统中，已知事实与产生式前提条件的匹配通常是二者的相似程度，而谓词逻辑要求完全匹配。

### 9.3.3 产生式表示法的优缺点

**1. 优点**

①自然性：使用因果关系表示，直观自然。

②模块性：规则或事实的形式相同，易于模块化管理。

③有效性：产生式表示法既能够表示确定性的知识，又可以表示不确定性的知识。

**2. 缺点**

①规则库的构建需要专家参与，对于复杂系统，构建过程耗时耗力。特别是需要保证规则之间尽可能不出现矛盾，但是当规则库不断扩大时，要保证新的规则和已有规则没有矛盾就会越来越困难，规则库的一致性越来越难以实现。

②当规则库规模较大时，推理效率不高。这主要是因为在基于产生式构建的系统中，推理时需要反复进行"匹配 – 冲突消解 – 执行"过程，这样的执行方式将导致执行的效率低，匹配的时间与产生式规则数目及数据库中元素数目呈指数关系。

③不能表示结构化的知识。由于产生式表示中的知识具有一致格式，且规则之间不能相互调用，因此那种具有结构关系或层次关系的知识很难以自然的方式表示。

## 9.4 框架表示法

框架表示法是以框架理论为基础的一种结构化知识表示方法。这种表示方法可以表达结构性的知识，能够把知识的内部结构关系以及知识间的联系表示出来，能够体现知识间的继承属性，符合人们观察事物时的思维方式。

### 9.4.1 基本思想

框架理论是计算机科学家马文·明斯基于 1975 年作为理解视觉、自然语言对话及其他复杂行为的一种基础提出来的。他认为，人们对现实世界中各种事物的认识都是以一种类似于框架的结构存储在记忆中的。当遇到一个新事物时，就从记忆中找出一个合适的框架，并根据新的情况对其细节加以修改、补充，从而形成对这个新事物的认识。

在框架理论中，框架（frame）是知识的基本单位，把一组有关的框架连接起来便可形成一个框架体系。在框架系统中，每一个框架都有自己的名字，称为框架名。框架通常由若干个槽（slot）组成，每个槽又可以根据描述事物的不同进一步分为若干个侧面（aspect）。其中，槽用于描述对象某一方面的属性；一个侧面用于描述该属性的某一方面，二者相应的属性值分别称作槽值或侧面值。

框架的基本结构如图 9-2 所示。

其中，某些槽值可省略。一般来说，槽值有如下几种类型：

①具体值（value）：该值按实际情况给定。

②默认值（default）：该值按一般情况给定，对于某个实际事物，具体值可以不同于默认值。

③过程值（procedure）：该值是一个计算过程，它利用该框架的其他槽值，按给定计算过程（或公式）进行计算得出具体值。

④另一个框架名。当槽值是另一框架名时，就构成了框架调用，这样就形成了一个框架链。有关框架聚集起来就组成框架系统。

⑤空值。该值等待填入。

例 9.8 给出一个描述大学教师的框架，如图 9-3 所示。

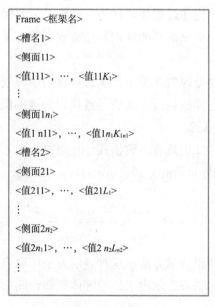

```
Frame <框架名>
<槽名1>
<侧面11>
<值111>，…，<值11K₁>
⋮
<侧面1n₁>
<值1 n11>，…，<值1n₁K₁ₙ₁>
<槽名2>
<侧面21>
<值211>，…，<值21L₁>
⋮
<侧面2n₂>
<值2n₁1>，…，<值2 n₂Lₙ₂>
⋮
```

图 9-2　框架结构

```
Frame <COLLEGE TEACHER>
  Name：Unit(Last name, First name)
  Sex：Area(Man, Woman)
      Default: Man
  Age：Unit(Years)
  Degree：Area(Bachelor, Master, Doctor)
  Major：Unit(Major)
  Paper：Area(SCI, EI, Core)
  Level：Area(A, B, C, D)
  Address：<T-Address>
  Telephone：HomeUnit(Number)
           MobileUnit(Number)
```

图 9-3　大学教师框架

这个框架的名字是 COLLEGE TEACHER，共含有九个槽，槽名分别为 Name、Sex、Age、Degree、Major、Paper、Level、Address、Telephone。每个槽名后面的就是槽值，如 Man、Woman、Bachelor、Master、Doctor。Area（范围）用来说明槽值仅能从后面所给内容进行选择。Area 与 Default（默认）是侧面名，其后面是侧面值。尖括号 "<>" 表示框架名，T-Address 表示教师住址框架的框架名。

下面考虑将教师和大学教师联系起来，框架表示如图 9-4 所示。

先建立教师框架：基于该框架，建立大学教师框架，如图 9-5 所示。

```
Frame <TEACHER>
    Name: Unit(Last name, First name)
    Sex: Area(Man, Woman)
            Default: Man
    Age: Unit(Years)
    Level: Area(A, B, C, D)
    Address: <T-Address>
    Telephone: HomeUnit(Number)
```

```
Frame <COLLEGE TEACHER>
    AKO: TEACHER
    Degree: Area(Bachelor, Master, Doctor)
    Major: Unit(Major)
```

图 9-4　教师框架　　　　　　　　图 9-5　大学教师框架

在该框架系统中，用了一个槽名 AKO 将大学教师与教师联系在一起。AKO 是公用的标准槽名之一，称为框架中的预定义槽名。这样就建立了两个框架之间的一种层次关系，通常称前者为父框架，后者为子框架。子框架可以继承父框架的属性。这样就可以减少框架大小，而不会丢失信息。

## 9.4.2　基于框架的推理

框架推理方法遵循匹配和继承的原则，其表示的问题求解系统由两部分构成，一是由框架及其相互关联构成的知识库，二是用于求解问题的解释程序，即推理机。前者的作用是提供求解问题所需要的知识；后者则是针对用户提出的具体问题，运用知识库中的相关知识，通过推理对问题进行求解。求解问题的匹配推理步骤如下：

①把待求解问题用框架表示出来，其中有的槽是空的，表示待求解的问题，称为未知处。

②与知识库中已有的框架进行匹配。这种匹配通过对相应槽的槽名及槽值逐个进行比较来实现。

③使用一种评价方法对预选框架进行评价，以便决定是否接受它。

④若可接受，则与问题框架的未知处相匹配的事实就是问题的解。

由于框架间存在继承关系，一个框架所描述的某些属性及其值可能是从它的上层框架继承而来的，因此两个框架的比较往往牵涉到它们的上层、上上层框架，从而增加了匹配的复杂性。

## 9.4.3　框架表示法的优缺点

### 1. 优点

①结构性。善于表示结构化的知识，可以将知识内部的结构关系和知识之间的联系表达出来。在框架系统中，下层框架可以继承上层框架的槽值，也可以进行补充和修改，这样既减少知识冗余，又较好地保证了知识的一致性。

②深层性。框架表示法不仅可以从多个方面、多重属性表示知识，而且还可以通过嵌套结构分层地对知识进行表示，因此能用来表达事物间复杂的深层联系。

③自然性。框架能把与某个实体或实体集的相关特性都集中在一起，从而高度模拟人脑对实体多方面、多层次的存储结构，直观自然，易于理解。

2. 缺点

①缺乏框架的形式理论。至今还没有建立框架的形式理论，其推理和一致性检查机制并非基于良好定义的语义。

②缺乏过程性知识表示。框架系统不便于表示过程性知识，缺乏使用框架中知识的描述能力。框架推理过程需要用到一些与领域无关的推理规则，而这些规则在框架系统中又很难表达。

③框架的构建成本高。框架对知识库的质量要求比较高，表达形式固定，很难与其他表示方法融合使用。

## 9.5 //// 知识图谱

目前，虽然以深度学习为代表的人工智能技术在监督学习方面表现出了强大的能力，甚至在图像分类、语音识别、机器翻译等方面接近或超过人类的表现水平，但这些都还停留在对数据内容的归纳和感知层面。它们还缺乏基于复杂背景知识的认知、推理与理解能力。例如，以机器目前的智能水平，它无论如何是不可能理解"抽刀断水水更流，举杯消愁愁更愁"和"大漠孤烟直，长河落日圆"这类诗所表达的人类情感以及自然意境的。因此，机器需要借助更高级的技术来提升其认知能力，其中，知识图谱是一种比较有前景的机器认知智能技术。

2006 年，Berners-Lee 提出了数据链接的思想，呼吁推广和完善资源描述框架（resource description framework，RDF）和 Web 本体语言（web ontology language，WOL）技术，掀起了语义网络研究的热潮。随后在相关研究成果的基础上，为了提高搜索引擎的能力，增强搜索结果的质量以及用户的搜索体验，工业界在 2012 年提出了知识图谱的概念。随着知识工程和 Web 2.0 的成熟，知识图谱方法成为认知智能的核心，其本质是让机器具备认知能力，能够理解世界。

### 9.5.1 基本思想

知识图谱是一种用符号的形式描述客观世界的概念、实体、事件及其相互之间的关系的大型结构化知识库。概念就是指人们在认识世界过程中形成的对客观事物的概念化表示，如人、动物、组织机构等；实体是指客观世界中的具体事物；事件是指客观世界的活动，如地震、买卖行为等。关系描述概念、实体、事件之间客观存在的关联，如毕业院校描述了个人与其所在院校的关系，运动员和篮球运动员之间为概念和子概念的关系等。因此，知识图谱本质上是一种大规模语义网络，图 9-6 为医学知识图谱。

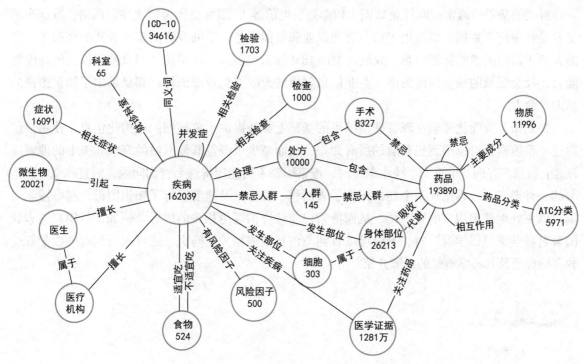

图 9-6 医学知识图谱

### 9.5.2 知识图谱模型

知识图谱的基本组成单位是（实体，关系，实体）三元组，以及实体相关的属性—值对。在表现形式上，知识图谱以有向网络图的形式对知识进行表示，重在揭示实体之间的语义关系。知识图谱中的节点通常代表的是实体或属性值，如某个人、某个商品、某个地点、某个时刻、身高高度、颜色值等，知识图谱中的每个实体可以用一个全局唯一的 ID 进行标识。知识图谱中的弧通常代表的是属性和关系，用来表示节点之间的联系。

例 9.9 利用知识图谱表示语句"桌子上方有一个红色的苹果"。

分析：语句描述中"桌子"和"苹果"是实体，两个实体之间的关系是方位关系"上方"，苹果的颜色属性是"红色"，则可将语句表示成图 9-7 所示的知识图谱。

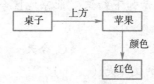

图 9-7 "桌子上方有一个红色的苹果"的知识图谱

### 9.5.3 知识图谱的应用场景

知识图谱有两大类应用场景：一类是搜索和问答类型的场景，这类也称作通用知识图谱，主要面向开放领域（如百科类和常识类等），数据来源主要为互联网或知识教程；另一类是自然语言理解类的场景，通常面向行业知识（如金融、电信等），因此也称为行业知识图谱，数据来源主要是行业内部数据，常应用于行业智能商业和智能服务，辅助投资决策或者智能客服等。目前，基于知识图谱的智能问答、战胜人类的 IBM 深蓝机器人、颠覆传统网页搜索模式的百度智能云、社交领域的领英经济图谱、企业信息领域的天眼查企业图谱等，都显示出了知识图谱的强大生命力。

知识图谱智能化搜索在现有搜索结果的基础上额外提供了更详细的结构化信息，使用户仅通过一步搜索就可以得到想获取的所有知识，从而减少了浏览其他网站的麻烦。未来的搜索应该是：当用户查询"世界十个淡水湖"时，搜索引擎不但能理解这个查询问题，而且能理解湖是水的一种形态，告诉用户每个湖的深度、表面积、温度以及盐度。有了知识图谱，网络搜索引擎可以更好地理解用户的查询词，从而搜索出与该查询词更相关的内容。例如，当用户搜索我国著名科学家"钱学森"时，不仅可以看到与该查询词相关的网页，还可以看到有关钱学森受教育的经历及其科学贡献的详细介绍。

## 习题 ////

**一、思考题**

1. 什么是知识表示？常用的知识表示方法有哪些？

2. 产生式表示法有哪些优缺点？

3. 框架表示法有何特点？

**二、选择题**

1.（单选题）（    ）表示"每个人都有喜欢的人"。

A.（$\forall x$）（$\forall y$）Like($x$, $y$)　　　　　　　　B.（$\forall x$）（$\exists y$）Like($x$, $y$)

C.（$\exists x$）（$\forall y$）Like($x$, $y$)　　　　　　　　D.（$\exists x$）（$\exists y$）Like($x$, $y$)

2.（单选题）如果命题 $p$ 为真、命题 $q$ 为假，则下述哪个复合命题为真命题（    ）。

　　A. 如果 $q$ 则 $p$　　　　B. 非 $p$　　　　　　C. $p$ 且 $q$　　　　　　D. 如果 $p$ 则 $q$

3.（单选题）设 IF $P$ THEN $Q$（置信度）是一个产生式，其中 $Q$ 是（    ）。

　　A. 确定性度量　　　B. 不确定性度量　　C. 前提或条件　　D. 结论或动作

4.（单选题）设用框架表示法表示如下知识："北京地区今天白天晴，最高气温12度，最低气温 -2 度"，以下可以看作槽的是（    ）。

　　A. 晴　　　　　　　B. 气温　　　　　　　C. 今天　　　　　　D. 北京

5.（多选题）一阶谓词逻辑表示的优点是（    ）。

　　A. 自然性　　　　　B. 精确性　　　　　　C. 严密性　　　　　D. 易实现

# 第10章

# 基于知识的推理

在现实生活中，人们对各种事物进行分析、合并最后做出决策时，通常是从已知的事实出发通过运用已掌握的知识，找出其中蕴含的事实或归纳出新的知识，这一过程通常称为推理。推理方法是人工智能领域中研究最早的内容，如今已经取得了一系列丰硕成果。

本章将首先讨论推理的概念，然后分别介绍确定性推理和不确定性推理中的代表方法，以及二者中的冲突消解问题，最后概述提高推理效率的搜索策略，以及推理方法的集大成者——专家系统。

## 10.1 \\\\ 推理的概念

从智能技术的角度来说，所谓推理就是按照某种策略由已知判断推出另一种判断的思维过程。在人工智能系统中，推理通常是由一组程序来实现的，人们把这一组用来控制计算机实现推理的程序称为推理机。例如，在医疗诊断专家系统中，知识库用来存储专家经验及医学常识，数据库存放病人的症状、化验结果等初始事实，利用该专家系统为病人诊治疾病实际上就是一次推理过程，即从病人的症状及化验结果等初始事实出发，利用知识库中的知识及一定的控制策略，对病情做出诊断，并开出医疗处方。像这样从初始事实出发，不断运用知识库中的已知知识逐步推出结论的过程就是推理。

若按推理时所用知识的确定性来划分，推理可分为确定性推理与不确定性推理。所谓确定性推理是指推理时所用的知识与证据都是确定的，推出的结论也是确定的，其真值或者为真或者为假，没有第三种情况出现。经典逻辑推理是最先提出的一类推理方法，是根据经典逻辑（命题逻辑及一阶谓词逻辑）的逻辑规则进行的一种推理，主要有自然演绎推理、归结演绎推理及与/或形演绎推理等。由于这种推理是基于经典逻辑的，其真值只有"真"和"假"两种，因此它是一种确定性推理。所谓不确定性推理是指推理时所用的知识与证据不都是确定的，推出的结论也是不确定的。现实世界中的事物和现象大都是不确定的，或者模糊的，很难用精确的数学模型来表示与处理。不确定性推理又分为似然推理与近似推理或模糊推理，前者是基于概率论的推理，后者是基于模糊逻辑的推理。人们经常在知识不完全、不精确的情况下进行推理，因此，要使计算机能模拟人类的思维活动，就必须使它具有不确定性推理的能力。

## 10.2 \\\\\\ 确定性推理 ------------------------------------

### 10.2.1 自然演绎推理

从一组已知为真的事实出发，直接运用经典逻辑的推理规则推出结论的过程称为自然演绎推理。其中，基本的推理是 P 规则、T 规则、假言推理、拒取式推理等。P 规则指的是推理的前提是已知的事实；而 T 规则是指推理的前提是中间结论。

假言推理的一般形式是：$P, P \to Q \Rightarrow Q$

它表示：由 $P \to Q$ 及 $P$ 为真，可推出 $Q$ 为真。例如，由"如果 X 是金属，则 X 能导电"及"铜是金属"可推出"铜能导电"的结论。

拒取式推理的一般形式是：$P \to Q, \neg Q \Rightarrow \neg P$

它表示：由 $P \to Q$ 为真及 $Q$ 为假，可推出 $P$ 为假。例如，由"如果下雨，则地上就湿"及"地上不湿"可推出"没有下雨"的结论。

自然演绎推理的优点是表达定理证明过程自然，容易理解，而且它拥有丰富的推理规则，推理过程灵活，便于在它的推理规则中嵌入领域启发式知识。其缺点是容易产生组合爆炸，推理过程得到的中间结论一般呈指数形式递增，这对于一个规模较大的推理问题来说是十分不利的。

### 10.2.2 归结演绎推理

归结演绎推理的本质是反证法：即要证明 $P \Rightarrow Q$，当且仅当 $P \wedge \neg Q \Leftrightarrow F$，即 $Q$ 为 $P$ 的逻辑结论，当且仅当 $P \wedge \neg Q$ 是不可满足的。

为了证明 $P \wedge \neg Q$，需要首先将其等价转换为子句集，然后采用鲁滨逊归结原理归结子句集，直到归结出空子句。鲁滨逊归结原理又称为消解原理，是鲁滨逊在 1956 年提出的一种证明子句集不可满足性，从而实现定理证明的一种理论及方法，是机器定理证明进入应用阶段的基础。

为了理解归结原理，这里首先给出相应概念。

定义 1 文字（literal）：原子谓词公式 $P$ 及其否定 $\neg P$，$P$ 也称作正文字，而 $\neg P$ 称作负文字。

定义 2 子句（clause）：任何文字的析取式，如 $P(x) \vee Q(x)$，$\neg P(x, f(x)) \vee Q(x, g(x))$。任何文字本身也都是子句。子句集是由子句构成的集合。

定义 3 空子句（NIL）：不包含任何文字的子句。空子句是永假的，不可满足的。

子句集中的子句之间是合取关系，其中只要有一个子句不可满足，则子句集就不可满足。由于空子句是不可满足的，所以，若一个子句集中包含空子句，则这个子句集一定是不可满足的。对于一阶谓词逻辑，即若子句集是不可满足的，则必存在一个从该子句集到空子句的归结演绎；若从子句集存在一个到空子句的演绎，则该子句集是不可满足的。因此，当采用归结原理归结出空字句后，即证明 $P \wedge \neg Q$ 是不可满足的。

定义 4（基子句的归结）：设 $C_1$ 与 $C_2$ 是子句集中的任意两个子句，如果 $C_1$ 中的文字 $L_1$ 与 $C_2$ 中的文字 $L_2$ 互补，那么从 $C_1$ 和 $C_2$ 中分别消去 $L_1$ 和 $L_2$，并将两个子句中余下的部分析取，构成一个新子句 $C_{12}$。

例 10.1 设 $C_1 = \neg P \lor Q$, $C_2 = \neg Q \lor R$, $C_3 = P$, 则归结过程如图 10-1 所示。

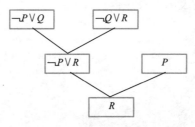

图 10-1 基子句的归结过程示例

定义 5（含有变量的子句的归结）：设 $C_1$ 与 $C_2$ 是两个没有相同变元的子句，$L_1$ 和 $L_2$ 分别是 $C_1$ 与 $C_2$ 中的文字，若 $\sigma$ 是 $L_1$ 和 $\neg L_2$ 的最一般合一（即将变量替换为常量），则称

$$C_{12} = (C_1\sigma - \{L_1\sigma\}) \lor (C_2\sigma - \{L_2\sigma\})$$

为 $C_1$ 与 $C_2$ 的二元归结式。

例 10.2 设：$C_1 = P(x) \lor Q(a)$, $C_2 = \neg P(b) \lor R(y)$, 求其二元归结式如图 10-2 所示。

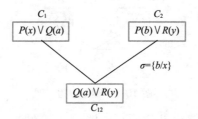

图 10-2 含有变量的子句的归结示例

## 10.2.3 利用归结原理证明定理

用归结反演证明的步骤是：

①将已知前提表示为谓词公式 $F$。

②将待证明的结论表示为谓词公式 $Q$，并否定得到 $\neg Q$。

③把谓词公式集 $\{F, Q\}$ 化为子句集 $S$。

④应用归结原理对子句集 $S$ 中的子句进行归结，并把每次归结得到的归结式都并入到 $S$ 中。如此反复进行，若出现了空子句，则停止归结，此时就证明了 $Q$ 为真。

例 10.3 某公司招聘工作人员，$A$、$B$、$C$ 三人应试，经面试后公司表示如下想法：

a）三人中至少录取一人。

b）如果录取 $A$ 而不录取 $B$，则一定录取 $C$。

c）如果录取 $B$，则一定录取 $C$。

求证：公司一定录取 $C$。

证明：公司的想法用谓词公式表示：$P(x)$：录取 $x$。

① $P(A) \lor P(B) \lor P(C)$

② $P(A) \land \neg P(B) \to P(C)$

③ $P(B) \rightarrow P(C)$

把要求证的结论用谓词公式表示出来并否定，得：

④ ¬ $P(C)$

把上述公式化成子句集：

① $P(A) \lor P(B) \lor P(C)$

② ¬ $P(A) \lor P(B) \lor P(C)$

③ $P(B) \lor P(C)$

④ ¬ $P(C)$

应用归结原理进行归结的过程如图 10-3 所示。

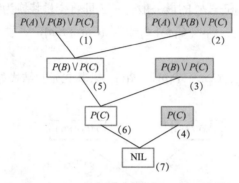

图 10-3 归结过程

由于归结出了空子句，因此结论 $P(C)$ 得证，即一定会录取 C。

如果没有归结出空子句，则既不能说 $S$ 不可满足，也不能说 $S$ 是可满足的。因此，对子句集进行归结时，关键的一步是从子句集中找出可以进行归结的一对子句。由于事先不知道哪两个子句可以进行归结，更不知道通过对哪些子句对的归结可以尽快地得到空子句，因而必须对子句集中的所有子句逐对地进行比较，对任何一对可归结的子句对都进行归结。这样不仅耗费许多时间，而且还会因为归结出了许多无用的归结式而多占用了许多存储空间，造成了时空的浪费，降低了效率。为解决这些问题，人们研究出了多种归结策略。这些归结策略大致可分为两大类：一类是删除策略，另一类是限制策略。前一类通过删除某些无用的子句来缩小归结的范围，后一类通过对参加归结的子句进行种种限制，尽可能地减少归结的盲目性，使其尽快地归结出空子句。

## 10.3 不确定性推理

如果在推理过程中所使用的知识、证据等具有不确定性，那么这种推理就属于不确定性推理。例如，已知下面的证据和规则（后面的数字表示置信度）：

规则：如果今天闷热，那么明天会下雨（0.9）；

证据：星期六闷热（0.8）。

规则后面的"0.9"表示这条规则的可信度为90%,证据后面的"0.8"表示该证据出现或可信的程度为80%。"0.9"和"0.8"就表示这种证据和规则的不确定性,而基于这种证据和规则进行的推理就是不确定性推理。

### 10.3.1 可信度方法

可信度方法是 1975 年肖特里菲(E. H. Shortliffe)等人在确定性理论(theory of confirmation)的基础上,结合概率论等提出的一种不确定性推理方法,该方法具有直观、简单,且效果好等优点。

可信度是指根据经验对一个事物或现象为真的相信程度。可信度方法中,知识采用产生式规则进行表示。

#### 1. 知识的不确定性表示

$$\text{IF } E \text{ THEN } H \text{ (CF}(H, E))$$

其中 CF($H,E$) 称作可信度因子(certainty factor),反映了前提条件与结论的联系强度。

① CF($H,E$) 的取值范围:[-1,1]。

②若由于相应证据的出现增加结论 $H$ 为真的可信度,则 CF($H,E$) > 0,证据的出现越是支持 $H$ 为真,就使 CF($H,E$) 的值越大。

③反之,CF($H,E$) < 0,证据的出现越是支持 $H$ 为假,CF($H,E$) 的值就越小。

④若证据的出现与否与 $H$ 无关,则 CF($H,E$) = 0。

#### 2. 证据的不确定性表示

$$\text{CF}(E) = 0.6 : E \text{ 的可信度为 } 0.6$$

①证据 $E$ 的可信度取值范围:[-1,1]。

②对于初始证据,若所有观察 $S$ 能肯定它为真,则 CF($E$) = 1。

③若肯定它为假,则 CF($E$) = -1。

④若以某种程度为真,则 0 < CF($E$) < 1。

⑤若以某种程度为假,则 -1 < CF($E$) < 0。

⑥若未获得任何相关的观察,则 CF($E$) = 0。

#### 3. 组合证据的不确定性

如果存在多个不确定性的证据作为产生式规则的前提,则它们组合后的不确定性计算如下:

(1)多个单一证据的合取

$$E = E_1 \text{ AND } E_2 \text{ AND } \cdots \text{ AND } E_n$$

则

$$\text{CF}(E) = \min\{\text{CF}(E_1), \text{CF}(E_2), \cdots, \text{CF}(E_n)\}$$

(2)多个单一证据的析取

$$E = E_1 \text{ OR } E_2 \text{ OR } \cdots \text{ OR } E_n$$

则

$$\text{CF}(E) = \max\{\text{CF}(E_1), \text{CF}(E_2), \cdots, \text{CF}(E_n)\}$$

### 4. 不确定性的传递

从不确定的初始证据出发，通过运用相关的不确定性知识，最终推出结论并求出结论的可信度值。结论 $H$ 的可信度由下式计算：

$$CF(H)=CF(H, E) \times \max\{0, CF(E)\}$$

### 5. 结论不确定性的合成

当给定的证据同时匹配多条能够推理出相同结论的产生式规则，则需要进行不确定性的合成，从而得到唯一的可信度。

设知识：

$$IF \quad E_1 \quad THEN \quad H \quad (CF(H, E_1))$$
$$IF \quad E_2 \quad THEN \quad H \quad (CF(H, E_2))$$

① 分别对每一条知识求出 $CF(H)$：

$$CF_1(H)= CF(H, E_1) \times \max\{0, CF(E_1)\}$$
$$CF_2(H)= CF(H, E_2) \times \max\{0, CF(E_2)\}$$

② 求出 $E_1$ 与 $E_2$ 对 $H$ 的综合影响所形成的可信度 $CF_{1,2}(H)$：

$$CF_{1,2}(H) = \begin{cases} CF_1(H)+CF_2(H)-CF_1(H)CF_2(H) & 若 CF_1(H) \geq 0, CF_2(H) \geq 0 \\ CF_1(H)+CF_2(H)+CF_1(H)CF_2(H) & 若 CF_1(H)<0, CF_2(H)<0 \\ \dfrac{CF_1(H)+CF_2(H)}{1-\min\{|CF_1(H)|, |CF_2(H)|\}} & 若 CF_1(H) 与 CF_2(H) 异号 \end{cases}$$

## 10.3.2 模糊逻辑推理

模糊推理与前面讨论的不确定性推理有着实质性的区别。前面介绍的可信度方法的理论基础是概率论，它所研究的事件本身有明确而确定的含义，只是由于发生的条件不充分，使得在条件与事件之间不能出现确定的因果关系，从而在事件的出现与否上表现出不确定性，那些推理模型就是针对这种不确定性即随机性来表示与处理的。模糊推理的理论基础是模糊集理论以及在此基础上发展起来的模糊逻辑，它所处理的事物自身是模糊的，概念本身没有明确的外延，一个对象是否符合这个概念难以明确地确定，模糊推理就是针对这种不确定性，即模糊性来表示与处理的。模糊逻辑推理是基于模糊性知识（模糊规则）的一种近似推理，一般采用扎德（Zadeh）提出的语言变量、语言值、模糊集和模糊关系合成的方法进行推理。

### 1. 语言变量

语言变量一般用来描述那些不精确的事件或现象，就是通常所说的属性名，例如"年纪"就是一个语言变量，其取值可为"老"、"中"、"青"等。这些值可看成是论域 U=[0，150] 上模糊子集的表示，而数字变量 u ∈ [0，150]，则称为基变量。

### 2. 证据模糊性及模糊规则的表示

命题的模糊性可用模糊子集来描述。

例 10.4 设有命题"张三比较小",则可以表示为

$$张三 \text{ is } A$$

其中，$A=$"比较小"$=1/1+1/2+0.5/3+0.2/4+0.1/5+0/6=(1,1,0.5,0.2,0.1,0)$ 是一个模糊子集，代表"比较小"这个模糊概念，$1/1+1/2+0.5/3+0.2/4+0.1/5+0/6$ 中的任意一项的分子表示对应元素（分母）属于集合 $A$ 的隶属度 $\mu_A$。

一条模糊规则实际上刻画了其前件中的模糊集与结论中的模糊集之间的一种对应关系。扎德认为，这种对应关系是两个集合间的一种模糊关系，因而它也可以表示为模糊集合。特别地，对于有限集，这个模糊集合就可以表示为一个模糊矩阵。

假设有规则

$$R: \text{IF } 张三 \text{ is } A \text{ THEN } 李四 \text{ is } B$$

其中，$A$、$B$ 都是模糊子集，表示模糊概念。这个规则表示了 $A$、$B$ 之间的一种模糊关系，可用于进行模糊推理。

3. 模糊推理

下面介绍一种简单有效的模糊推理方法。

例 10.5 模糊推理最早成功应用于工业锅炉的控制。给定模糊规则"如果温度低，则将风门开大"，设温度和风门开度的论域为 $\{1,2,3,4,5\}$。"温度低"和"风门大"的模糊量：

$A$："温度低" $= 1/1+0.6/2+0.3/3+0.0/4+0.0/5$，记为 $\mu_A = (1.0, 0.6, 0.3, 0.0, 0.0)$；

$B$："风门大" $= 0.0/1+0.0/2+0.3/3+0.6/4+1/5$，记为 $\mu_B = (0.0, 0.0, 0.3, 0.6, 1.0)$。

在实际应用中，模糊量通常是由专家给出的。

已知事实"温度较低"，表示为

$$A: \text{"温度较低"} = 0.8/1+1/2+0.6/3+0.3/4+0.0/5$$

试用模糊推理确定风门开度。

**解** 首先计算控制规则反映出的模糊关系 $R$

$$\mathbf{R} = \boldsymbol{\mu}_A^{\mathrm{T}} \circ \boldsymbol{\mu}_B = \begin{pmatrix} 1.0 \\ 0.6 \\ 0.3 \\ 0.0 \\ 0.0 \end{pmatrix} \circ (0.0 \quad 0.0 \quad 0.3 \quad 0.6 \quad 1.0)$$

其中，$\boldsymbol{\mu}_A^{\mathrm{T}} \circ \boldsymbol{\mu}_B = \boldsymbol{\mu}_{A \times B}(a, b)$ 表示模糊集合的叉积运算，即 $\boldsymbol{\mu}_{A \times B}(a, b)_{ij} \min\{\boldsymbol{\mu}_A(a)_i, \boldsymbol{\mu}_B(b)_j\}$。因此

$$\mathbf{R} = \begin{pmatrix} 1.0 \wedge 0.0 & 1.0 \wedge 0.0 & 1.0 \wedge 0.3 & 1.0 \wedge 0.6 & 1.0 \wedge 1.0 \\ 0.6 \wedge 0.0 & 0.6 \wedge 0.0 & 0.6 \wedge 0.3 & 0.6 \wedge 0.6 & 0.6 \wedge 0.6 \\ 0.3 \wedge 0.0 & 0.3 \wedge 0.0 & 0.3 \wedge 0.0 & 0.3 \wedge 0.3 & 0.3 \wedge 0.3 \\ 0.0 \wedge 0.0 & 0.0 \wedge 0.0 & 0.0 \wedge 0.0 & 0.0 \wedge 0.0 & 0.0 \wedge 0.0 \\ 0.0 \wedge 0.0 & 0.0 \wedge 0.0 & 0.0 \wedge 0.0 & 0.0 \wedge 0.0 & 0.0 \wedge 0.0 \end{pmatrix} = \begin{pmatrix} 0.0 & 0.0 & 0.3 & 0.6 & 1.0 \\ 0.0 & 0.0 & 0.3 & 0.6 & 0.6 \\ 0.0 & 0.0 & 0.3 & 0.3 & 0.3 \\ 0.0 & 0.0 & 0.0 & 0.0 & 0.0 \\ 0.0 & 0.0 & 0.0 & 0.0 & 0.0 \end{pmatrix}$$

然后，通过模糊关系的合成实现模糊推理。模糊关系的合成运算类似矩阵相乘，但对应元素的乘积运算变成叉积运算（即求最小的隶属度），然后在所有对应元素的叉积结果中求最大值，作为结果矩阵的元素。合成后得到新的模糊集合 $\mathbf{B}'$：

$$\boldsymbol{B}' = \boldsymbol{A}' \circ \boldsymbol{R} = \begin{pmatrix} 0.8 \\ 1.0 \\ 0.6 \\ 0.3 \\ 0.0 \end{pmatrix}^{\mathrm{T}} \circ \begin{pmatrix} 0.0 & 0.0 & 0.3 & 0.6 & 1.0 \\ 0.0 & 0.0 & 0.3 & 0.6 & 0.6 \\ 0.0 & 0.0 & 0.3 & 0.3 & 0.3 \\ 0.0 & 0.0 & 0.0 & 0.0 & 0.0 \\ 0.0 & 0.0 & 0.0 & 0.0 & 0.0 \end{pmatrix} = (0.0, \ 0.0, \ 0.3, \ 0.6, \ 0.8)$$

即 $\boldsymbol{B}' = 0.0/1 + 0.0/2 + 0.3/3 + 0.6/4 + 0.8/5$。

为了将模糊集合结果应用于确定风门开度，需要进行模糊决策，即将模糊集合转换为一个确定的值。这里采用最大隶属度法，即选择最大隶属度对应的元素。由 $\boldsymbol{B}'$ 可知，最大隶属度为 0.8，其对应的风门开度为 5，因此选择在温度较低时，将风门开到最大。如果存在多个相等的最大隶属度，则对相应元素求平均值。

## 10.4 冲突消解

在推理过程中，系统要不断地用当前已知的事实与知识库中的知识进行匹配。此时，可能发生如下三种情况：

①已知事实恰好只与知识库中的一个知识匹配成功。

②已知事实不能与知识库中的任何知识匹配成功。

③已知事实可与知识库中的多个知识匹配成功，或者多个（组）已知事实都可与知识库中的某一个知识匹配成功，或者有多（组）已知事实可与知识库中的多个知识匹配成功。

对于第一种情况，由于匹配成功的知识只有一个，所以它就是可应用的知识，可直接把它应用于当前的推理。

当第二种情况发生时，由于找不到可与当前已知事实匹配成功的知识，使得推理无法继续进行下去。这或者是由于知识库中缺少某些必要的知识，或者由于要求解的问题超出了系统功能范围等，此时可根据当前的实际情况作相应的处理。

第三种情况刚好与第二种情况相反，推理过程中不仅有知识匹配成功，而且有多个知识匹配成功，称为发生了冲突。按一定的策略从匹配成功的多个知识中挑出一个知识用于当前推理的过程称为冲突消解（conflict resolution）。解决冲突时所用的策略称为冲突消解策略。

目前已有多种消解冲突的策略，其基本思想都是对知识进行排序。常用的有以下几种：

### 1. 按规则的针对性排序

本策略是优先选用针对性较强的产生式规则。如果 $r2$ 中除了包括 $r1$ 要求的全部条件外，还包括其他条件，则称 $r2$ 比 $r1$ 有更大的针对性，$r1$ 比 $r2$ 有更大的通用性。因此，当 $r2$ 与 $r1$ 发生冲突时，优先选用 $r2$。因为它要求的条件较多，其结论一般更接近于目标，一旦得到满足，可缩短推理过程。

### 2. 按已知事实的新鲜性排序

在产生式系统的推理过程中，每应用一条产生式规则就会得到一个或多个结论或者执行某个操作，数据库就会增加新的事实。另外，在推理时还会向用户询问有关的信息，也使数据库的内容发生变化。一般把数据库中后生成的事实称为新鲜的事实，即后生成的事实比先生成的事实具有较大的新鲜性。若一条规则被应用后生成了多个结论，则既可以认为这些结论有相同的新鲜性，也可以认为排在前面（或后面）的结论有较大的新鲜性，根据情况决定。设规则 $r1$ 可与事实组 $A$ 匹配成功，规则 $r2$ 可与事实组 $B$ 匹配成功，则 $A$ 与 $B$ 中哪一组较新鲜，与它匹配的产生式规则就先被应用。

### 3. 按匹配度排序

在不确定性推理中，需要计算已知事实与知识的匹配度，当其匹配度达到某个预先规定的值时，就认为它们是可匹配的。若产生式规则 $r1$ 与 $r2$ 都可匹配成功，则优先选用匹配度较大的产生式规则。

### 4. 按条件个数排序

如果有多条产生式规则生成的结论相同，则优先应用条件少的产生式规则，因为条件少的规则匹配时花费的时间较少。在具体应用时，可对上述几种策略进行组合，尽量减少冲突的发生，使推理有较快的速度和较高的效率。

## 10.5　搜索求解策略

计算机并不具备通过逻辑推理有意识地理解世界的能力。在一个智能系统中，让计算机给出一个清晰简洁的有关知识的描述是很困难的，但以形式化的方式表示知识或者查找知识并将其提供给计算机进行自动处理，是目前智能系统主要的实现方式。人对自己大脑中所记忆的知识的查找方式是联想的、即刻的，头脑中并不存在固定位置的知识库或经验信息物理空间。但计算机解决问题或查找有用信息时需要利用各种搜索技术，搜索和推理都是计算机解决问题的基本方法。从问题表示到问题的解决，有一个求解的过程，采用的基本方法包括搜索和推理。本节首先介绍搜索技术，包括一些早期的搜索技术或用于解决比较简单问题的搜索原理，然后介绍一种比较新的能够求解比较复杂问题的搜索原理，即群智能优化算法中的蚁群算法。

### 10.5.1　盲目搜索

盲目搜索又称无信息搜索，一般只适用于求解比较简单的问题，主要包括宽度优先搜索和深度优先搜索。宽度优先搜索（breadth first search，BFS）又称为广度优先搜索，如图 10-4（a）所示，是最简便的图搜索算法之一，最初用于解决迷宫最短路径和网络路由等问题。整个搜索过程可以看作一个树的结构，算法从图上的一个节点出发，先访问其直接相连的子节点，若子节点不符合，再访问其子节点的子节点，按级别顺序依次访向，直到访向到目标节点为止。这种搜索法是以接近起始节点的程度依次扩展节点逐层进行搜索的，在对下一层的任一节点进行搜索之前，必须搜索完本层的所有节点。深度优先搜索（depth first search，DFS）如图 10-4（b）所示，是一种用于遍历搜索树或图的算法。算法先给出一个节点扩展的最大深度——深度界限，其过程是沿着一条路径搜索下去，直到深度界限为止，然后再考虑只有最后一步有差别的相同深度或较浅深度可供选择的路径，接着再考虑最后两步有差别的路径。

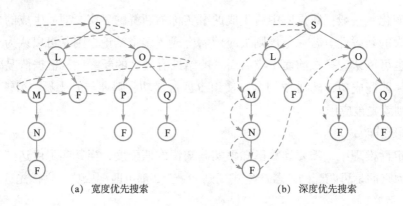

(a) 宽度优先搜索　　　　　　　　(b) 深度优先搜索

图 10-4　宽度优先搜索与深度优先搜索

### 10.5.2　启发式搜索

#### 1. 传统的启发式搜索

盲目搜索没有利用与问题相关的知识，因此不但搜索效率低，而且会耗费过多的计算空间与时间。人们试图找到一种方法用于排列待扩展节点的顺序，即选择最有希望的节点加以扩展，从而使搜索效率大为提高。启发式搜索在搜索过程中加入了与问题有关的启发性信息，用于指导搜索将最有希望的节点作为下一个被扩展的节点，因此这种搜索叫作有序搜索。有序搜索又称为最好优先搜索，它总是选择最有希望的节点并将其作为下一个要扩展的节点。

A 算法是一种经典的启发式有序搜索算法，其特点在于估价函数的定义。在 A 算法中，为了评估节点的有希望程度，采用了估价函数 $f$ 进行度量，该函数是从起始节点 $S$ 通过节点 $n$ 到达目标节点的最小代价路径的一个估算代价。一个节点的希望程度越大，则其 $f$ 值越小。为此，被选为扩展的节点应是估价函数值最小的节点。从估价函数的角度看，宽度优先搜索和深度优先搜索均是有序搜索技术的特例。对于宽度优先搜索，选择 $f$ 作为节点的深度。

估价函数 $f$ 被定义为：$f(n)=g(n)+h(n)$

其中，$g(n)$ 是到目前为止用搜索算法找到的从 $S$ 到 $n$ 的最小路径代价，$h(n)$ 是依赖于有关问题的领域的启发信息。估价函数 $f$ 表示从节点 $n$ 到目标节点的一条最佳路径的代价估计。

例 10.6 八数码问题。该问题是一个经典的搜索问题，如图 10-5 所示，将处于随机初始状态的 8 个数字按照一定步骤移动为从 1 到 8 的顺序位置。

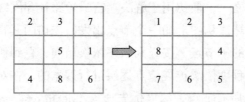

图 10-5　八数码问题

设问题的初始状态 $S_0$ 和目标状态 $S_g$。如图 10-6 所示，且估价函数为 $f(n)=d(n)+W(n)$，式中，$d(n)$ 表示节点 $n$ 在搜索树 中的深度；$W(n)$ 表示节点 $n$ 中"不在位"的数码个数，请计算初始状态

$S_0$ 的估价函数值 $f(S_0)$。

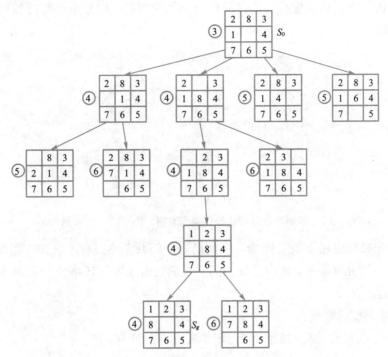

图 10-6　采用估计函数求解八数码难题

**解**　在本例的估价函数中，取 $g(n)=d(n)$，$h(n)=W(n)$。此处用 $S_0$ 到 $n$ 的路径上的单位代价表示实际代价，一般来说，某节点中的"不在位"的数码个数越多，说明它离目标节点越远。对初始节点 $S_0$，由于 $d(S_0)=0$，$W(S_0)=3$，因此有 $f(S_0)=0+3=3$。

这个例子仅是为了说明估价函数的含义及估价函数值的计算。在问题搜索过程中，除了需要计算初始节点的估价函数之外，更多的是要计算新生成节点的估价函数值。

### 2. 群智能优化方法

群智能优化算法受动物群体中由简单个体组成的群落与环境以及个体之间的互动行为表现出的智能启发的算法，包括：粒子群优化算法、蚁群算法、蜂群算法、鱼群算法等。这里主要介绍蚁群算法的基本原理。

蚁群算法（ant colony algorithm）是由意大利学者多里科（Dorigo M）等在 1991 年的首届欧洲人工生命会议上提出的，该算法利用群体智能解决组合优化问题。多里科等将蚁群算法先后应用于旅行商问题（TSP）、资源二次分配问题等经典优化问题，得到了较好的效果。蚁群算法在动态环境下也表现出高度的灵活性和健壮性，其在电信路由控制方面的应用被认为是较好的算法应用实例之一。

自然界中的蚂蚁觅食是一种群体行为，并非单只蚂蚁自行寻找食物源。如图 10-7 所示，蚂蚁在寻找食物的过程中，会在其经过的路径上释放信息素（pheromone），信息素是容易挥发的，随着时间推移遗留在路径上的信息素会越来越少。蚂蚁从巢穴出发时如果路径上已经有了信息素那么蚂蚁会随着信息素浓度高的路径运动，然后又使它所经过的路径上的信息素浓度进一步加大，这样会形成一个正向的催化。经过一段时间的搜索后，蚂蚁最终可以找到一条从巢穴到食物源的最短路径。

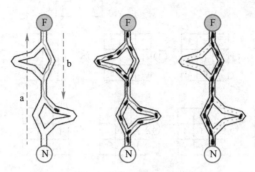

图 10-7　蚁群寻找最短路径机制示意图（F：食物，N：巢穴）

蚁群算法首先成功应用于 TSP 问题。下面简单介绍其基本过程。已知一组城市 $N$，TSP 问题可表述为寻找一条访问每一个城市且仅访问一次的最短长度闭环路径。下面以 TSP 问题为例说明蚁群算法流程。

$m$ 表示蚁群中蚂蚁的数量；

$d_{xy}(x, y=1,2, \cdots, n)$ 表示元素（城市）和元素（城市）之间的距离；

$\eta_{xy}(t)$ 表示能见度，称为启发信息函数，等于距离的倒数，即 $n_{xy}(t) = \dfrac{1}{d_{xy}}$；

$b_x(t)$ 表示 $t$ 时刻位于城市 $x$ 的蚂蚁的个数，$m = \sum\limits_{x=1}^{n} b_x(t)$；

$\tau_{xy}(t)$ 表示 $t$ 时刻在 $xy$ 连线上残留的信息素，初始时刻，各条路径上的信息素相等。

蚂蚁 $k$ 在运动过程中，根据各条路径上的信息素决定转移方向。$P_{xy}^{k}(t)$ 表示在 $t$ 时刻蚂蚁 $k$ 选择从元素（城市）$x$ 转移到元素（城市）$y$ 的概率，也称为随机比例规则，影响因素包括信息素浓度和局部启发信息（即城市间的能见度），如图 10-8 所示。

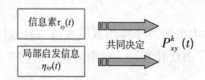

图 10-8　影响蚂蚁选择下一个元素（城市）的因素

$$P_{xy}^{k}(t) = \begin{cases} \dfrac{\mid \tau_{xy}(t) \mid^{\alpha} \mid \eta_{xy}(t) \mid^{\beta}}{\sum_{y \in \text{allowed}_k(x)} \mid \tau_{xy}(t) \mid^{\alpha} \mid \eta_{xy}(t) \mid^{\beta}} & \text{if } y \in \text{allowed}_k(x) \\ 0 & \text{其他} \end{cases}$$

其中：$allowed_k(x) = \{0, 1, \cdots, n-1\} - tabu_k(x)$ 表示蚂蚁 $k$ 下一步允许选择的元素（城市），$tabu_k(x)$ $(k=1, 2, \cdots, m)$ 记录蚂蚁 $k$ 当前所走过的元素（城市），$\alpha$ 是信息素启发式因子，表示轨迹的相对重要性；$\beta$ 表示期望值启发式因子，反映了蚁群在路径搜索中先验性、确定性因素作用的强度。

用参数 $1-\rho$ 表示信息素消逝程度，蚂蚁完成一次循环，各路径上信息素浓度消散规则为

$$\tau_{xy}(t) = \rho\tau_{xy}(t) + \Delta\tau_{xy}(t)$$

蚁群算法的基本过程如图 10-9 所示。

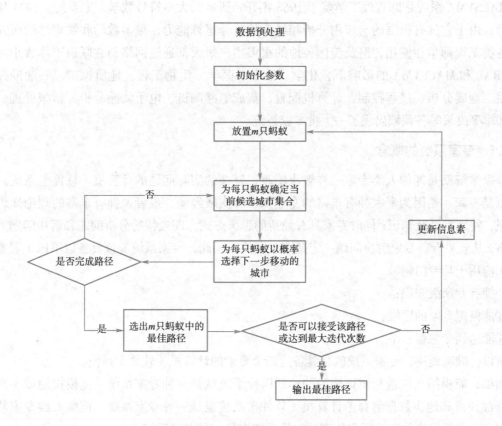

图 10-9　蚁群算法基本过程

蚁群算法可以有效地解决旅行商问题、指派问题、图着色问题、网络路由问题、车间调度问题、车辆路径问题、分配问题等等。这些问题总结起来主要是 NP-hard 的组合优化问题，用传统算法难以或者无法求解。

## 10.6　专家系统

随着研究的推进，人们逐渐认识到，单靠逻辑推理能力远不足以实现人工智能，人工智能由追求万能、通用的一般研究转入特定的具体研究，产生了以专家系统为代表的基于知识的各种人工智能系统。

DENDRAL 系统是这种方法的早期例子，该系统能根据质谱仪数据推断未知有机化合物的分子结构，它是一个启发式系统，把化学家关于分子结构质谱测定法的知识结合到控制搜索的规则中，从而能迅速消去不可能为真的分子结构，避免了搜索对象指数级膨胀，它甚至可以找出那些人类专家可能漏掉的结构。DENDRAL 及附属的 CONGEN 系统商品化后，每天为上百个国际用户提供化学结构的解释。作为世界上第一例成功的专家系统，它使人们看到，在某个专门领域里，以知识为基础的计算机系统完全可以发挥这个领域里的人类专家的作用。

MACSYMA 系统是麻省理工学院于 1968 年开始研制的大型符号数学专家系统。1971 年研制成功后，由于它具有很强的与应用分析相结合的符号运算能力，很多数学和物理学的研究人员以及各类工程师争相使用，遍及美国各地的很多用户每天都通过网络与它联机工作数小时。在 DENDRAL 和 MACSYMA 的影响下，化学、数学、医学、生物工程、地质探矿、石油勘探、气象预报、地震分析、过程控制、计算机配置、集成电路测试、电子线路分析、情报处理、法律咨询和军事决策等各领域出现了一大批专家系统。

### 10.6.1　专家系统的概念

专家系统就是能像人类专家一样解决困难、复杂的实际问题的计算机（软件）系统。专家之所以是专家，是因为专家拥有丰富的专业知识和实践经验，或者说拥有丰富的理论知识和经验知识，特别是经验知识；同时专家具有独特的思维方式，即独特的分析问题和解决问题的方法和策略；从效果看，专家解决问题一定是高水平的。因此，专家系统应该具备以下四个要素：

①应用于某专门领域；

②拥有专家级知识；

③能模拟专家的思维；

④能达到专家级水平。

所以，准确地讲，专家系统就是具备这四个要素的计算机（软件）系统。

例如，能模拟名医进行辨证施治的诊断医疗系统就是一种专家系统，能模拟地质学家进行地下资源评价和地质数据解释的计算机（软件）系统也是一种专家系统，能像人类专家甚至超过人类专家进行网络故障诊断和处理的软件系统也是一种专家系统。

### 10.6.2　专家系统的特点

同一般的计算机应用系统（如数值计算、数据处理系统等）相比，专家系统具有下列特点：

①从处理的问题性质看，专家系统善于解决那些不确定性的、非结构化的、没有算法解或虽有算法解但在现有的机器上无法实施的困难问题。例如，医疗诊断、地质勘探、天气预报、市场预测、管理决策、军事指挥等领域的问题。

②从处理问题的方法看，专家系统则是靠知识和推理来解决问题，而不像传统软件系统使用固定的算法来解决问题。所以，专家系统是基于知识的智能问题求解系统。

③从系统的结构来看，专家系统一般强调知识与推理的分离，因而系统具有很好的灵活性和可扩充性。

④专家系统一般还具有解释功能。即在运行过程中一方面能回答用户提出的问题，另一方面还能对最后的输出（结论）或处理问题的过程做出解释。

⑤有些专家系统还具有"自学习"能力，即不断对自己的知识进行扩充、完善和提炼。这一点是传统系统所无法比拟的。

⑥专家系统不像人类专家那样容易疲劳、遗忘，易受环境、情绪等的影响，它可始终如一地以专家级的高水平求解问题。因此，从这种意义上讲，专家系统可以超过专家本人。

### 10.6.3  专家系统的结构

专家系统是一种计算机应用系统。由于应用领域和实际问题的多样性，专家系统的结构也就多种多样。但抽象地看，它们还是具有许多共同之处。从概念来讲，一个专家系统具有如图 10-10 所示的一般结构模式。其中知识库和推理机是两个最基本的模块。

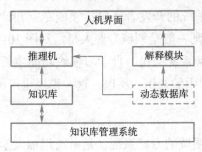

图 10-10  专家系统的一般结构

#### 1. 知识库

所谓知识库（knowledge base，KB），就是以某种表示形式存储于计算机中的知识的集合。知识库通常是以一个个文件的形式存放于外部介质上，专家系统运行时将被调入内存。知识库中的知识一般包括专家知识、领域知识和元知识。元知识是关于测度和管理知识的知识。知识库中的知识通常就是按照知识的表示形式、性质、层次、内容来组织的，构成了知识库的结构。

#### 2. 推理机

所谓推理机（inference engine，IE），就是实现机器推理的程序。这里的推理是一个广义的概念，它既包括通常的逻辑推理，也包括基于产生式的操作。例如：$A \rightarrow B$，$A$，$B$，这里的 $B$ 若是个结论，则上式就是我们通常的三段论推理；若表示某种动作，则上式就是一种操作。

#### 3. 动态数据库

动态数据库也称全局数据库、综合数据库、工作存储器、黑板等，它是存放初始证据事实、推理结果和控制信息的场所，或者说它是上述各种数据构成的集合。动态数据库只在系统运行期间产生、变化和撤销，所以称为动态数据库。需要说明的是，动态数据库虽然也叫数据库，但它并不是通常所说的数据库，二者有本质差异。

#### 4. 人机界面

这里的人机界面指的是最终用户与专家系统的交互界面。一方面，用户通过这个界面向系统提出或回答问题，或向系统提供原始数据和事实等；另一方面，系统通过这个界面向用户提出或回答问题，并输出结果以及对系统的行为和最终结果进行适当解释。

#### 5. 解释模块

解释模块专门负责向用户解释专家系统的行为和结果。推理过程中，它可向用户解释系统的行为，回答用户"Why"之类的问题；推理结束后它可向用户解释推理的结果是怎样得来的，

回答 "How" 之类的问题。

### 6. 知识库管理系统

知识库管理系统是知识库的支撑软件。知识库管理系统对知识库的作用类似于数据库管理系统对数据库的作用，其功能包括知识库的建立、删除、重组，知识的获取（主要指录入和编辑）、维护、查询和更新，以及对知识的检查，包括一致性、冗余性和完整性检查等。知识库管理系统主要在专家系统的开发阶段使用，但在专家系统的运行阶段也要经常使用，用来对知识库进行增、删、改、查等各种管理工作。所以，它的生命周期实际和相应的专家系统是一样的。知识库管理系统的用户一般是系统的开发者，包括领域专家和计算机人员（通常称为知识工程师），而成品的专家系统的用户则一般是领域专业人员。对图 10-10 所示的结构再添加自学习模块，就成为更为理想的一种专家系统结构，自学习模块功能主要是指在系统的运行过程中，能不断自动化地完善、丰富知识库中的知识。所以，这一模块也可称为自动知识获取模块。

## 10.6.4  专家系统 MYCIN

MYCIN 系统是著名的医学领域的专家系统，是由斯坦福大学建立的对细菌感染疾病的诊断和治疗提供咨询的系统。医生可以向系统输入病人信息，MYCIN 系统对其进行诊断并给出诊断结果和处方。细菌感染疾病专家在对病情诊断和提出处方时，大致遵循下列四个步骤：

①确定病人是否有重要的细菌感染需要治疗。为此，首先要判断所发现的细菌是否引起了疾病；

②确定疾病可能是由哪种细菌引起的；

③哪些药物对制这种可能有效；

④根据病人的情况，选择最适合的药物。

这样的决策过程很复杂，主要靠医生的临床经验和判断。MYCIN 系统试图用产生式规则的形式体现专家的判断知识，以模仿专家的推理过程。

系统通过和内科医生之间的对话收集关于病人的基本情况，如临床情况、症状、病历以及详细的实验室观测数据等。系统首先询问一些基本情况。内科医生在回答询问时所输入的信息被用于作出诊断。诊断过程中如需要进一步的信息，系统就会进一步询问医生。一旦可以作出合理的诊断，MYCIN 就列出可能的处方，然后在与医生作进一步对话的基础上选择适合于病人的处方，在诊断引起疾病的细菌类别时，取自病人的血液和尿等样品，在适当的介质中培养，可以取得某些关于细菌生长的迹象。但要完全确定细菌的类别经常需要 24 ~ 48 小时或更长的时间。在许多情况下，病人的病情不允许等待这样长的时间。因此，医生经常需要在信息不完全或不十分准确的情况下，决定病人是否需要治疗，如果需要治疗，应选择什么样的处方。因此，MYCIN 系统的重要特性之一是以不确定和不完全的信息进行推理。MYCIN 系统由三个子系统组成：咨询子系统、解释子系统和规则获取子系统，如图 10-11 所示。系统所有信息都存放在两个数据库中：静态数据库存放咨询过程中用到的所有规则，因此，它实际上是专家系统的知识库；动态数据库存放关于病人的信息，以及到目前为止咨询中系统所询问的问题，每次咨询，动态数据都要重建一次。

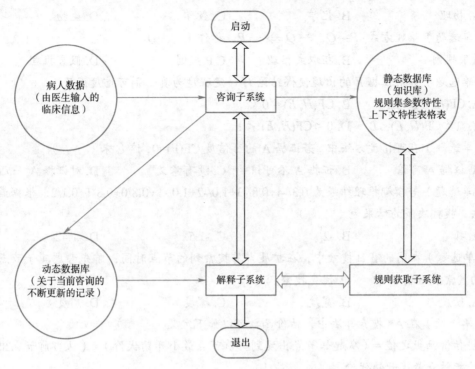

图 10-11　MYCIN 系统内部处理过程

　　咨询开始时，先启动咨询子系统，进入人机对话状态。当结束咨询时，系统自动地转入解释子系统。解释子系统回答用户的问题，并解释推理过程。规则获取子系统只由建立系统的知识工程师所使用。当发现有规则被遗漏或不完善时，知识工程师可以利用这个子系统来增加和修改规则。

## 习题

### 一、思考题

1. 确定性推理与不确定推理的主要区别是什么？

2. 什么是推理过程中的冲突？冲突消解的方法有哪些？

3. 什么是可信度？

4. 模糊推理的一般过程是什么？

5. 盲目搜索与启发式搜索的区别是什么？

6. 什么是专家系统？专家系统有哪些基本特征？

### 二、选择题

1.（单选题）下列（　　　）不是专家系统的组成部分。

　　A. 综合数据库　　　　　B. 用户　　　　　　　C. 推理机　　　　　　　D. 知识库

2.（单选题）第一例专家系统是在（　　　）领域发挥作用的。

A. 物理       B. 化学       C. 数学       D. 生物

3. （单选题）推理方式：$P \rightarrow Q$，$\neg Q \Rightarrow \neg P$，称作（    ）。

A.T 规则       B. 拒取式推理       C.P 规则       D. 假言推理

4. （单选题）如果证据 $E$ 的出现使得结论 $H$ 一定程度为真，则可信度因子（    ）。

A. $CF(H, E) = 1$       B. $CF(H, E) = 0$

C. $-1 < CF(H, E) < 0$       D. $0 < CF(H, E) < 1$

5. （单选题）在可信度方法中，若证据 A 的可信度 $CF(F) = 0$，这意味（    ）。

A. 证据 A 可信       B. 证据 A 不可信       C. 没有意义       D. 对证据 A 一无所知

6. （单选题）若模糊推理结果为 0.3/-4+0.8/-3+1.0/-2+1.0/-1+0.8/0+0.3/1+0.1/2，根据最大隶属度平均法，模糊决策的结果为（    ）。

A. -1       B. -2       C. -1.5       D. -1.42

7. （单选题）在图的盲目搜索中，在扩展当前搜索到的节点时同，首先考虑其子节点而非兄弟节点的搜索策略属于（    ）优先搜索。

A. 密度       B. 宽度       C. 深度       D. 广度

8. （单选题）在 A* 搜索算法中，估价函数可以如下定义（    ）。

A. 估价函数之值 =（从起始节点出发到当前节点最小开销代价）*（从当前节点出发到目标结点最小开销代价）

B. 估价函数之值 =（从起始节点出发到当前节点最小开销代价）-（从当前节点出发到目标结点最小开销代价）

C. 估价函数之值 =（从起始节点出发到当前节点最小开销代价）/（从当前节点出发到目标结点最小开销代价）

D. 估价函数之值 =（从起始节点出发到当前节点最小开销代价）+（从当前节点出发到目标结点最小开销代价）

9. （多选题）关于 AI 中的搜索，正确的有（    ）。

A. 其目的是在问题的状态空间中尽可能有效地找到问题的解

B. 搜索过程首先生成所有的状态，再基于一定策略找到符合条件的解

C. 盲目搜索技术没有利用问题有关的知识，通用性好

D. 只要问题有解，所有搜索技术都可以找到最优解，只是效率不同而已

10. （多选题）关于盲目搜索，正确的有（    ）。

A. 宽度优先搜索和深度优先搜索都是盲目搜索方法

B. 若问题有解，带深度限制的深度优先搜索不一定能找到问题的最优解，但总能找到解

C. 所谓盲目搜索，就是在状态空间中随机地确定搜索方向

D. 对于单步代价都相等的问题，在问题有解的情况下，宽度优先搜索一定可以找到最优解

11. （多选题）当问题有解时，以下搜索算法中，总可以找到最优解的有（    ）。

A. 宽度优先搜索       B.A* 算法       C. 深度优先搜索       D.A 算法

12. （多选题）在蚁群算法中，"蚂蚁"在运动过程中分泌的信息素起到了核心作用。以下围

绕"信息素"的正确说法有（　　　　）。

A. 某一路径上走过的蚂蚁越多，信息素越强，后来者选择该路径的概率就越大，称为"正反馈"机制

B. 用蚁群算法求解优化问题时，信息素对应于问题的解

C. 蚂蚁根据各条路径上信息素的强度按概率决定转移方向

D. 某一路径上走过的蚂蚁越少，信息素就越弱，就会随时间而蒸发，称为"负反馈"机制

# 第11章

# 机器学习

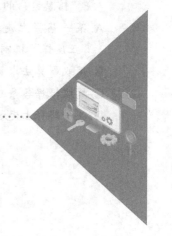

　　机器能像人一样具备学习能力吗？如果能，那么机器将如何做到呢？如果机器具备了学习能力，是否就具有了智能或类人的智慧，甚至产生完全不同于人类的智能呢？这两个问题都取决于机器如何才能具有学习能力。

　　本章将介绍主要机器学习方法的基本原理，包括经典的有监督学习、无监督学习，以及目前研究比较热门的半监督学习和迁移学习，为下一章理解人工神经网络奠定基础。

## 11.1 \\\\ 机器学习的概念

　　人类智能最重要且显著的能力是学习能力。无论是幼小的孩子还是成人，都具备学习能力。人类的学习能力也是随着年龄的增长而不断增强的。如果机器也能像人一样通过学习掌握知识，那么这种机器产生类人智能的可能性就会更大。我们可以从机器学习与人类思考的对比中窥知二者的联系。

　　如图 11-1 所示，机器学习中的"训练"与"预测"过程可以对应到人类的"归纳"与"预测"过程。通过这样的对应，可以发现机器学习仅仅是对人类在生活中学习成长的一个模拟。由于机器学习不是基于编程形成的结果，因此它的处理过程不是依靠简单的因果逻辑，而是通过归纳得出相关性结论。现实中，机器基于大数据和深度学习算法形成的数据或算法智能已经超越了人类智能，因为人类大脑并不善于进行大规模数据的计算和分析。对于人类来说，一个人一生中的大部分知识不是从父母和老师处学到的，而是自己通过对外部世界的不断探索而得到的。人类在成长的过程中能够不断学习，进而建立多维度、多层次的智能，但机器的学习能力现在还达不到这种程度。

　　机器学习是实现人工智能应用的算法技术之一，也是人工智能算法技术研究领域的一个分支。在早期开发人工智能应用时，仅仅实现一些可编程的任务，如寻找两点之间的最短距离等，很难通过编程的方式实现更为复杂并持续进化的任务挑战。因此人们意识到，机器需要能够自我学习，机器学习技术被认为是计算机的新的能力而逐渐发展起来。如今，机器学习技术已经在各个人工智能应用领域中发挥重要的作用。机器学习中常用的分类算法可以将数据分为不同的类别。例如，可以用来识别垃圾邮件和非垃圾邮件；医疗诊断中用机器学习模型来诊断病人是否患上某种疾病；天气预测中用来预测明天是否会下雨等。

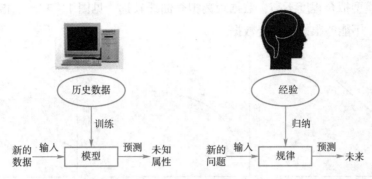

图 11-1　机器学习与人类思考的对比

为了便于理解，下面首先介绍机器学习中的基本概念。

1. 训练集

训练数据集是用于建模的，数据集的每个样本都是有标签（正确答案）的。在通常情况下，在训练集上模型执行得很好，并不能说明模型好，我们更希望模型对看不见的数据有好的表现，训练属于建模阶段，线下进行。如果把机器学习过程比作高考过程，训练则相当于平时的练习。

2. 验证集

为了模型对看不见的数据有好的表现，使用验证数据集评估模型的各项指标，如果评估结果不理想，那么将改变某些用于构建学习模型的参数，最终得到一个满意的训练模型。在验证集上模型执行得很好，也不能说明模型好，通常更希望模型对看不见的数据有好的表现，验证属于建模阶段，线下进行。如果把机器学习过程比作高考过程，验证相当于月考或周考。

3. 测试集

测试数据集是一个在建模阶段没有使用过的数据集。我们希望模型在测试集上有好的表现，即强泛化能力。测试属于模型评估阶段，线上进行。如果把机器学习过程比作高考过程，验证相当于高考。

4. 数据标注

数据标注是数据加工人员对样本数据进行加工的一种行为。通常数据标注的类型包括图像标注、语音标注、文本标注、视频标注等。以图像标注为例，标注的基本形式有标注画框、3D画框、类别标注、图像打点、目标物体轮廓线等。

5. 损失函数

损失函数是用于度量模型质量的函数。假设训练集中一共有 $n$ 个标注数据，第 $i$ 个标注数据记为 $(x_i, y_i)$，其中第 $i$ 个样本数据为 $x_i$，$y_i$ 是 $x_i$ 的标注信息。从训练数据中学习得到的映射函数记为 $f$，$f$ 对 $x_i$ 的预测结果记为 $f(x_i)$。损失函数就是用来计算 $x_i$ 真实值 $y_i$ 与预测值 $f(x_i)$ 之间差值的函数。很显然，在训练过程中希望映射函数在训练数据集上得到"损失"之和最小，即 $\min \sum \mathrm{Loss}(f(x_i), y_i)$。

### 6. 过拟合与欠拟合

对于训练好的模型，若在训练集表现差，在测试集表现同样会很差，这可能是欠拟合导致的。欠拟合是指模型拟合程度不高，数据距离拟合曲线较远（见图11-2），或指模型没有很好地捕捉到数据特征，不能够很好地拟合数据。

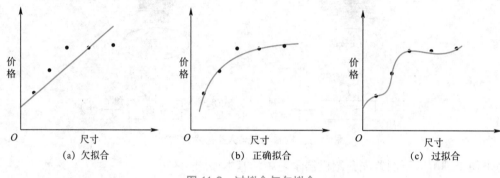

图 11-2    过拟合与欠拟合

若在训练集表现非常好，但在测试集上表现很差，可能是过拟合导致的。过拟合是指为了使学习模型得到一致假设而使假设变得过度复杂。避免过拟合是学习模型设计中的一个核心任务。通常采用增大数据量和测试样本集的方法对分类器性能进行评价。

## 11.2 ||||| 有监督学习

在人工智能应用中使用的多数机器学习算法，都属于有监督学习（supervised learning）。有监督学习所需要的样本数据，需要同时包含样本特征自变量（$x$）和目标变量（$y$），然后使用有监督学习算法训练得到从特征自变量输入到目标变量输出的映射函数：$y=f(x)$。有监督学习根据解决的问题类型不同，可以进一步分为分类和回归。分类：分类问题的目标变量是类别，是离散的值，如"红色"或"白色"，"垃圾邮件"或"非垃圾邮件"；回归：回归问题的目标变量是实数值，如"销量"或"价格"。

### 11.2.1  逻辑回归

在介绍逻辑回归之前需要先简单介绍线性回归，线性回归的主要思想就是通过历史数据拟合出一条直线，用这条直线对新的数据进行预测。线性回归的公式如下：

$$z=w_1x_1+w_2x_2+\cdots+w_nx_n+b=\boldsymbol{w}^{\mathrm{T}}\boldsymbol{x}+b$$

逻辑回归的思想也基于线性回归（逻辑回归属于广义线性回归模型），但它是一种经典的分类模型（不是回归模型）。其公式如下：

$$y'=\sigma(z)=\frac{1}{1+\mathrm{e}^{-z}}=\frac{1}{1+\mathrm{e}^{-(\boldsymbol{w}^{\mathrm{T}}\boldsymbol{x}+b)}}$$

其中，$y'$是 Sigmoid 函数，由此可见，逻辑回归算法是将线性函数的结果映射到了 Sigmoid 函数中。Sigmoid 函数曲线如图 11-3 所示。

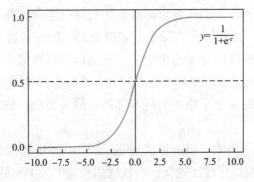

图 11-3  Sigmoid 函数曲线

由 Sigmoid 函数可知，如果 $z$ 非常大，那么 $e^{-z}$ 将会接近于 0，关于 $z$ 的 Sigmoid 函数会非常接近 1。相反地，如果 $z$ 是一个绝对值很大的负数，那么 $e^{-z}$ 这项会是一个很大的数，所以关于 $z$ 的 Sigmoid 函数就接近于 0。这也解释了为什么逻辑回归是经典的分类模型。

使用 Sigmoid 函数有很多优点：

①可以直接对分类可能性进行预测，将 $y$ 视为样本 $x$ 作为正例的概率；

②无须事先假设数据分布，这样就避免了假设分布不准确所带来的问题；

③是任意阶可导的凸函数，可直接应用现有数值优化算法求取最优解。

### 11.2.2  决策树

决策树是机器学习算法中较为基础的一类算法，也是更高级的树类算法的基础。决策树算法是用树的结构来构建分类模型，每个节点代表一个属性，根据属性的划分，进入这个节点的子节点直至叶子节点，每个叶子节点都代表一定的类别，从而达到分类的目的。

这里以某个用于贷款审批的决策树模型为例说明决策树的原理。假设该模型通过年龄、学历、是否拥有房产等特征，对贷款申请人做出批准或拒绝的决策，如图 11-4 所示。输入的申请人特征会按照决策树的结构自上而下进行条件判断，最终分类到某个叶子节点，根据模型对该叶子节点定义的属性来判断是否通过该申请人的贷款。例如，某申请人年龄为 40 岁，但没有房产，若其收入超过 1.5 万元，模型认定可以通过其贷款申请。

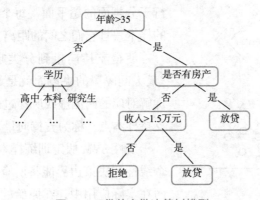

图 11-4  贷款审批决策树模型

决策树具有很好的可解释性，银行可以向被拒绝贷款的客户解释拒绝原因，例如该客户没有房产且收入小于 1.5 万元。因此，在实际中，如果要解决的问题需要模型具备很好的可解释性，可以考虑决策树算法。决策树算法的思想是，先选择训练数据中一个属性对样本集进行分类，然后针对上一次分类后的样本子集重复这个过程。在理想的情况下，经过多层的决策分类，将得到完全纯净的子集，即每一个子集中的样本都属于同一类别，样本集的纯度可以用"信息熵（entropy）"来进行衡量。

信息熵是数学家克劳德·香农（Claude Shannon）于 1948 年提出的概念，代表了一个系统的混乱程度，熵越大，说明数据集纯度越低，当数据集都是同一类别的时候，熵为 0。信息熵的计算公式如下：

$$s = -\sum_{i=1}^{N} (p_i \cdot \log_2 p_i)$$

其中，$p_i$ 为系统在不同状态下的概率，$N$ 为系统共计存在的状态。以掷硬币为例，系统的状态有两种：正面和反面，概率均为 1/2，则按公式计算如下：

$$s = -\sum_{i=1}^{N} (p_i \cdot \log_2 p_i) = -\sum_{i=1}^{2} \left( \frac{1}{2} \cdot \log_2 \frac{1}{2} \right) = 1$$

在决策树算法中，目标就是要划分后的子集中的熵最小，这样后续的递归计算中，就更容易对其进行分类。

### 11.2.3 支持向量机

支持向量机是一类按有监督学方式对数据进行二元分类的广义线性分类器，其决策边界是对学习样本求解的最优分类面。SVM 是 Corinna Cortes 和 Vladimir Vapnik 于 1995 年首先提出的，其在解决小样本、非线性及高维模式识别中表现出许多特有的优势。传统的统计模式识别方法在进行机器学习时，强调经验风险最小化。而单纯的经验风险最小化会产生"过拟合问题"，其泛化力较差。根据统计学习理论，机器学习的实际风险由经验风险值和置信范围值两部分组成。SVM 的基本思想可用图 11-5 来说明。图中实心点和空心点分别代表两类样本，$w \cdot x + b = 0$ 为它们之间的分类面，$w \cdot x + b = 1$ 和 $w \cdot x + b = -1$ 分别为平行于分类面的超平面，每个超平面穿过离分类面最近的样本，且它们之间的距离 $2/\|w\|$ 叫作分类间隔。

使得支持向量到分类超平面的间隔最大化具有"最大间隔"的决策面就是 SVM 要寻找的最优解。最优解对应的两侧虚线所穿过的样本点，就是 SVM 中的支持样本点，称为支持向量。

线性 SVM 假定训练样本是线性可分的，即存在一个线性的决策边界能将所有的训练样本正确分类。然而在实际应用中，在原始的样本空间内也许并不存在这样的决策边界。对于这样的问题，可使用核函数将

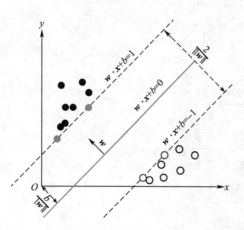

图 11-5　最优分类面示意图

样本从原始空间映射到一个更高维的特征空间，使得样本在映射后的特征空间内线性可分，如图 11-6 所示。样本"+"和"-"在平面坐标系中线性不可分，但当其映射到三维空间中时变得线性可分。

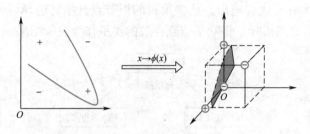

图 11-6　核函数空间映射示意图

## 11.2.4　集成分类

集成分类是将多个分类器集成在一起的技术，该技术通过从训练数据中选择不同的子集来训练不同的分类器，然后使用某种投票方式综合各分类器的输出，最终输出基于所有分类的加权和。最流行的集成分类技术包括 Bagging 算法、随机森林算法和 Boosting 算法。

### 1. Bagging 算法

套袋（Bagging）算法是一种最简单的集成学习方法，如图 11-7 所示。

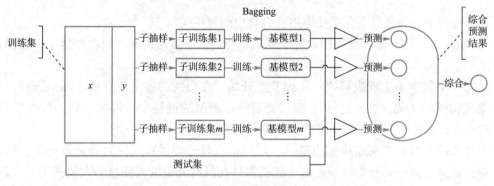

图 11-7　套袋算法

Bagging 算法的具体流程介绍如下：

①对给定数据集进行有放回抽样，产生 $m$ 个新的训练集；

②训练 $m$ 个分类器，每个分类器对应一个新产生的训练集；

③通过 $m$ 个分类器对新的输入进行分类，选择获得"投票"最多的类别，即大多数分类器选择的类别。

Bagging 算法的分类器可以选用 SVM、决策树等，其思想就是将各种分类算法或方法通过一定的方式组合起来，形成一个性能更加强大的分类器。这是一种将弱分类器组装成强分类器的方法。

### 2. 随机森林算法

随机森林算法是当今最流行的套袋集成技术，由许多决策树分类器组成，并利用 Bagging 算法进行训练。如图 11-8 所示，决策树是一种树形结构，每个节点表示一个特征分类测试，且仅能存放一个类别，每个分支代表输出，从决策树的根节点开始，选择树的其中一个分支，并沿着选择的分支一路向下直到树叶，将叶子节点存放的类别作为决策结果。

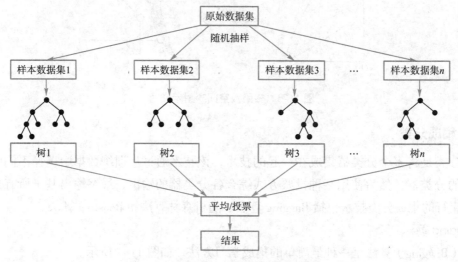

图 11-8　随机森林算法

在训练过程中，通过以下方式获得随机森林中的每棵树：

①与 Bagging 算法一样，对原始训练数据集进行 $n$ 次有放回的采样以获得样本，并构建 $n$ 个决策树。

②使用样本数据集生成决策树：从根节点开始，在后续的各个节点处，随机选择一个由 $m$ 个输入变量构成的子集，在对这 $m$ 个输入变量进行测试的过程中，将样本分为两个单独类别，对每棵树都进行这样的分类，直到该节点的所有训练样本都属于同一类。

③将生成的多棵分类树组成随机森林，用随机森林分类器对新的数据进行分类，通过多棵树分类器投票决定最终的分类结果。由于随机森林在具有大量输入变量的大数据集上表现良好、运行高效，因此近年来它愈加流行，并且经常会成为很多分类问题的首选方法。它训练快速并且可调，同时不必像 SVM 那样调整很多参数，所以在深度学习出现之前一直比较流行。

### 3. Boosting 算法

Boosting 算法是一种框架算法，也是一种重要的集成机器学习技术。它首先会对训练集进行转化后重新训练出分类器，即通过对样本集进行操作获得样本子集，然后用弱分类算法在样本子集上训练生成一系列的分类器，从而对当前分类器不能很好分类的数据点实现更好的分类。主要算法有自适应提升（adaptive boosting，adaBoost）和梯度提升决策树（cradient boosting descision tree，GBDT）。

1995 年，约夫·弗洛因德（Yoav Freund）和罗伯特·沙皮尔（Robert E. Schapire）提出的 AdaBoost 算法，是对 Boosting 算法的一大提升。AdaBoost 算法根据弱学习的结果反馈适当地调整假设的错误率，不但不需要任何关于弱分类器性能的先验知识，而且和 Boosting 算法具有同样的效率，所以在被提出之后得到了广泛的应用。AdaBoost 是一种迭代算法。初始时，所有训练样本的权值都被设为相等，在此样本分布下训练出一个弱分类器。在第 $n$ 次迭代中，样本的权值由第 $n-1$ 次迭代的结果决定。在每次迭代的最后，都有一个调整权值的过程，被分类错误的样本将得到更高的权值，从而使分类错误的样本被突出，得到一个新的样本分布。在新的样本分布下，再次对弱分类器进行训练，得到新的弱分类器。经过 $T$ 次循环，会得到 $T$ 个弱分类器，把这 $T$ 个弱分类器按照一定的权值叠加起来，就可以得到最终的强分类器。Boosting 算法与 Bagging 算法的不同之处在于，Boosting 算法的每个新分类器都是根据之前分类器的表现而进行选择的，而在 Bagging 算法中，在任何阶段对训练集进行重采样都不依赖之前的分类器的表现，这对解决弱分类器的问题非常有用。Boosting 算法的目标是基于弱分类器的输出构建一个强分类器，以提高准确度。Boosting 算法的主要应用领域包括模式识别、计算机视觉等，其可以用于二分类场景，也可以用于多分类场景。

### 11.2.5　多分类学习

前面都是二分类学习，现实应用中常常会遇到多分类学习任务。通常使用将二分类方法推广到多分类，具体策略如下：

①对问题进行拆分，为拆出的每个二分类任务训练一个分类器；

②对每个分类器的预测结果进行集成以获得最终的多分类结果。

本节主要介绍一对一策略和一对其余策略。

1. 一对一策略

如图 11-9 所示，在此策略中，每次从训练集中分别抽取两个不同类别的样本集合，并训练得到一个二分类器。通过两两组合可以得到一系列分类器。当针对未知类别的样本进行分类时，利用每个分类器分别给出相应的分类结果，最后在所有二分类器的结果中选择得票数最多的类别作为该样本的分类。

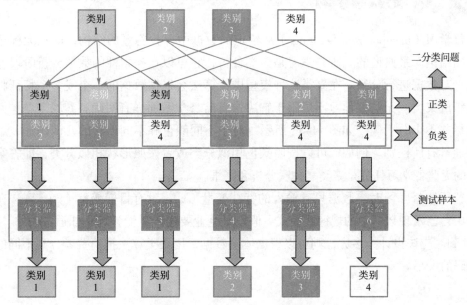

图 11-9　一对一的多分类策略

### 2. 一对其余策略

如图 11-10 所示，在此策略中，针对每一个类别的样本，训练时将该类别视为正类，其他类别视为负类，从而可以训练得到一个二分类器。这样就可以得到和类别数相同的二分类器，当针对未知类别的样本进行分类时，将分类器输出为正类的结果作为该样本的类别。

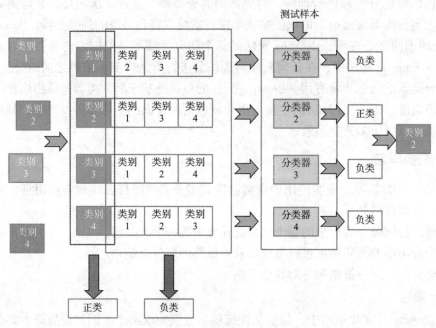

图 11-10　一对其余的多分类策略

## 11.3 ▨▨▨ 无监督学习 ----------------------

无监督学习（unsupervised learning）从给定的数据中寻找隐藏的结构，即从无标记的训练数据中推断结论。最典型的无监督学习是聚类分析，它可以在探索性的数据分析阶段发现隐藏的模式或者对数据进行分组。在聚类这种模型中，算法会根据数据的一个或多个特征将一组特征向量组织成聚类。无监督学习不局限于解决像有监督学习那样有明确答案的问题。因此，它的学习目标并不十分明确。如图 11-11 所示，对于不同颜色和不同形状的几何图形，不同人给出的分类通常有所区别。例如，可以按照颜色相似分类或者按照形状相似分类，即答案并非唯一。常见的无监督学习任务是聚类、关联分析和降维。

在进行无监督学习时，数据只有输入的特征变量（$x$），没有目标变量（$y$）。算法在输入数据的过程中自己发现数据中的规律或模式。假设某企业要生产 T 恤，却不知道 XS、S、M、L 和 XL 的尺寸到底应该设计为多大，则可以根据体测数据，用聚类算法把消费者分到不同的组，从而决定尺码的大小。

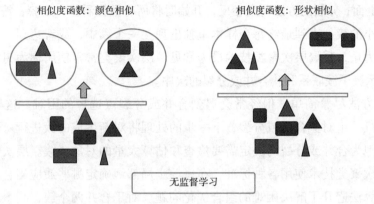

图 11-11 无监督学习示意图

### 11.3.1 K 均值聚类

K 均值聚类（K-means clustering algorithm）是最简单的聚类算法之一，其运用十分广泛。该算法的基本过程如下：

第一步：随机选取 $K$ 个中心点。

第二步：遍历所有数据，将每个数据划分到最近的中心点中。

$$d(x_i, x_j) = \sqrt{(x_{i1}-x_{j1})^2 + (x_{i2}-x_{j2})^2 + \cdots + (x_{im}-x_{jm})^2}$$

$d(x_i, x_j)$ 值越小，表示 $x_i$ 和 $x_j$ 越相似；反之越不相似。

第三步：计算每个聚类的平均值，并作为新的中心点。

$$c_j = \frac{1}{|G_j|} \sum_{x_i \in G_j} x_i$$

第四步：重复第二步、第三步，直到这 $K$ 个中心点不再变化（收敛），或执行了足够多的迭代。

该方法有两个前提：通常要求已知类别数；只适用于连续型变量。K 均值聚类算法操作简单、容易实现，但也存在以下不足：

①需要事先确定聚类数目，很多时候我们并不知道数据应被聚类的数目；

②需要初始化聚类质心，初始化聚类中心对聚类结果有较大的影响；

③算法是迭代执行，时间开销非常大；

④欧氏距离假设数据每个维度之间的重要性是一样的，而有些时候往往每个参与聚类的属性对分类的重要性不同。

### 11.3.2 层次聚类

层次聚类技术是第二类重要的聚类方法。与 K 均值聚类一样，与许多聚类方法相比，这些方法相对较老，但是它们仍然被广泛使用。在这些方法中，采用的是某种标准对给定的数据集进行层次的分解，其结构实际上就是层次树。可以通过两种方法来构造层次树，即自底向上的方法和自顶向下的方法，它们分别又称为凝聚的方法和分裂的方法。凝聚的方法是最初假设所有项属于一个单独的簇，然后寻找最佳配对并合并成一个新簇，聚类的过程从底部开始，最终的结果显示在最上面；分裂的方法与之相反，开始时将所有数据看作一个簇，按照某种标准，将每个簇分裂为更小的簇。直到最终每个样本单独出现在一个簇中，或者达到一个指定的阈值终止条件。到目前为止，凝聚层次聚类技术最为常见。层次聚类常常使用称为树状图的类似树的图显示。该图显示簇子簇联系和簇合并或分裂的次序。

层次聚类的方法尽管简单，但经常会遇到合并或分裂点选择的困难。这样的决定是非常关键的，因为一旦一组对象合并或分裂，下一步的处理将对新生成的簇进行。而且它不具有很好的可伸缩性，因为合并或分裂的决定需要检查和估算大量的对象或簇。层次聚类缺乏全局目标函数，凝聚层次聚类技术使用各种标准，在每一步局部地确定哪些簇应当合并或分裂，这种方法产生的聚类算法避开了解决困难的组合优化问题。对于合并两个簇，凝聚层次聚类算法倾向于做出好的局部决策，因为它们可以使用所有点的逐对相似度信息，然而一旦做出合并两个簇的决策，以后就不能撤销，这种方法阻碍了局部最优标准变成全局最优标准。就计算量和存储需求而言，凝聚层次聚类算法是昂贵的，所有合并都是最终的，对于噪声高维数据（如文档数据），这也可能造成很多问题。先使用其他技术进行聚类，这两个问题在某种程度上都可以加以解决。给定聚类簇 $C_i$ 和 $C_j$，可以通过以下公式计算它们的最小距离、最大距离和平均距离。

$$最小距离：d_{\min}(C_i, C_j)=\min_{x \in C_i, z \in C_j}\text{dist}(x, z)$$

$$最大距离：d_{\max}(C_i, C_j)=\max_{x \in C_i, z \in C_j}\text{dist}(x, z)$$

$$平均距离：d_{\max}(C_i, C_j) = \frac{1}{\|C_i\|\|C_j\|}\sum_{x \in C_i}\sum_{z \in C_j}\text{dist}(x, z)$$

当算法使用最小距离 $d_{\min}(C_i, C_j)$ 衡量簇间距离时，有时称它为最近邻聚类算法。此外，如果当最近的簇之间的距离超过某个任意的阈值时聚类过程就会终止，则称其为单连接算法，当算法使用最大距离 $d_{\max}(C_i, C_j)$ 衡量簇间距离时，有时称它为最远邻聚类算法。此外，如果当最近簇之间的最大距离超过某个任意的阈值时聚类过程就会终止，则称其为全连接算法。层次聚类里有如下几种常见的算法：Chameleon、CURE、ROCK、BIRCH、DIANA 和 AGNES。

## 11.4 半监督学习

在半监督学习（semi-supervised learning）模式中，如图 11-12 所示，输入数据部分被标识，部分没有被标识，这种学习模型可以用来进行预测，但是模型首先需要学习数据的内在结构以便合理地组织数据来进行预测。应用场景包括分类和回归，算法包括一些对常用监督学习算法的延伸，这些算法首先试图对未标识数据进行建模，在此基础上再对标识的数据进行预测，如图论推理算法（graph inference）或者拉普拉斯支持向量机（laplacian SVM）等。本节主要介绍基于图的半监督学习方法。

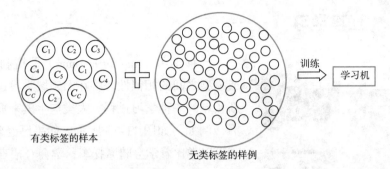

有类标签的样本

无类标签的样例

训练

学习机

图 11-12 半监督学习的数据

### 11.4.1 基于图的半监督学习

给定一个数据集，可将其映射为一个图，数据集中每个样本对应于图中一个节点，若两个样本之间的相似度很高，则对应节点之间存在一条边，边的"强度"（strength）正比于样本之间的相似度。如图 11–13 所示。

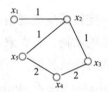

图 11-13 样本之间的相似度图

求解的目标是找到该图的最小割，使得互相链接的点具有相同的标签。

### 11.4.2 寻找最小割

无向图的割：有无向图 $G=(V,E)$，设 $C$ 为图 $G$ 中一些弧的集合，若从 $G$ 中删去 $C$ 中的所有弧能使图 $G$ 不是连通图，称 $C$ 图 $G$ 的一个割。

$S-T$ 割：使得顶点 $S$ 与顶点 $T$ 不再连通的割，称为 $S-T$ 割。

$S-T$ 最小割：包含的弧的权和最小的 $S-T$ 割，称为 $S-T$ 最小割。

全局最小割：包含的弧的权和最小的割，称为全局最小割。

因此，通过算法找到全局最小割就可以将样本点分割为两个不相交的部分，如果此时某个部分中存在已经标注的样本，则将其他所有未标注样本与其归为同类，如图 11–14 所示。

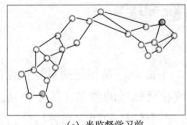
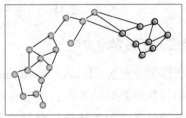

(a) 半监督学习前　　　　　　　　(b) 半监督学习后

图 11-14 基于图的半监督学习算法示例

## 11.5 \\\\ 迁移学习

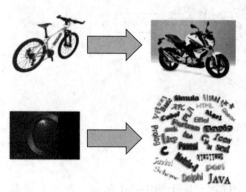

图 11-15　迁移学习示例

迁移学习（transfer learning）是指利用数据、任务或模型之间的相似性，将在旧领域学习过的模型应用于新领域的一种学习过程。人类与生俱来拥有迁移学习能力，例如，如图 11-15 所示，如果已经学会骑自行车，就可以类比着学会骑摩托车；学会 C 语言，理解 Java 语言就会比较容易。这是因为这些活动之间具有很高的相似性，而生活中常说的举一反三就是迁移学习的体现。

目前可将迁移学习方法划分为四类：基于样本的迁移学习方法、基于特征的迁移学习方法和基于模型的迁移学习方法，以及基于关系的迁移学习方法。

### 11.5.1　基于样本的迁移学习方法

基于样本的迁移学习方法是指根据一定权值生成规则，对数据样本进行重用，以实现迁移学习的方法。例如，在源域中存在不同种类的动物，有大象、鳄鱼、猫、狗等，目标域中只有狗这一种类别。在迁移时，为了最大限度地和目标域相似，可以提高源域中狗这一类别的样本权值。

基于实例的迁移学习方法（instance based transfer learning）根据一定的权重生成规则，对数据样本进行重用来进行迁移学习。图 11-16 展示了基于样本迁移方法的思想。源域中存在不同种类的动物，如狗、鸟、猫等，目标域只有狗这一种类别。在迁移学习时，为了最大限度地和目标域相似，可以人为地提高源域中属于狗这个类别的样本权重。

源域（图像）　　　　　　　　　　　　目标域（图像）

图 11-16　基于样本的迁移学习

### 11.5.2　基于特征的迁移学习方法

基于特征的迁移学习方法（feature based transfer learning）是指将通过特征变换的方式互相迁移，来减少源域和目标域之间的差距；或者将源域和目标域的数据特征变换到统一的特征空间中，然后利用传统的机器学习方法进行分类识别。根据特征的同构和异构性，又可以分为同构和异构迁移学习。图 11-17 展示了两种基于特征的迁移学习方法。

 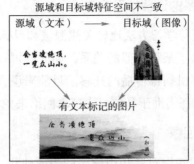

图 11-17　基于特征的迁移学习

基于特征的迁移学习方法是迁移学习领域中最热门的研究方法，这类方法通常假设源域和目标域间有一些交叉的特征。近年来，基于特征的迁移学习方法大多与神经网络进行结合，在神经网络的训练中进行学习特征和模型的迁移。

### 11.5.3　基于模型的迁移学习方法

基于模型的迁移学习方法是指从源域和目标域中找到它们之间的共享的参数信息，以实现迁移的方法。这种迁移方式要求的假设条件是：源域中的数据与目标域中的数据可以共享一些模型的参数。图 11-18 表示了基于模型的迁移学习方法的基本思想。例如，利用大量图像训练好一个图片识别系统，当遇到一个新的图像领域问题时，无须再用几千万个图片进行训练，只把原来训练好的模型迁移到新的领域，并做适当调整即可，这样往往仅需几万张图片就可以得到很高的精度、同时能够降低重新训练的时间代价。

基于模型的迁移学习方法（parameter/model based transfer learning）是指从源域和目标域中找到它们之间共享的参数信息，以实现迁移的方法。

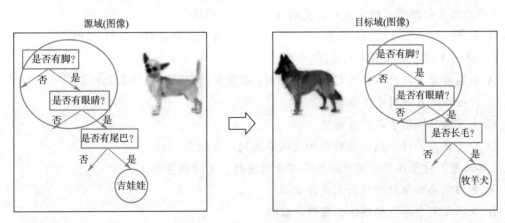

图 11-18　基于模型的迁移学习

目前绝大多数基于模型的迁移学习方法都与深度神经网络进行结合。这些方法对现有的一些神经网络结构进行修改，在网络中加入领域适配层，然后联合进行训练。因此，这些方法也可以看作是基于模型、特征的方法的结合。

### 11.5.4 基于关系的迁移学习方法

基于关系的迁移学习方法比较关注源域和目标域的样本之间的关系。假设两个域是相似的，那么它们之间会共享某种相似的关系，如此就可以把源域中的逻辑关系应用到目标域上，如生物病毒传播到计算机病毒传播的迁移。目前来说，基于关系的迁移学习方法的相关研究工作非常少。一些研究也都借助于马尔可夫逻辑网络来挖掘不同领域之间的关系相似性。

### 11.5.5 负迁移现象

负迁移是指旧知识对新知识学习的阻碍作用，比如学习了三轮车之后对骑自行车的影响，和学习汉语拼音对学英文字母的影响。因此，并非任何情况都适合迁移学习。

迁移学习作为机器学习中的一个重要分支，其应用不限于特定的领域。凡是满足迁移学习问题情景中的应用，均可以采用迁移学习方法，包括计算机视觉、文本分类、行为识别、自然语言处理、舆情监控等。

## 习题

**一、思考题**

1. 什么是机器学习？常见的机器学习方法有哪些？

2. 什么是有监督学习？该方法与无监督学习的区别是什么？

3. 半监督学习中的数据有哪些特征？

4. 试述决策树方法的基本思想。

5. 什么是负迁移？

**二.选择题**

1.（单选题）机器学习的主要目标是解决（　　　）问题。

　　A. 聚类　　　　　　　B. 分类　　　　　　　C. 自动定理证明　　D. 回归

2.（单选题）以下说法正确的是（　　　）。

　　A. 有监督学习与无监督学习的主要区别：有监督学习的训练样本无标签

　　B. 神经网络可以用于多分类问题

　　C. 决策树只能用于二分类问题

　　D. 分类任务的评价指标精确率和准确率是同一个概念

3.（单选题）对于在原空间中线性不可分的问题，支持向量机（　　　）。

　　A. 利用核函数把数据映射到高维空间

　　B. 在原空间中寻找非线性函数划分数据

　　C. 在原空间中寻找线性函数划分数据

　　D. 无法处理

4.（单选题）以下学习策略中，使用的训练数据只有部分存在标签的是（　　　）。

　　A. 无监督学习　　　　B. 有监督学习　　　　C. 半监督学习　　　　D. 以上都是

5.（单选题）给定一定数量的红细胞.白细胞图像以及它们对应的标签，设计出一个红、白细胞分类器，这属于（　　）问题。

　　A.有监督学习　　　　　B.无监督学习　　　　C.半监督学习　　　　D.以上都可以

6.（单选题）一棵决策树上的非叶子节点表示（　　）。

　　A.样本的属性　　　　　B.属性优先级　　　　C.样本的类别　　　　D.属性的取值

7.（单选题）由于 K 均值聚类是一个迭代过程，我们需要设置其迭代终止条件。下面哪句话正确描述了 K 均值聚类的迭代终止条件（　　）。

　　A.已经形成了 K 个聚类集合，或者每个待聚类样本分别归属唯一一个聚类集合

　　B.已经达到了迭代次数上限，或者每个待聚类样本分别归属唯一一个聚类集合

　　C.已经达到了迭代次数上限，或者前后两次迭代中聚类质心基本保持不变

　　D.已经形成了 K 个聚类集合，或者已经达到了迭代次数上限

8.（单选题）下列不属于有监督学习的算法是（　　）。

　　A.逻辑回归　　　　　B.支持向量机　　　　C.K 均值　　　　D.决策树

9.（单选题）在机器学习中，分类（classification）是典型的（　　）方法。

　　A.无监督学习　　　　　B.强化学习　　　　C.信号学习　　　　D.有监督学习

10.（单选题）在机器学习中，聚类（clustering）是典型的（　　）方法。

　　A.强化学习　　　　　B.有监督学习　　　　C.无监督学习　　　　D.信号学习

11.（多选题）关于有监督学习和无监督学习，以下说法正确的是（　　）。

　　A.无监督学习可以生成数据的标注信息(如类标签)

　　B.对于有监督学习任务，输入的数据必须含有类标签（label）

　　C.对于无监督学习任务，输入的数据可以没有类标签

　　D.有监督学习从已标注（含有类标签）数据中训练模型

12.（多选题）关于 K 均值聚类算法，正确的是（　　）。

　　A.算法的初始化阶段需要给定 K 个初始的簇中心

　　B.均值的含义是簇中样本的平均值

　　C.K 表示算法生成的簇的数目，需要用户事先指定

　　D.在 K 均值聚类算法中，每一个簇用一个中心（质心）表示

13.（多选题）为进行分类模型的训练和性能评价，需要将输入的标注数据划分为（　　）和（　　）。

　　A.数据的类标　　　　　B.训练集　　　　C.数据的特征　　　　D.测试集

# 第 12 章

# 人工神经网络

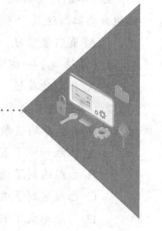

人工神经网络诞生以来，在人工智能领域中占有举足轻重的地位，并在视觉、听觉等感知智能，机器翻译、语音识别等语言智能，以及棋类、游戏等决策类应用中取得了重要成就，促成了人工智能第三次浪潮的到来。

本章将首先探究生物神经元的基本结构，然后介绍经典的神经元数学模型，以及基于该模型构建的单层感知机、多层前馈神经网络及其训练算法，最后介绍卷积神经网络、循环神经网络和生成对抗网络等主流深度神经网络的基本原理和应用场景。

## 12.1 \\\ 生物神经元的结构与功能

目前，大量文献从各种不同的角度解释了生理神经网络是如何工作的。有些从细胞的观点来解释神经元，有些涉及神经传递器（neuro transmitters）和神经突触（synapses）上及其附近的活动细节，还有一些集中研究神经元在处理和传递信息时是如何连接和跟踪传递路径的。此外，还有一些从现代工程观点总结出不同的物体具有不同的传输路线和频率调制的思想。大多数想了解和复制神经网络功能的研究人员，在浩瀚的文献中，只能把注意力集中到神经元的少数几个特性上。

大多数神经元由一个细胞体（cell body 或 soma）和突（process）两部分组成。突分两类，即轴突（axon）和树突（dendrite），如图 12-1 所示。轴突是个突出部分，长度可达 1 m，把本神经元的输出发送至其他相连接的神经元。树突也是突出部分，但一般较短，且分支很多，与其他神经元的轴突相连，以接收来自其他神经元的生物信号。

轴突和树突共同作用，实现了神经元间的信息传递。轴突的末端与树突进行信号传递的部分称为突触（synapse），通过突触向其他神经元发送信息。对某些突触的刺激促使神经元触发，即处于兴奋状态。只有神经元所有输入的总效应达到阈值电平，它才能开始工作。无论什么时候达到阈值电平，神经元就产生一个全强度的输出窄脉冲，从细胞体经轴突进入轴突分支。这时的神经元就称为被触发。反之，如果未达到阈值电平，则不会产生输出，即不会向后面的神经元传递信息，此时神经元处于抑制状态。

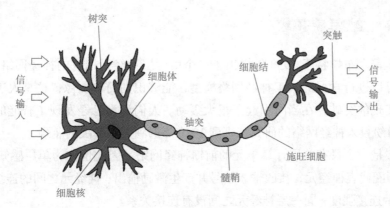

图 12-1　生物神经元的结构

脑神经生理学研究结果表明，每个人脑大约含有 1 011~1 012 个神经元，每一个神经元又约有 1 000~10 000 个突触。神经元通过突触形成的网络，传递神经元间的兴奋与抑制。大脑的全部神经元构成极其复杂的拓扑网络群体，用于实现记忆与思维。

## 12.2　神经元的数学模型

人工神经网络主要从以下两个方面模拟大脑：

①人工神经网络取得的知识是从外界环境中学习得来的；

②内部神经元的连接强度，用于存储获取的知识。

1943 年，美国心理学家麦卡洛克和皮茨提出的 M-P 模型如图 12–2 所示。

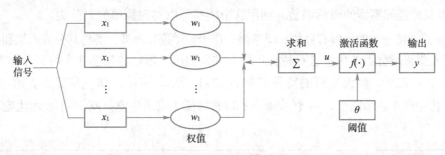

图 12-2　M-P 模型

M-P 模型仿照生物神经元接收多个输入信号，并在一定的阈值作用下产生输出信号。该模型与生物神经元的区别在于，模型中添加了权值，用于模拟神经元中的兴奋和抑制作用，所有输入信号在权值下累加求和。

在 M-P 模型中，第 $i$ 个神经元的输入信号 $x_i$ 进入神经元后，与权值 $w_i$ 相乘，所有的输入信号经加权求和后得到信号 $u$。$f$ 是一个激活函数，用于表达神经元的非线性，决定了神经元的信号输出。神经元是否被激活，取决于 $u$ 是否超过某一阈值 $\theta$。当激活函数是一个阶跃函数时，当 $u$ 超过阈值，则会产生一个值为 1 的输出信号，表示神经元被激活；否则输出一个 0，表示神经元处于抑制状态。除了阶跃函数，激活函数也可以是其他形式，例如，Sigmoid 函数或者 Relu 函数等。

## 12.3 \\\ 单层感知机

计算机科学家森布拉特于 1958 年提出了一个由两层神经元构成的神经网络，称作感知机。感知机是首个可以进行学习的人工神经网络模型，能够识别简单图像，这是人工神经网络从理论探讨到工程实现的突破，在当时引起了很大轰动。人们认为已经发现了智能的奥秘，许多学者和科研机构纷纷投入神经网络的研究，直到 1969 年遇到无法解决的瓶颈。

感知机模型是一个只有单层计算单元的前馈神经网络，因此也称为单层感知机，如图 12-3 所示。图中，圆圈代表神经元，接收输入信号并产生激励输出；神经元之间的连线表示它们之间的联系，$w_{ij}$ 表示连接强度；同一层神经元之间没有连接关系。

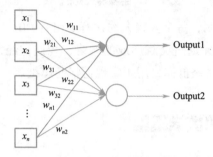

图 12-3 感知机网络

单层感知机的网络结构可以用下式表达：

$$y = g\left[\sum w_{ij}x_i\right]$$

式中，$y \in \{y_1, y_2\}$ 表示单层感知机的输出信号，$x_i$ 和 $w_{ij}$ 分别代表单层感知机的输入和权值，$g(\cdot)$ 函数类似神经元模型的激活函数。利用这个模型可以实现简单的二分类。

例 12.1 假设待分类的生鲜有豆角、绿苹果、茄子、洋葱和西瓜，要将其分成水果和蔬菜两类。

解：首先要将待分类的生鲜进行特征提取，并将颜色、形状和口感 3 个特征量作为输入，分别用 $x_1$、$x_2$ 和 $x_3$ 表示，假设生鲜的特征值如表 12-1 所示。表中，颜色特征 1 表示绿色，-1 表示紫色；形状特征 1 表示圆形，-1 代表条形；口感特征 1 表示生吃好吃，-1 表示生吃不好吃。

表 12-1 特征值定义

| 生鲜 | 特征 | | |
| --- | --- | --- | --- |
| | 颜色 $x_1$ | 形状 $x_2$ | 口感 $x_3$ |
| 豆角 | 1 | -1 | -1 |
| 绿苹果 | 1 | 1 | 1 |
| 茄子 | -1 | -1 | -1 |
| 洋葱 | -1 | 1 | -1 |
| 西瓜 | 1 | 1 | 1 |

其次，定义单层感知机的输出 $y_1=1$ 表示水果，$y_2=-1$ 代表蔬菜，假设权值 $w_1=w_2=w_3=1$，功能函数选择用 sign 函数 $g(x)=\begin{cases}1, & x \geq 0 \\ -1, & x < 0\end{cases}$，则利用单层感知机的公式计算分类结果如下：

豆角：$y=g[1 \times 1+1 \times (-1) +1 \times (-1)]=g(-1)=-1=y_2$

绿苹果：$y=g(1 \times +1 \times 1+1 \times 1)=g(3)=1=y_1$

茄子：$y=g[1 \times (-1)+1 \times (-1)+1(-1)]=g(-3)=-1=y_2$

同理，洋葱：$y=y_2$，西瓜：$y=y_1$。

实验结果表明，图中的单层感知机能够对表中的生鲜进行准确的分类。

注意，上述分类结果都是基于预设权值 $w_1=w_2=w_3=1$ 的前提实现，如果调整权值，则会出现另外的分类结果。因此，要想实现正确分类，关键是要选择或找到合适的权值。实际应用中，很难直接根据经验给出正确的权值，此时就需要利用一些方法或算法找到最好的 $w$，这个过程就叫作学习，也称作训练。不管对于传统的神经网络或者深度神经网络，核心任务就是找到合适的权值，一旦找到，神经网络就可以像上述例子一样实现正确分类。

单层感知机的训练过程，就是调整权值 $w$ 的过程。首先，把权值初始化为较小的、非零的随机数，然后把有 $n$ 个权值的输入送入网络，经过加权求和运算和激活函数处理后，如果得到的输出与所期望的输出有较大差别，就按照某种学习规则自动调整权值参数，算法持续循环，直到所得的输出与期望输出之间的差别达到要求为止。

由上面的过程可知，人工神经网络的主要工作是确定网络模型和权值，通常该学习过程需要一组输入数据和输出数据，称作样本。单层感知机是一个线性分类器，能够解决线性分类问题，但对于非线性分类问题，如经典的异或问题，则无能为力。为此，又出现了多层感知机，也就是传统的人工神经网络。

异或问题：1969 年，明斯基在著作《感知机》中指出感知机的重大限制——无法解决异或问题。异或问题的样本见表 12-2，图 12-4 对应其感知机求解，可以看出这个感知机无法找到一条直线将两类样本点完全分开，即无法解决异或问题。

表 12-2　异或问题样本

| $x_1$ | $x_2$ | $y$ |
| --- | --- | --- |
| 0 | 0 | 0 |
| 0 | 1 | 1 |
| 1 | 0 | 1 |
| 1 | 1 | 0 |

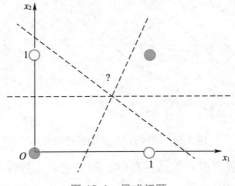

图 12-4　异或问题

## 12.4 /// 多层前馈神经网络 ----------------------------

在单层感知机的输入层和输出层之间加入一层或多层处理单元，就构成了多层感知机。单层感知机不能表达的问题被称为线性不可分问题。多层感知机模型只允许某一层的权值可调，这是因为无法知道网络隐藏层的神经元的理想输出，所以难以给出一个有效的多层感知机的学习算法。多层感知机克服了单层感知机的许多缺点，并解决了原来的一些单层感知机无法解决的问题。

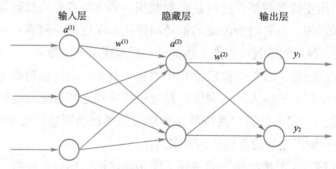

图 12-5　多层感知机

图 12-5 所示的这种多层感知机具有非常好的非线性分类效果，其计算公式如下：

$$a^{(2)}=g(w^{(1)} \times a^{(1)})$$

$y(y_1, y_2)$ 代表多层感知机的输出信号；$a^{(1)}$ 和 $a^{(2)}$ 分别代表多层感知机的第 1 层和第 2 层的输入信号，同时 $a^{(2)}$ 也是第 1 层网络的输出信号；$w^{(1)}$ 和 $w^{(2)}$ 分别代表多层感知机的第 1 层和第 2 层的权值。单层感知机只是将输入信号进行了加权处理，为了更好地拟合"信号超过阈值电位则信号输出的神经元特性"，以及更容易地处理数据，很多时候偏置（bias）节点在模型中是必不可少的。带偏置节点的多层感知机结构如图 12-6 所示。

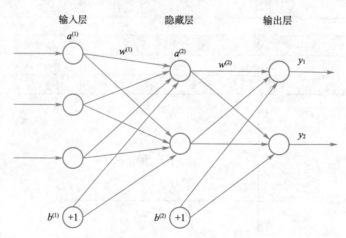

图 12-6　带偏置节点的多层感知机

在人工神经网络中，偏置节点是默认存在的，而且它非常特殊（没有输入）。加入偏置节点后的计算公式如下：

$$a^{(2)} = g(w^{(1)} \times a^{(1)} + b^{(1)})$$
$$y = g(w^{(2)} \times a^{(2)} + b^{(2)})$$

式中 $b^{(1)}$ 和 $b^{(2)}$ 分别表示多层感知机的输入层和隐藏层的偏置。

单层感知机具有局限性的典型实例是它无法学习异或函数。带有隐藏层的多层感知机（即多层人工神经网络）通过矩阵和向量相乘（本质上是做了次线性变换），可使原来线性不可分的问题变为线性可分问题。这种带有隐藏层的神经网络为更复杂的算法、网络拓扑学、深度学习奠定了基础。

## 12.5　误差反向传播算法

图 12-7 中是仅有一个隐藏层的人工神经网络，如果增加隐藏层的数量，就可以构成具有多个隐藏层的人工神经网络，这类神经网络的训练需要强大的算法。反向传播（back propagation，BP）算法是迄今为止应用最广泛、最成功的神经网络学习算法。

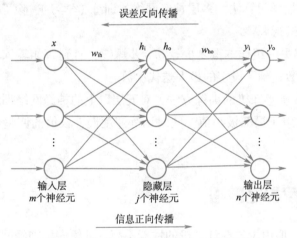

图 12-7　包含一个隐藏层的人工神经网络

BP 算法相对于感知机的简单学习规则有了很大改进，其通用学习规则的本质就是梯度下降，即找到一个函数的局部极小值。梯度下降法是一个一阶最优化算法，要找到一个函数的局部极小值，就必须在函数上当前点对应梯度的反方向以规定步长进行迭代搜索。

一般来说，当人工神经网络的结构确定之后，就可以利用算法进行训练，训练的目的是找到一组最合适的权值和偏置。基本过程如下：

①选择激活函数。激励函数 $f(\cdot)$ 选用 Sigmoid 函数，因为是采用梯度下降法求导的，所以要求函数连续可导，而 sign 函数和阶跃函数是不连续的，因此不可导。Sigmoid 函数曲线平滑连续可导，因此可以使 BP 算法的公式推导获得简化的表达。

$$\frac{\partial f(x)}{\partial x} = f(x)(1 - f(x))$$

②初始化权重和偏置。在实际中，对于 $m$ 层神经网络，可以对所有连接权重和偏置赋以随

机任意小值：

$$w_{ij}^k(t), \theta_i^k(t), (k=1, \cdots, m; i=1, \cdots, p_k; j=1, \cdots, p_{k-1}; t=0)$$

③从 $N$ 组输入输出样本中取一组样本：特征 $\boldsymbol{x}=(x_1, x_2, \cdots, x_{p1})^T$，标签 $\boldsymbol{y}=(y_1, y_2, \cdots, y_{p1})^T$，把输入信息 $\boldsymbol{x}=(x_1, x_2, \cdots, x_{p1})^T$ 输入到 BP 网络中。

④正向传播：计算各层节点的输出 $y_i^k(i=1, \cdots, p_k; k=1, \cdots, m)$，并计算网络的实际输出 $y_i$ 与期望输出 $y_i^m$ 的误差：$y_i-y_i^m(i=1, \cdots, p_m)$。

⑤反向传播：从输出层方向计算到第一个隐层，按连接权值修正公式向减小误差方向调整网络的各个连接权值：

权值的变化量：$\Delta w_{ij}^{k-1}=-\varepsilon d_i^k y_j^{k-1}$

输出层权值调整：$d_i^m=y_i^m(1-y_i^m)(y_i^m-y_i)$

隐藏层权值调整：$d_i^k=y_i^k(1-y_i^k)\sum_i d_i^{k+1} w_{li}^k$ $(k=2, 3, \cdots, m-1)$

上式中，$\varepsilon$ 为控制权值调整速度的常数，又称为学习率，一般小于 0.5。从以上公式可以看出，求第 $k$ 层的误差信号 $d_i^k$，需要下一层的 $d_i^{k+1}$，因此，误差的传递是由输出层反向传播的递归过程，因此称作反向传播学习算法。多层神经网络的训练（学习），除了权值的参数调整，偏置参数也可利用上述方法进行调整。

⑥让 $t+1 \rightarrow t$，取出另一组样本重复步骤③～步骤⑤，直到 $N$ 组输入输出样本的误差达到要求时为止，或者迭代次数达到了设定的最大迭代次数。

BP 算法作为传统多层感知机的训练方法，对五层以上的神经网络训练效果不够理想，很容易在训练网络参数时收敛于局部极小值，同时训练速度慢，权值的调整会随着反向传播层数的增加而逐渐削弱。

## 12.6 \\\\ 深度神经网络

尽管有了 BP 算法，但由于早期计算机的性能不高，训练多层神经网络的效率并不高，导致该方法的应用十分有限，其发展过程也颇为曲折。以辛顿、杨乐昆为代表的学者一直在坚持研究深层次的神经网络。由于进入 21 世纪以来，计算机的性能取得了显著提升，云计算和大数据为神经网络的训练和应用提供了丰富的基础。所谓的深度神经网络通常是指隐藏层超过五层的多层传统神经网络，层数可达到成百上千层。

深度学习与人工智能、机器学习的关系如图 12-8 所示。人工智能是一个大的概念，让机器像人一样思考甚至超越人类。

机器学习是实现人工智能的一种方法，代表人工智能的学习能力。最基本的做法是使用算法来解析数据、从中学习，然后对真实世界中的事件做出决策和预测。与传统的为解决特定任务、硬编码的软件程序不同，机器学习是用大量的数据来"训练"，通过各种算法从数据中学习如何完成任务。

深度学习是机器学习的一种实现方式，通过模拟人神经网络的方式来训练网络。

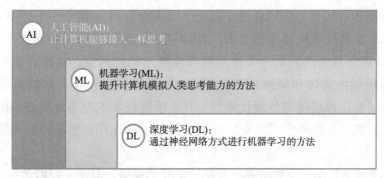

图 12-8 深度学习与人工智能、机器学习之间的关系

综上所述，深度学习和传统机器学习相比，有以下三个优点：

①高效性。例如，用传统算法去评估一个棋局的优劣，可能需要专业的棋手花大量的时间去研究影响棋局的每一个因素，而且还不一定准确；而利用深度学习技术只要设计好网络框架，就不需要考虑烦琐的特征提取过程。

②可塑性。在利用传统算法去解决一个问题时，调整模型的代价可能是把代码重新写一遍，这使得改进的成本巨大；而深度学习只需要调整参数，就能改变模型，这使得它具有很强的灵活性和成长性，程序可以持续改进，然后达到接近完美的程度。

③普适性。神经网络是通过学习来解决问题，可以根据问题自动建立模型，所以能够适用于各种问题，而不是局限于某个固定的问题。经过多年的发展，深度学习理论中包含了许多不同的深度网络模型，如经典的深层神经网络（deep neural network，DNN）、深层置信网络（deep belief networks，DBN）、卷积神经网络（convolutional neural network，CNN）、深层玻尔兹曼机（deep boltzmann machines，DBM）、循环神经网络（recurrent neural network，RNN）等，都属于人工神经网络。不同结构的网络适用于处理不同的数据类型，如卷积神经网络适用于图像处理、循环神经网络适用于语音识别等。同时，这些网络还有一些不同的变种。

## 12.6.1 卷积神经网络

过去十几年，深度学习在图像识别、图像目标检测、语音识别和自然语言处理等方面取得了举世瞩目的成就。作为深度学习的关键技术之一，卷积神经网络得到了最深入的研究。早期由于缺乏训练数据和计算能力，在不产生过拟合的情况下是很难训练出高性能卷积神经网络的。ImageNet 这样的大规模标记数据的出现和 GPU 计算性能的快速提高，使得卷积神经网络出现井喷式发展，并迅速应用在工业、商业、农业、航天等领域。本节将介绍卷积神经网络的起源、发展以及应用。

卷积神经网络严格来说是一种特殊的多层感知机或者前馈神经网络，其发展大致经历了三个阶段：理论阶段、实现阶段以及大范围研究与应用阶段。大卫·休伯尔（David Hunter Hubel）等人通过研究发现猫的大脑皮层中的局部感知神经元结构十分特殊，在进行信号传递时具有局部敏感和方向选择的特性。基于这一发现，休伯尔等人提出"感受野"的概念，认为生物获取视觉信息是经过多个层次的"感受野"从视网膜逐层传递到大脑的。福岛邦彦（Kunihiko

Fukushima）等人基于"感受野"的概念，提出了第一个卷积神经网络模型——神经认知机模型（neocogniron），首次成功地将"感受野"应用到人工神经网络。神经认知机由 Simple cell 层和 Complex cell 层交替组成，是一个多层局部连接的神经网络。在模式识别中，神经认知机可以克服目标轻微的旋转和伸缩。20 世纪末，杨乐昆提出权重共享技术卷积层和下采样层相结合，组成了卷积神经网络的现代雏形，并在手写数字识别等规模较小的数据集上取得了优异的成绩，实现了卷积神经网络在人类生活中的首次应用，卷积神经网络取得了巨大的发展。

虽然卷积神经网络在小规模数据集上取得了优异的成绩，但在大规模数据集上卷积神经网络的识别效果并不理想。为了提高卷积神经网络的性能，研究人员从两个方面来改变网络结构。

一方面是使用浅层网络，增加隐藏层神经元的数量。单隐层定理表明，只要单隐层感知机包含的隐藏层神经元足够多，就能够在闭区间上以任意精度逼近任何一个多变量连续函数叫。但是，这种方法往往会因为节点足够多而难以得到应用。另一方面就是增加网络的层数。但是，随着网络层数的增加，反向传播误差会出现指数增长或衰减，从而产生梯度爆炸和梯度消失等问题。因此，卷积神经网络陷入了瓶颈，再加上当时支持向量机的优良性能，使得卷积神经网络逐渐淡出了人们的视线。至此，卷积神经网络的研究和发展陷入了低谷。

随着大数据时代的到来，以及各种高性能硬件的出现，卷积神经网络又焕发了新的活力，实用了爆炸性的发展。2006 年，辛顿的研究表明：深层神经网络的特征学习能力十分强大，而深层网络训练困难的问题可以通过"逐层预训练"的方法克服。这一研究的发表重新点燃了人们对卷积神经网络的研究热情。2012 年，克里泽夫斯基等人以 AlexNet 模型在 ImageNet 大规模数据库的识别中取得了非常优异的分类效果，在卷积神经网络的大规模数据识别应用方面取得突破。这使卷积神经网络再次成为学术界和工业界的焦点，成为深度学习发展史上最重要的拐点。随后，SPPNet、VGGNet、ResNet、R-CNN、SSD、YOLO、DCGAN 等一系列卷积神经网络模型相继出现，不断刷新卷积神经网络的学习能力与判断能力。

卷积神经网络的核心思想是通过深层网络对图像的低级特征进行提取，随着网络层数的加深，将低级特征不断地向高级特征映射，在最后的高级映射特征中完成分类识别任务。例如，如图 12-9 所示，在浅层学到的特征是简单的边缘，线条、纹理和形状等，在深层学到的特征则更为复杂和抽象，如狗、猫、人脸等。卷积神经网络是由用于特征提取的卷积层和用于特征处理的下采样层（池化层）交叠组成的多层神经网络，它是一个层次模型，主要特点在于卷积层的特征是由前一层的局部特征通过卷积共享的权重得到的。在卷积神经网络中，输入图像通过多个卷积层和池化层进行特征提取，逐步由低层特征变为高层特征；高层特征再经过全连接层和输出层进行特征分类，产生一维向量，表示当前输入图像的类别。因此，根据每层的功能，卷积神经网络可以分为两个部分：由输入层、卷积层和池化层构成的特征提取器和由全连接层和输出层构成的分类器。

卷积神经网络的典型结构如图 12-10 所示。

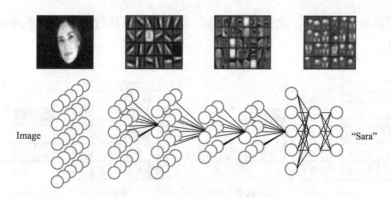

图 12-9　卷积神经网络学习原理

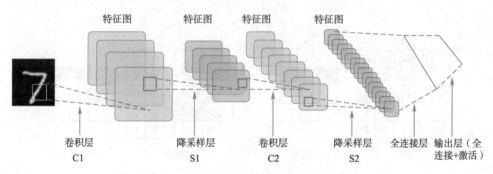

图 12-10　卷积神经网络的典型结构

### 1. 卷积操作

卷积层的作用是运用卷积操作提取特征，卷积层越多，特征的表达能力越强。特征图也可称为卷积特征图或卷积图，特征图是通过对输入图像进行卷积计算和激活函数计算得到的。卷积过程是指用一个大小固定的卷积核按照一定步长扫描输入矩阵进行点积运算。卷积核（convolution kernel），也称过滤器（filter），其元素可以是任意实数，用于提取图像特征。对于图12-11 的输入数据和卷积核，图 12-12 给出了矩阵卷积运算的过程。特征图的深度等于当前层设定的卷积核的个数。

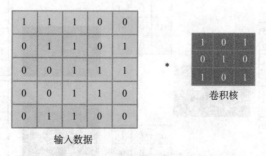

图 12-11　输入数据与卷积核示例

当利用 CNN 处理图像时，图像经预处理之后，会被送入 CNN 中，由卷积层对其进行卷积操作。用一个相同的"卷积核"去卷积整幅图像，相当于对图像做一个全图滤波；先从图像的一个局部区域学习信息，再扩展到图像的其他地方去。一个卷积核对应的特征如果是边缘，那么用该卷积核对图像做全图滤波，就是将图像各个位置的边缘都过滤出来。不同的特征靠多个不同的卷积核实现。

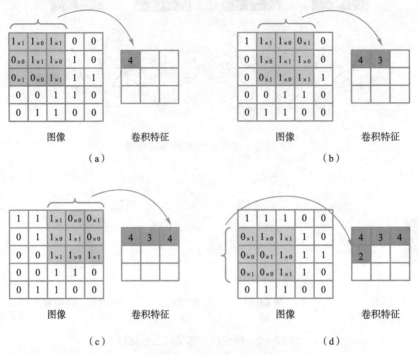

图 12-12　卷积运算过程

图 12-13 给出了使用不同卷积核提取图像中边缘的过程，实际中卷积核都是由图像处理专家根据不同的图像特点设计出来的，例如，常用的 Sobel 算子。图 12-14 给出了该卷积核提取图像轮廓的效果。深度神经网络的强大之处在于其能够自动学习卷积核，从而更好地体现图像特征，如图 12-15 所示。

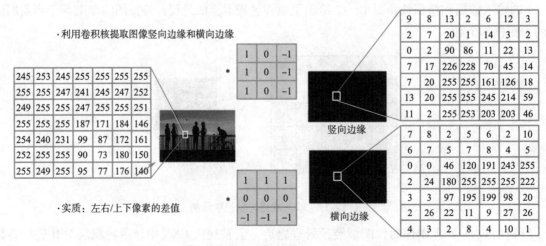

图 12-13　利用不同卷积核提取图像的横向边缘和竖向边缘

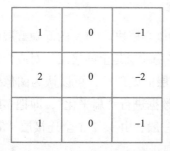

Sobel卷积核

Sobel算子对图像卷积：

将图像的边缘信息凸显出来

图 12-14　Sobel 卷积核提取轮廓效果

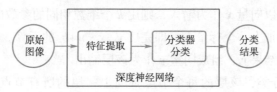

图 12-15　深度神经网络自动提取特征

### 2. 池化操作

池化层一般在卷积层后，通过池化可以降低卷积层输出的特征向量维数。池化过程可以最大程度地降低图像的分辨率与处理维度，但同时它又可以保留图像的有效信息，降低后面卷积层处理的复杂度，从而大大降低网络对图像旋转和平移的敏感性。一般采用的池化方法有两种：平均池化（mean pooling）和最大池化（max pooling）。平均池化是指对图像目标局部区域的平均值进行计算，并将其作为池化后该区域的值。最大池化则是选取图像目标区域的最大值，并将其作为池化后的值。图 12-16 所示为最大池化的示意图。图中上边的部分为从特征图输出的隐藏层神经元，从上图到下图的过程就是最大池化的过程，下图池化后的每个神经元概括了前一层的一个 $2 \times 2$ 的区域，取这个区域里像素的最大值。假设移动步长为 2，则池化后的结果也是一个 $2 \times 2$ 的图。

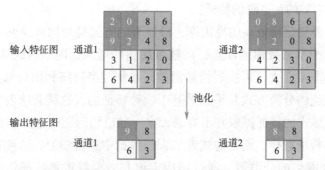

图 12-16　最大池化示意图

通过池化可以把图像上不同位置的特征整合在一起，因为图像是静态的，所以一个图像的某一块区域中有意义的特征很可能在另一块区域中也同样有意义。经过池化处理后，图像特征的维度会变低，从而更容易分类，而且不易过拟合。

### 3. 全连接层与归一化指数层

CNN 隐藏层的卷积层和池化层是实现 CNN 特征提取功能的核心模块。CNN 的低隐藏层由卷积层和最大池化层交替组成，多个卷积层和池化层反复堆叠；高隐藏层是全连接层，对应传统多层感知机的隐藏层和逻辑回归分类器。经过多轮卷积层和池化层的处理后，可以认为图像中的信息已经被抽象成了信息含量更高的特征。CNN 会先将多维的数据进行"扁平化"，即把多维的数据压缩成一维数组，然后再使其与全连接层连接。在 CNN 中一般会由 1~2 个全连接层（fully-connected layer）来给出最后的分类结果。

全连接层：层间所有神经元之间都有权重连接，用于对由特征图转换的特征向量进行变换，通常位于深度神经网络尾。

①如果一个全连接层以向量 $x$ 作为输入，则用 $k$ 个维数相同的参数向量 $w$ 与 $x$ 做内积运算。

②然后，对每个结果加上一个标量 $b_k$，即完成 $y_k = x \cdot w + b_k$ 的运算。

③最后，将 $k$ 个标量结果 $y_k$，组成向量 $y$ 作为该层输出。

全连接层的作用是分类，该层的每个节点都与上一层的所有节点相连，用于把前边提取到的特征综合起来。由于其全相连的特性，因此全连接层的参数通常也是最多的。全连接层可以整合卷积层或者池化层中具有类别区分性的局部信息。第一个全连接层的输入是由卷积层和子采样层进行特征提取得到的特征图，最后一层输出层是一个分类器，可以采用逻辑回归、Softmax 回归甚至是支持向量机对输入图像进行分类。

归一化指数层（softmax layer）：完成多类线性分类器中的归一化指数函数的计算对于输入向量 $x = (x_1, x_2, \cdots, x_n)$，计算 $n$ 个标量值 $y_k = e^{x_k}/(e^{x_1} + e^{x_2} + \cdots + e^{x_n})$，并将它们拼接成向量 $y = (y_1, y_2, \cdots, y_n)$ 作为输出。归一化指数层通常是最后一层，以一个长度与类别个数相等的特征向量作为输入，然后输出图像属于各个类别的概率。

### 4. 卷积神经网络的特点

卷积神经网络的主要特性是通过局部感受野、权值共享以及时间或空间下采样等思想减少网络中自由参数的个数，从而获得某种程度的位移、尺度、形变不变性，通过预处理从原始数据中学习到抽象的、本质的和高阶的特征。

在深度学习中，要想获得更高的准确率，最显著的方式是增加神经网络的层数，而全连接的前馈神经网络有一个非常致命的缺点，即随着层数的增加，网络内的神经元个数将会激增，这将导致计算量变得非常庞大，可扩展性非常差。卷积神经网络利用局部连接和权重共享成功解决了这个问题。主流的分类方式几乎都是基于统计特征的，这就意味着在进行分类前必须提取某些特征。然而，显式的特征提取并不容易，在一些应用问题中也并非总是可靠的。卷积神经网络避免了显式的特征取样，而是隐式地从训练数据中进行学习，这使得卷积神经网络明显有别于其他基于神经网络的分类器，通过结构重组和减少权重将特征提取功能融合进多层感知机。

卷积神经网络的特征检测层通过训练数据进行学习，由于同一特征映射面上的神经元权值相同，所以网络可以并行学习，这是卷积神经网络相对于全连接网络的一大优势。卷积神经网络以其局部权值共享的特殊结构在语音识别和图像处理方面有着独特的优越性，其布局更接近于实际的生物神经网络，权值共享降低了网络的复杂性，特别是多维输入向量的图像可以直接输入网络，从而避免了特征提取和分类过程中数据重建的复杂度。

（1）权值共享

权值共享是 CNN 的重要思想之一。通过感受野和权值共享可以减少神经网络需要训练的参数的个数。如图 12-17 所示，输入层读入经过规则化的图像，在神经网络的全连接中，一幅 1 000 像素 × 1 000 像素的图像可以被看作一个 1 000×1 000 的方阵排列的神经元，每个像素对应 1 个神经元；局部连接则将图像的一组小的局部近邻的神经元作为输入，即局部感受野。

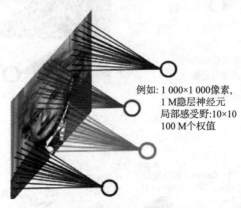

例如：1 000×1 000像素，
1 M隐层神经元，
局部感受野:10×10
100 M个权值

图 12-17 权值共享

图像的空间联系中局部的像素联系比较紧密，而距离较远的像素相关性则较弱。因此，每个神经元其实只需对局部区域进行感知，而不需要对全局图像进行感知。尽管采用局部连接减少了大部分的参数，但是参数仍然很大，为了进一步减少参数量，可以使用权值共享的方法。具体做法就是使与图像进行局部连接的所有神经元使用同一组参数。

（2）稀疏连接

CNN 的神经元之间的连接模式类似于视觉皮层组织，个体皮层神经元仅在被称为感受野的视野受限区域中对刺激做出反应。不同神经元的感受野会部分重叠，从而实现覆盖整个视野。传统人工神经网络通常在各层之间采用全连接，全连接的形式如图 12-18（a）所示，连接层中的每个节点都与上一层的所有节点相连；图 12-18（b）所示则是一种稀疏连接，连接层中的每个节点仅与上一层的部分节点相连。全连接会造成权值参数的冗余，而 CNN 采用稀疏连接的网络形式，可以很大程度上降低权值参数的规模，使网络模型更加容易被训练。稀疏连接也因此成为了 CNN 的一种重要思想。

这里要强调的是，CNN 本身并不等价于深度学习，它首先是一种人工神经网络，也是深度神经网络的重要方法之一，当被用于机器学习领域时才成为一种深度学习方法。

5. 经典的 LeNet-5 模型

1998 年，杨乐昆提出了一种基于 CNN 的模型，即 LeNet-5 模型，用在邮局中识别手写体数字，这是早期最具代表性的神经网络模型之一。虽然 LeNet-5 模型的规模较小，但它包含了卷积层、池化层、全连接层等，这些都是之后构建深度神经网络的基本组件。LeNet-5 模型如图 12-19 所示，其采用了 7 层网络结构（不含输入层），由 C1 和 C3 两个卷积层、S2 和 S4 两个池化层、C5 和 F6 两个全连接层以及一个输出层构成，输入为一张 32×32 大小的灰度图像。

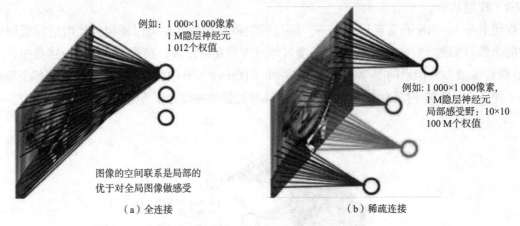

例如：1 000×1 000像素
1 M隐层神经元
1 012个权值

例如：1 000×1 000像素，
1 M隐层神经元
局部感受野：10×10
100 M个权值

图像的空间联系是局部的
优于对全局图像做感受

（a）全连接　　　　　　　　　　　　　　（b）稀疏连接

图 12-18　全连接与稀疏连接

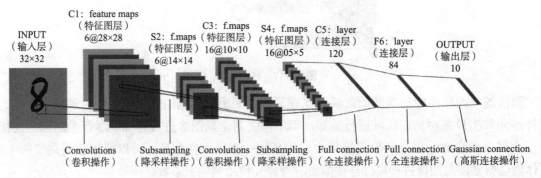

图 12-19　LeNet-5 模型结构

C1 层用了 6 个 5×5 大小的滤波器，步长为 1，C1 卷积后得到 6 个 28×28 大小的特征图，特征图中每个神经元与输入中 5×5 的邻域相连；S2 层使用 2×2 大小的过滤器，步长为 2，平均池化后得到 6 个 14×14 大小的特征图；C5 层和 F6 层分别有 120 个和 84 个特征图，在输出层中进行分类，分为了 10 类（数字 0~9 的概率），每类由 1 个神经元输出，每个神经元连接着来自 F6 层的 84 个输入。随着网络越来越深，图像的宽度和高度越来越小。值得注意的是，由于 C5 层用了 5×5 大小的滤波器，与 S4 层特征图的大小一样，因此 C5 卷积后的特征图为 1×1 大小，这构成了 S4 层和 C5 层之间的全连接，所以仍将 C5 层标识为卷积层而非全连接层。

图 12-20 所示是 LeNet-5 模型的数字识别效果，使用包含 60 000 个手写数字的原始数据集测试模型，所得测试错误率为 0.95%，如图 12-20（a）所示；在原始数据集的基础上，加入 540 000 个经人为变形的数字构成的新的数据集，对模型进行测试，得到的测试错误率为 0.80%，如图 12-20（b）。有研究表明，随着训练样本规模的增大，深度神经网络会表现出近乎线性的性能提升。

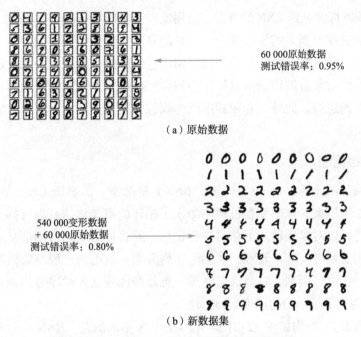

（a）原始数据

540 000变形数据
+ 60 000原始数据
测试错误率：0.80%

60 000原始数据
测试错误率：0.95%

（b）新数据集

图 12-20　LeNet-5 模型的手写数字识别效果

6. 卷积神经网络的应用概况

在计算机视觉领域，传统的图像处理与模式识别方法在图像分类、目标检测等方面相当长的时间内都没有做出大的突破，卷积神经网络出现以后，先是刷新了手写数字识别的准确率，后又在图像分类、图像增强、目标检测、视频分类、语言识别等方面取得了辉煌的成就。

2011 年，黎越国等人使用堆叠卷积 ISA 网络将 YouTube 视频数据集上的分类准确率提高到 75.8%。

2012 年，Abdel-Hamid 将卷积神经网络应用到语音识别任务上，将 TIMIT 音素识别任务的错误率从 20.7% 降低到了 20.0%。

2014 年，Rich 将深度学习引入检测领域，一举将 Pascal VoC 数据集上的检测率从 35.1% 提升到 53.7%。

2015 年 1 月，百度开发了计算机视觉系统 Deep Image，这一系统是针对超级计算机对深度学习算法的优化而设计的。在 ImageNet 对象识别中，这一系统的 top-5 错误事仅为 5.98%。Jonathan Long 等人提出了全卷积网络（FCN），在像素级别对图像进行判别来实现图像的语义分割。

2016 年，围棋机器人 AlphaGo 以 4∶1 的比分战胜世界围棋冠军李世石，引发了人类对人工智能的深层次思考。

随着大规模数据集的出现以及各种硬件设备的发展，卷积神经网络的性能已得到极大的提高，达到了工业可用的级别。到 2018 年年底，基于 CNN 人脸识别模型的错误率已经降低到亿分之一，准确率远远超过了人眼识别。2019 年腾讯研究人员提出的人脸检测算法 DSFDIE9I 在人脸检测基准数据集 FDDB 上的召回率已经高达 99.1%。目前，智能交通、自动驾驶、智能医疗、身份验证等领域都能见到 CNN 的身影，应用此类技术的城市越来越高效、越来越智能。

卷积神经网络表现出强大的学习能力，现在的卷积神经网络分类图像中的对象能够达到与人类匹敌的水平，但是这并不意味着卷积神经网络没有缺陷。卷积神经网络还不能实现完全智能化，还是有将图像对象分类错误的时候。卷积神经网络只是模拟神经信号传递进行计算，并不能完全实现人类的思维，此外，卷积神经网络训练完毕后还存在过拟合、模型大、多参数分析困难等问题。

### 12.6.2　循环神经网络

循环神经网络（recurrent neural network，RNN）是保罗·沃伯斯（Paul Werbos）于 1988 年提出的序列数据处理模型，该模型在机构中加入了循环的概念将信息进行持久化。该模型独有的循环结构使网络可以对早期输入的信息进行记忆，并将记忆中的有用信息应用到后续输出的计算过程，一般用于处理文本、音频、视频等序列数据，也可用于股票数据等具有序列特点的数据。该模型已经在语音识别、自然语言处理、机器翻译等众多时序分析领域中取得了巨大成就，与 CNN 并称为当下最热门的深度学习算法。

一个最基本的 RNN 结构如图 12-21 所示。与 CNN 不同的是，RNN 不但考虑前一时刻的输入，而且赋予了网络一种针对前面内容的记忆功能，即一个序列当前输入与之前的输出也有关，即隐藏层之间的节点变成了有连接的，而且隐藏层的输入不仅包括输入层的输出，还包括上一时刻隐藏层的输出，因此历史信息可以被 RNN 记住，并能与输入特征共同决定输出。

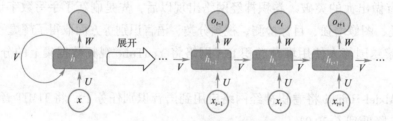

图 12-21　典型的 RNN 结构

普通 RNN 在处理问答系统、语言建模和文本生成等任务中取得了显著效果，但当其对长序列数据进行建模时，就容易出现梯度消失和梯度爆炸等问题，因此不能够有效地处理长期依赖问题。

在基本 RNN 的改进模型中，最成功的当属长短时记忆网络（LSTM），该模型于 1997 年提出，将语音识别性能提升了近 50%。LSTM 网络可以有效地缓解长期依赖问题，可以捕捉到序列中的长距离历史信息，在序列建模的诸多问题上基本可以代替普通的 RNN，并取得了显著效果。

### 12.6.3　生成对抗网络

生成对抗网络（generative adesrial networks，GAN）是伊恩·古德费洛（Ian Goodfellow）等人在 2014 年提出的一种生成式模型，其基本思想源自博弈论的二人零和博弈（即若二人的利益之和为零，一方所得正是另一方的损失），由 GAN 模型生成器（generator）和判别器（discriminator）两部分构成。在 GAN 中生成器和判别器进行博弈，生成器不断生成接近真实数据的假数据去欺骗判别器，而判别器则要尽可能判别出数据是真实数据还是生成器生成的数据，尽可能不被欺骗，两者目标相反、不断对抗，最终达到纳什均衡。

如图 12-22 所示，生成对抗网络是一种无监督学习的深度学习模型，其输入是一个随机噪声向量 $z$，输出是计算机生成的伪数据。判别网络的输入是图片 $x$，$x$ 可能采样自真实数据，也可能采样自生成数据，判别网络的输出是一个标量，用来代表 $x$ 是真实图片的概率，即当判别网络认为 $x$ 是真实图片时输出 1，反之输出 0。判别网络和生成网络不断优化，当判别网络无法正确区分数据来源时，可以认为生成网络捕捉到的是真实数据样本的分布。

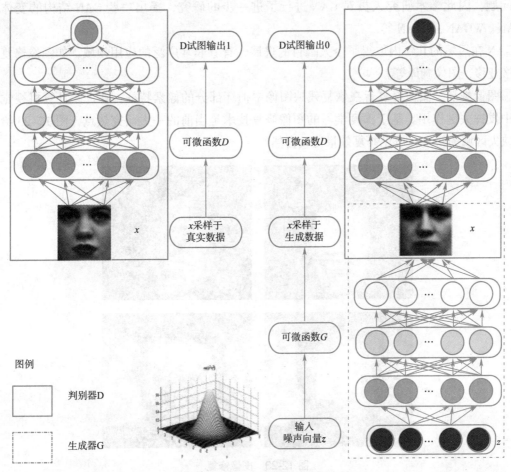

图 12-22　生成对抗网络的构成

生成对抗网络的训练过程包括两个相互交替的阶段：

①固定生成网络，训练判别网络。在训练判别网络时，不断给它输入两类图片，并标注不同的分值，一类图片是网络生成的图片，另一类是真实图片。将生成图片和实际图片分别输入判别网络，如果输入图片来自真实数据集，则输出为 1；如果输入图片来自生成网络，则输出为 0。通过这样的训练提高判别网络的判别能力，同时给生成网络的进一步训练提供信息。

②固定判别网络，训练生成网络。持续生成一些随机数据，用生成网络将这些数据变换为

生成图片，分值越高，说明图片越逼真。将这些图片输入判别网络，得到这个图片为真实图片的概率，概率越大，说明图片越逼真。生成网络利用这些信息调整自身参数，使得后面生成的图片更接近真实图片。

GAN 的优势：GAN 有很强的建模能力，为创建无监督学习模型提供了强有力的算法框架，GAN 通过自身不断对抗博弈，经过足够的数据训练，能够学到很好的规律。

GAN 的劣势是其生成过程过于自由。训练过程的稳定性和收敛性难以保证，容易发生模式坍塌，原始 GAN 存在梯度消失、训练困难和不收敛等问题。因为 GAN 存在不稳定、不收敛等问题，因此学术研究人员对 GAN 进行了进一步的研究，提出一些 GAN 结构的变体，如 DCGAN、WGAN、CGAN 等。

GAN 在短短的几年内取得了令人瞩目的进展，有着非常广泛的应用领域，如图像修复、图像风格迁移、图像翻译等。

①图像修复。图像修复旨在恢复残缺图像中损坏部分的像素特征，在许多计算机视觉应用领域中发挥关键作用。基于深度学习的图像修复技术是当前的一大研究热点，图 12-23 给出了照片缺失区域的修复，可见修复效果比较自然。

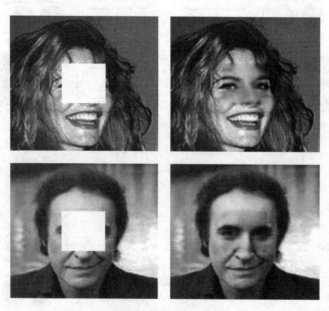

图 12-23　图像修复

②图像风格迁移。风格迁移是指利用算法学习著名画作的风格，然后再把这种风格应用到另外一张图片上的技术。利用风格迁移，我们可以很容易地将普通照片自动转换为具有艺术气息的图片，如图 12-24 所示。

③图像翻译。图像翻译技术能够将图像中内容从一个图像域 $X$ 转换到另一个图像域 $Y$，可以看作是将原始图像的某种属性 $X$ 移除，重新赋予其新的属性 $Y$，也即是图像间的跨域转换。图像翻译的应用场景广阔，如由画笔轮廓生成实物照片、将白天图像转换成对应的夜景等，如图 12-25 所示。

图 12-24 图像风格迁移

轮廓图像生成照片　　　　　　白天图像生成对应夜景

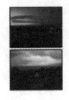

多模态图像翻译

图 12-25 图像翻译

④根据文字生成图片。如图 12-26 所示，利用 GAN 网络可以将文字描述转换成对应的事物照片，就像赋予了机器文字理解能力一样。

这只小鸟有着小小的鸟喙、
胫骨和双足，蓝色的冠部和
覆羽，以及黑色的脸颊。

这朵花有着长长的粉色花
瓣和朝上的橘黄色雄蕊。

图 12-26 由字生图

⑤生成虚拟人物。如图12-27所示，2018年11月7日至9日，在乌镇第五届世界互联网大会上，新华社对外宣布：中国首个"人工智能主持人"正式上岗。虚拟主持人不仅和真人一样会播报新闻，而且永不出错、永不疲倦、永不休息。无论是他们的外形、声音、眼神，还是脸部动作、嘴唇动作，首次上岗的虚拟主持人与真实主持人的相似度都高达99%。

| 升级成站立式播报 | 我的名字叫"新小萌" |
| --- | --- |
| 邱浩——新小浩 | 屈萌——新小萌 |

图12-27  人工智能主持人

## 习题 ▶▶▶

一、思考题

1. 人工神经网络与生物神经网络有什么区别与联系？

2. 深度神经网络与传统的浅层神经网络有何区别？

3. 感知机模型有哪些不足？

4. 深度神经网络主要有哪些类型？各自的适用场景是什么？

5. 试述BP算法的基本过程。

二、选择题

1. （单选题）（    ）是用来评估神经网络的计算模型对样本的预测值和真实值之间的误差大小。

　　A. 损失函数　　　　　B. 优化函数　　　　　C. 梯度下降　　　　　D. 反向传播

2. （单选题）能够提取出图片边缘特征的网络是（    ）。

　　A. 池化层　　　　　　B. 输出层　　　　　　C. 卷积层　　　　　　D. 全连接层

3. （单选题）在手写数字识别的例子中，输入的图片为长和宽都是28像素的图片，输出判断数字0~9的概率。要构建前馈型神经网络去解决这个问题，输入层是（    ）维的，输出层是（    ）维的。

　　A. 784；1　　　　　　B. 28；10　　　　　　C. 784；10　　　　　D. 28；1

4. （单选题）神经网络的学习步骤包括：①求得权重等参数；②定义代价函数；③对测试数据进行预测；④根据样本数据和标签采用梯度下降法进行学习，步骤的正确顺序为（    ）。

　　A. ④②①③　　　　　B. ②④①③　　　　　C. ②①④③　　　　　D. ④①②③

5.（单选题）在神经网络学习中，每个神经元会完成若干功能，下面哪个功能不是神经元所能够完成的功能（      ）。

A. 对加权累加信息进行非线性变化（通过激活函数）

B. 对前序相邻神经元所传递信息进行加权累加

C. 向前序相邻神经元反馈加权累加信息

D. 将加权累加信息向后续相邻神经元传递

6.（单选题）下面对误差反向传播描述不正确的是（      ）。

A. BP 算法是一种将输出层误差反向传播给隐藏层进行参数更新的方法

B. 对前馈神经网络而言，BP 算法可调整相邻层神经元之间的连接权重大小

C. 在 BP 算法中，每个神经元单元可包含不可偏导的映射函数

D. BP 算法将误差从后向前传递，获得各层单元所产生误差，进而依据这个误差来让各层单元修正各单元参数

7.（单选题）我们可以将深度学习看成一种端到端的学习方法，这里的端到端指的是（      ）。

A. 输入端 - 中间端　　　　　　　　　　B. 中间端 - 中间端

C. 输入端 - 输出端　　　　　　　　　　D. 输出端 - 中间端

8.（单选题）下面对前馈神经网络这种深度学习方法描述不正确的是（      ）。

A. 隐藏层数目大小对学习性能影响不大　　B. 是一种端到端学习的方法

C. 实现了非线性映射　　　　　　　　　　D. 是一种监督学习的方法

9.（单选题）假设我们需要训练一个卷积神经网络，来完成 500 种概念的图像分类。该卷积神经网络最后一层是分类层，则最后一层输出向量的维数大小可能是（      ）。

A. 500　　　　　　B. 100　　　　　　C. 300　　　　　　D. 1

10.（单选题）在前馈神经网络中，误差反向传播将误差从输出端向输入端进行传输的过程中，算法会调整前馈神经网络的什么参数（      ）。

A. 同一层神经元之间的连接权重　　　　B. 相邻层神经元和神经元之间的连接权重

C. 神经元和神经元之间连接有无　　　　D. 输入数据大小

11.（单选题）下面对生成对抗网络描述不正确的是（      ）。

A. GAN 是一种生成学习模型

B. 生成网络和判别网络分别依次迭代优化

C. GAN 包含生成网络和判别网络两个网络

D. GAN 是一种区别学习模型

12.（多选题）一个典型的人工神经元模型（如 M-P 模型）至少由（      ）组成。

A. 激励函数　　　　B. 特征提取　　　　C. 求和（累加器）　　　D. 输入权重

13.（多选题）关于深度学习或深度神经网络的说法正确的有（      ）。

A. 深度神经网络相邻层节点之间有连接，但不一定是全连接

B. 深度学习采用多层前向神经网络

C. 深度神经网络同一层及跨层节点之间无连接

D. 神经网络的隐藏层数量体现了网络的"深度"，一般应具有多个隐藏层

# 第 13 章

# 强化学习

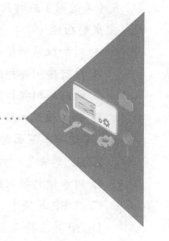

强化学习是机器学习的一个重要分支，主要用于解决连续性决策问题，几十年来一直在默默地不断进步。2016 年，围棋程序 AlphaGO 以大比分战胜世界冠军李世石，使强化学习吸引了人们的目光，由于该方法能够使机器具备自学能力，因此也被视作实现通用人工智能的潜在途径。

本章将首先讨论强化学习的基本概念、模型结构和主要特点，然后通过实例阐述马尔可夫决策过程，最后介绍经典的 Q 学习算法和热门的深度 Q 网络，旨在让读者初步了解基本理论，为以后涉足人工智能领域打下基础。

## 13.1 强化学习概述

强化学习（reinfocement learning，RL），又称增强学习，是一种通过模拟大脑神经细胞中的奖励信号来改善行为的机器学习方法，其目标是学习一个最优策略，以使智能体（人、动物或机器人）通过接收奖励信号并将其作为回报，进而获得一个整体度量的最大化奖励。

加州大学伯克利分校设计的机器人 BRETT（见图 13-1）能够将不同大小和形状的毛巾整齐叠好，目前可以实现叠衣服、拼积木和整理玩具。为了实现不同功能，区别于传统机器人的单一环境学习的单一任务，研究人员在 BRETT 上运用了强化学习方法，让其随机采样各种物体，包括杯子和玩具等刚性物体，以及布和毛巾等可变形物体，并同时收集机器人的传感器数据。BRETT 不再对机器人的模型和被抓取物体的模型进行建模，也不做任何受力分析。例如，在拼积木的任务中，BRETT 通过摄像头看到积木块并移动机械手随机操作积木，如果正好把积木拼起来，则可以得到奖励，否则将会得到惩罚。该机器人的内部实现是通过调整一个神经网络的权值。

强化学习并不是一个新课题和新方法。考虑到动态规划与强化学习的联系，可以说从 20 世纪 50 年代人们就开始研究强化学习了，而且

图 13-1 机器人 BRETT

取得了不少成果和进展。事实上，20世纪50年代，Bellman 等人就用动态规划方法研究了路径规划问题，并提出了著名的 Bellman-Ford 最短路径算法和作为解决马尔可夫决策过程的动态规划方法基础的 Bellman 方程。1992年 Watkins 提出了 Q 学习（Q-learning）算法。Tesauro 描述的一个 TD-Gammon 程序采用强化学习而成为世界级西洋双陆棋选手，这个程序经过150万个自生成的对弈训练后，便达到接近人类最佳选手的水平，在国际联赛中与顶尖棋手对弈取得了良好的成绩。随后在机器人控制、电梯调度等课题中也使用了强化学习。1998年，Button 提出了 TD 算法，1999年 Thrun 提出了部分可观测马尔可夫决策过程中的蒙特卡洛方法，2006年 Kocsis 提出了置信上限树算法，2014年 Silver 等人提出了确定性策略梯度算法。2016年 AlphaGo 的辉煌战绩更加引起了人们对强化学习的注目，强化学习很快成为人工智能的一个研究热点。

## 13.2 强化学习问题

什么是强化学习呢？想象一下，当学生认真写作业并且都写对时，老师会给学生发1朵小红花，当学生累计收到10朵小红花时，老师会奖励学生一支笔。为了获得这支笔，学生会认真对待作业，以获得更多的小红花，这个过程就是典型的强化学习。强化学习就是智能体（学生）和环境（老师）之间通过交互，并根据交互过程中所获得的反馈信息（小红花）进行学习，以求获得整个交互过程中最大化的累计奖赏（笔）。具体来说，强化学习就是由环境提供的反馈信号来评价智能体产生动作的好坏，而不是直接告诉系统如何产生正确的动作。换句话说，就是智能体仅能得到行动带来的反馈或是评价结果，通过不断尝试，记住好的结果与坏的结果对应的行为。下一次面对同样的动作选择时，采用相应的行为获得好的结果，通过这种方式，让智能体在行动—反馈的环境中获取知识，改进行动方案，以适应环境、获取奖励，学习达到目标的方法。

### 13.2.1 强化学习模型

强化学习模型的核心主要包括智能体（agent）、奖励（reward）、状态（state）和环境（environment）四个部分，如图13-2所示。强化学习中的几个重要组成部分都基于一个假设，即强化学习解决的都是像投资理财的收益、迷宫里的奶酪、超级玛丽的蘑菇等可以被描述成最大化累计奖励目标的问题。

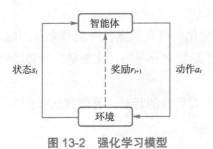

状态$s_t$　　奖励$r_{t+1}$　　动作$a_t$

图 13-2　强化学习模型

①智能体：强化学习的核心，主要包括策略（policy）、价值函数（value function）和模型

（model）三个部分。其中，策略可以理解为行动规则（策略在数学上可以理解为智能体会构建一个从状态到动作的映射函数），让智能体执行什么动作；价值函数是对未来总奖励的一个预测；模型是对环境的认知框架，其作用是预测智能体采取某一动作后的下一个状态是什么。在没有模型的情况下，智能体会直接通过与环境进行交互来改进自己的行动规则。

②奖励：一种可以标量的反馈信息，能够反映智能体在某一时刻的表现。

③状态：又称为状态空间或状态集，主要包含环境状态、智能体状态和信息状态三部分。环境状态是智能体所处环境包含的信息（包括特征数据和无用数据）；智能体状态即特征数据，是需要输入智能体的信息；信息状态包括对未来行动预测所需要的有用信息。

④环境：这里的环境可以是电子游戏的虚拟环境，也可以是真实环境。环境能够根据动作做出相应的反馈。强化学习的目标是让智能体产生好的动作，从而解决问题，而环境是接受动作、输出状态和奖励的基础。根据环境的可观测程度，可以将强化学习所处环境分为完全可观测环境和部分可观测环境，前者是一种理想状况，是指智能体了解自己所处的整个环境；后者则表明智能体了解部分环境情况，不明确的部分需要智能体去探索。

### 13.2.2 强化学习的特点

①强化学习是一种无监督学习。在没有任何标签的情况下，强化学习系统通过尝试做出一些行动并得到不同的结果，然后通过对结果好与坏的反馈来调整之前的行动，不断改进策略输出，让智能体能够学习到在什么样的情况下选择什么样的行为可以得到最好的结果。强化学习与其他无监督学习的区别在于，无监督学习侧重对目标问题进行类型划分或者聚类，而强化学习侧重在探索与行为之间做权衡，找到达到目标的最佳方法。例如，在向用户推荐新闻文章的任务中，无监督学习会找到用户先前已经阅读过的文章并向他们推荐类似的文章，而强化学习先向用户推荐少量的文章，并不断获得来自用户的反馈，最后构建用户可能喜欢的文章的"知识图"。那么，有监督学习与强化学习的区别是什么呢？有监督学习与强化学习的区别就好比老师教学生做题，老师直接告诉学生怎么做是有监督学习；老师仅评判学生的回答正确与否，学生根据老师的反馈来调整做题方法的过程是强化学习。

②强化学习的结果反馈具有时间延迟性，即滞后性，有时候可能走了很多步以后才知道之前某一步的选择是好还是坏，就好比下围棋，前一步的落子可能会影响后面的局势走向。相比之下，有监督学习的反馈是即时的。比如利用神经网络进行物体识别时，神经网络做出类别判定以后，系统随即给出判定结果。

③强化学习处理的是不断变化的序列数据，并且每个状态输入都是由之前的行动和状态迁移得到的。而有监督学习的输入是独立分布的，比如每次给神经网络输入待分类的图片，其图片本身是相互独立的。

④智能体的当前行动会影响其后续的行动。智能体选择的下一状态不仅和当前的状态有关，也和当前采取的动作有关。

## 13.3 \\\ 马尔可夫决策过程

强化学习所涉及问题本质上就是序列决策，在现实生活中，人们也会面临各种决策，为了解决某一问题，有时可能需要进行一系列决策。在序列决策问题中，人们在某个时刻所做的决策不仅会对当前时刻的问题变化产生影响，而且会对今后问题的解决产生影响，此时人们所关注的不仅是某一时刻问题解决带来的利益，更关注的是在整个问题解决过程中，每一时刻所做的决策是否能够带来最终利益的最大化。由此可知，序列决策问题通常是由状态集合、智能体所采取的有效动作集合、状态转移信息和目标构成。但是由于状态无法有效地表示决策所需要的全部信息，或由于模型无法精确描述状态之间的转移信息等原因，导致序列决策问题存在一定的不确定性，而这种不确定性可能恰恰是解决问题的关键。马尔可夫决策过程（markov decision process，MDP）能对序列问题进行数学表达，有效地找到不确定环境下序列决策问题的求解方法，因而是强化学习的核心基础，几乎所有的强化学习问题都可以建模为 MDP。

马尔可夫决策过程利用概率分布对状态迁移信息以及即时奖励信息建模，通过一种"模糊"的表达方法对序列决策过程中无法精确描述状态之间的转移信息进行"精确"描述。转移信息描述的是从当前状态转移到下一个状态，这一过程是用概率表示的，具有一定的不确定性，称为状态转移概率。MDP 主要包括状态集合 $S$、动作集合 $A$、状态转移函数 $P$、奖励函数 $R$ 和折扣因子 $\gamma$ 五个部分。在学习马尔可夫决策过程之前，我们先了解马尔可夫过程。

马尔可夫过程又称马尔可夫链，它是马尔可夫决策过程的基础。马尔可夫特性表明，在一个随机过程给定现在状态和所有过去状态的情况下，其未来状态的条件概率分布仅依赖于当前状态。如果一个随机过程中，任意两个状态都满足马尔可夫特性，那么这个随机过程就称为马尔可夫过程。从当前状态转移到下一状态称为转移，其概率称为转移概率，数学描述为

$$P_{ss'}=P(s_{t+1}=s'|s_t=s)$$

其状态转移矩阵为

$$P=\begin{pmatrix} P_{11} & \cdots & P_{1n} \\ \vdots & & \vdots \\ P_{n1} & \cdots & P_{nn} \end{pmatrix}$$

式中，$n$ 为状态个数。下面以课程学习的马尔可夫链来简单说明，如图 13-3 所示。

图 13-3 中，圆表示学生所处状态，圆角矩形表示一个终止状态，箭头表示状态之间的转移，箭头上的数字表示转移概率。可以看出，当学生处在课程 1 的状态时，有 50% 的可能会继续课程 2 的学习，但是也有 50% 的可能不认真学习而是玩手机。当学生处于玩手机的状态时，有 90% 的可能在下一时刻继续玩手机，只有 10% 的可能收回思绪继续认真学习。当学生进入课程 2 的状态时，有 80% 的可能继续学习课程 3，有 20% 的可能选择结束课程。当学生参加课程 3 的学习后，有 60% 的可能通过考试结束学习，有 40% 的可能没有通过考试选择复习。而当学生处于复习状态时，有 20% 的可能选择复习课程 1，有 40% 的可能选择复习课程 2，有 40% 的可能选择复习课程 3。从上述马尔可夫链中可以看出，从课程 1 的状态开始到最终结束状态，其

间的过程状态转化有很多种可能性，这些都称为情景，以下列出了四种可能出现的情景：

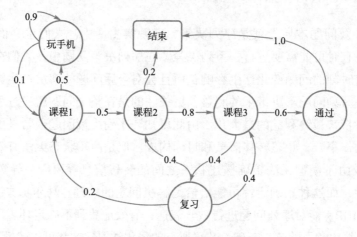

图 13-3　课程学习的马尔可夫链

①课程 1→课程 2→课程 3→通过→结束。

②课程 1→玩手机→玩手机→课程 1→课程 2→结束。

③课程 1→课程 2→课程 3→复习→课程 2→课程 3→通过→结束。

④课程 1→玩手机→玩手机→课程 1→课程 2→课程 3→复习→课程 1→玩手机→玩手机→玩手机→课程 1→课程 2→课程 3→复习→课程 2→结束。

该课程的马尔可夫链的状态转移矩阵为

$$P=\begin{pmatrix} & \text{课程1} & \text{课程2} & \text{课程3} & \text{通过} & \text{复习} & \text{玩手机} & \text{结束} \\ \text{课程1} & & 0.5 & & & & 0.5 & \\ \text{课程2} & & & 0.8 & & & & 0.2 \\ \text{课程3} & & & & 0.6 & 0.4 & & \\ \text{通过} & & & & & & & 1.0 \\ \text{复习} & 0.2 & 0.4 & 0.4 & & & & \\ \text{玩手机} & 0.1 & & & & & 0.9 & \\ \text{结束} & & & & & & & 1.0 \end{pmatrix}$$

马尔可夫过程实际上可分为马尔可夫决策过程和马尔可夫奖励过程（Markov reward process, MRP），其中，MRP 是在马尔可夫过程的基础上增加了奖励函数 $R$ 和折扣因子 $\gamma$。状态 $S$ 下的奖励 $R$ 是在状态集 $S$ 获得的总奖励，即

$$R_t = R_{t+1} + R_{t+2} + \cdots + R_T$$

折扣因子 $\gamma \in [0, 1]$，体现了未来的奖励在当前时刻的价值比例。引入折扣因子的意义在于数学表达方便，可以避免陷入无限循环，同时利益具有一定的不确定性，符合人类对于眼前利益的追求。若用 $G$ 表示在一个 MRP 上从 $t$ 时刻开始往后所有奖励衰减的总和，则其计算表达式为

$$G_t = R_{t+1} + \gamma R_{t+2} + \gamma^2 R_{t+2} + \cdots = \sum_{k=0}^{\infty} \gamma^k R_{t+k+1}$$

在图 13-3 所示的课程学习的马尔可夫链中加入奖励，即可得到马尔可夫奖励过程图（折扣因子 $\gamma$ 设置为 1），如图 13-4 所示。

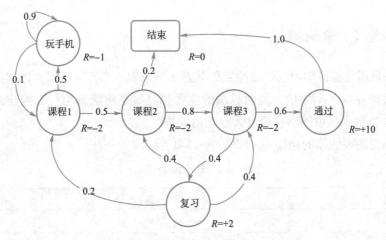

图 13-4　课程学习的马尔可夫奖励过程

## 13.4 //// 强化学习算法分类

　　当前强化学习的算法种类繁多，也有不同的分类标准。根据强化学习算法是否依赖模型，可以分为基于模型（model-based）的强化学习算法和无模型（model-free）的强化学习算法。两者的共同之处在于都需要与环境交互获得数据，不同之处则在于利用数据的方式不同。基于模型的强化学习算法利用与环境交互得到的数据，理解、学习环境模型，并基于模型进行行为决策，要求已知概率转移矩阵 $P$、奖励函数 $R$ 和折扣因子 $\gamma$。然而，在实际问题中，$P$、$R$ 和 $\gamma$ 往往是未知的，因此无模型的强化学习算法更为常用，其直接利用与环境交互所得的数据来改善行为。在无模型强化学习算法中，又根据学习方法的不同分为蒙特卡洛强化学习和时序差分强化学习，如图 13-5 所示。

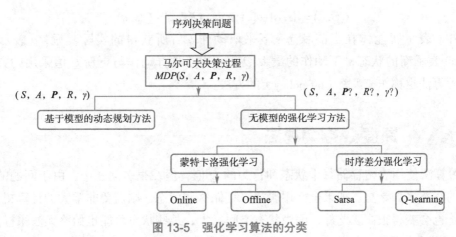

图 13-5　强化学习算法的分类

强化学习的算法繁多，这里主要简单介绍较为基础的 Q-learning（Q 学习）算法，以及使用神经网络学习的 Deep Q Network（深度 Q 学习网络，DQN）算法。

## 13.5 ››› Q 学习算法

Q 学习算法是指智能体学习在一个给定的状态 $s$ 下采取一个行动后得到的奖励，环境会根据智能体的动作反馈相应的奖励值，因而算法的主要思想就是将状态与行为构建成一张表来存储 $Q$ 值，然后根据 $Q$ 值来选取能够获得最大收益的动作。

例如，假设当前智能体的动作 $Q$ 值表如表 13-1 所示。

表 13-1 动作的 $Q$ 值表

| $Q$ | $a_1$ | $a_2$ |
|-----|-------|-------|
| $s_1$ | −5 | 3 |
| $s_2$ | −10 | 6 |

当智能体当前处于状态 $s_1$ 时，有两个行为策略 $a_1$、$a_2$ 可选择，在这种 $s$ 状态下，$a_2$ 带来的潜在奖励要比 $a_1$ 高，因为在 $Q$ 值表中，$Q(s_1, a_1)=-5$，要小于 $Q(s_1, a_2)=3$，但智能体并非直接选择 $Q$ 值最大的动作 $a_2$，而是采用 $\varepsilon-$ 贪心策略来选取动作。在 $\varepsilon-$ 贪心策略中，智能体以概率 $1-\varepsilon$ 选择当前 $Q$ 值最大的动作，以概率 $\varepsilon$ 从动作集合中随机选择其他动作。这样做的目的是避免每次选择 $Q$ 值最大的动作而导致陷入局部最优。我们将根据已知最大 $Q$ 值选择动作的方式称为利用（exploitation），将尝试未知动作称为探索（exploration）。也就是说，$\varepsilon-$ 贪心策略赋予了智能体"创新精神"：大体上利用，偶尔探索。

根据 $\varepsilon-$ 贪心策略选择行为并执行后，智能体会进入新的状态，同样在新的状态下又面临选择动作，继续以贪心策略指导动作决策。需要指出的是，$Q$ 值表的数值在最初是假设的，也正是需要通过强化学习方法去更新的。更新 $Q$ 值表的过程就是 Q 算法的学习过程，该过程中使用 Bellman Equation（贝尔曼方程）去更新上一状态的 $Q$ 值。公式如下：

$$Q(s, a)=Q(s, a)+\alpha[r+\gamma \max_{a'} Q(s', a')-Q(s, a)]$$

上式中 $r$ 表示智能体在当前状态 $s$ 下采取动作 $a$ 后所获得的实际奖励，$\alpha$ 表示学习率，$\max_{a'} Q(s', a')$ 表示新的状态 $s'$ 下动作的最大 $Q$ 值。由于选择动作与更新 $Q$ 值采用的方法不同，因此 Q 学习算法也称作离策略（off-policy）的方法。

## 13.6 ››› 深度 Q 学习算法

Q 学习算法使用表格存储每个状态和行为的 $Q$ 值，但在很多问题中，由于问题的复杂性，导致可能的状态多如繁星。如果全部用表格来存储这些状态，则需要非常大的计算机内存，同时搜索代价也会变得很高。此外，因为状态空间巨大，某些状态可能也始终无法采样到，使得准确估计 $Q$ 值更加困难。

本质上，表格中的 $Q$ 值受状态和动作的影响，因此可以将它们之间的函数关系进行参数化，用一个非线性回归模型来拟合函数，例如（深度）神经网络能够利用有限的参数刻画无限的状态。由于回归函数的连续性，没有探索过的状态也可通过周围的状态来估计。如果使用深度神经网络解决该问题，就得到了深度 $Q$ 网络（deep q network，DQN），相应的 $Q$ 学习算法即成为深度 $Q$ 学习。

早在 2013 年之前，如果说要用同一个智能体来玩所有的 Atari 游戏，那几乎是不可能的事情。而 DeepMind 公司结合了深度学习和 RL 的优势，用同一个算法（不改一行代码）就能够实现玩遍所有的 Atari 游戏（见图 13-6）。也就是说，在每一个游戏里，让这个算法自主学习，该过程中不加入任何的人为干预，它不知道游戏的规则，只能完全自行探索。训练完成之后，算法比某些人类玩家还要强大。

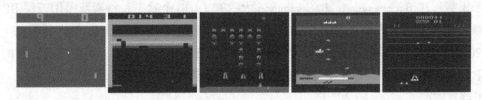

图 13-6　Atari 游戏

如图 13-7 所示，在 DQN 方法中，将状态和动作当成神经网络的输入，然后通过神经网络模型预测得到动作的 $Q$ 值（即 $q_\pi$），这相当于用神经网络模型的方式代替原来在表格中记录的 $Q$ 值。该神经网络模型也是有监督学习的一种，因此算法需要训练数据才能"学习"得到模型。在深度 $Q$ 学习算法中，先让智能体去探索环境，将经验（记忆）池累积到一定程度，再随机抽取出一批样本，就可以作为训练数据集。这样就可以将训练后的神经网络模型看作是 $Q$ 学习中的 $Q$ 表，来执行强化学习的迭代过程，不断地更新神经网络模型。

机器学习是个跨学科的研究领域，而强化学习更是其中跨学科性质非常显著的一个分支。其理论的发展受到生理学、神经科学和最优控制等领域的启发，有着广泛的应用场景。

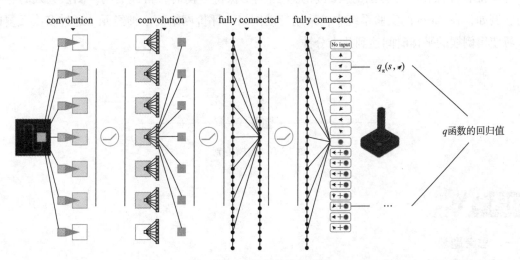

图 13-7　$Q$ 函数的学习模型

### 1. 围棋程序 AlphaGO

强化学习的智能体必须平衡对其环境的探索，以找到获得奖励的最佳策略，并利用发现的最佳策略来实现预期目标。2016 年初，DeepMind 公司研发的人工智能机器人 AlphaGo 战胜世界围棋冠军李世石，这成为了人工智能的里程碑事件，强化学习也因此受到了人们的广泛关注和研究。后期，该公司又结合了深度学习和强化学习的优势，进一步研发出了算法形式更为简洁的 AlphaGo Zero，它采用完全不基于人类经验的自学习算法，可以在复杂高维的状态动作空间中进行端到端的感知决策，完胜 AlphaGo。

### 2. AI 游戏

游戏比赛在人工智能领域中始终是一个研究的问题，许多学者也正研究把强化学习理论应用到游戏比赛中。在这方面，最早的应用例子是塞缪尔的下棋程序。近来，特素罗把瞬时差分法应用于比赛程序 Backgammon。Backgammon 大约有 1 020 个状态，特素罗采用三层 BP 神经网络把棋盘上的棋子位置与棋手的获胜概率联系起来。通过训练取得在 40 盘比赛中负 1 盘的战绩。从 2016 年开始每年都会举办一个名为视觉末日（VizDoom）的人工智能比赛，届时很多公司和大学都会派团队参加，强化学习在该比赛的游戏训练中不断取得巨大成果和突破。

### 3. 机器人控制

强化学习最适合、也是应用最多的，莫过于机器人领域。近年来国际上兴起了把强化学习应用到智能机器人领域的热潮。比姆（Beem）利用模糊逻辑和强化学习实现陆上移动机器人导航系统，可以完成避碰和到达指定目标点两种行为。旺弗里德尔（Wonfriedllg）采用强化学习使六足昆虫机器人学会六条腿的协调动作。特恩（Thurn）采用神经网络结合强化学习方式使机器人通过学习能够到达室内环境中的目标。另外，强化学习也为多机器人群体行为的研究提供了一个新的途径。

强化学习在应用于控制中的典型实例就是倒摆控制系统（见图 13-8）。倒摆控制是一个非线性不稳定系统，可以左右滑动黑色的底座保持倒摆平衡，许多强化学习的文章都把这一控制系统作为验证各种强化学习算法的实验系统。当倒摆保持平衡时，得到奖励，倒摆失败时，给予惩罚。例如，在 Barto 的实验系统中，采用行动网络、评价网络两个神经元，通过多次反复的实验学习使得倒摆的平衡时间达到几十分钟。

图 13-8　倒摆控制

## 习题 ///

一、思考题

1. 强化学习的基本思想是什么？

2. 常见的强化学习算法有哪些?

3. 马尔可夫决策过程的构成要素包括什么?

4. 深度 Q 学习与基本 Q 学习算法的主要区别是什么?

## 二、选择题

1.（单选题）（　　　　）是跟环境进行交互，从反馈当中进行不断的学习的过程。

  A. 非监督学习　　　　　　B. 监督学习　　　　　　C. 强化学习　　　　　　D. 线性回归

2.（单选题）在 Q-Learning 中，所谓的 Q 函数是指（　　　　）。

  A. 价值函数　　　　　　B. 策略函数　　　　　　C. 动作 - 价值函数　　　D. 动作值函数

3.（单选题）q 函数 q(s, a) 是指在一个给定状态 s 下，采取某一个动作 a 之后，后续的各个状态所能得到的回报的（　　　　）。

  A. 期望值　　　　　　　B. 总和　　　　　　　　C. 最大值　　　　　　　D. 最小值

4.（单选题）在 ε- 贪心策略当中，ε 的值越大，表示采用随机的一个动作的概率越（　　　　），采用当前 q 函数值最大的动作的概率越（　　　　）。

  A. 小；大　　　　　　　B. 大；大　　　　　　　C. 大；小　　　　　　　D. 小；小

5.（单选题）在强化学习过程中，（　　　　）表示随机地采取某个动作，以便于尝试各种结果；（　　　　）表示采取当前认为最优的动作，以便于进一步优化评估当前认为最优的动作的值。

  A. 探索；探索　　　　　B. 利用；利用　　　　　C. 探索；利用　　　　　D. 利用；探索

6.（单选题）下面对强化学习 . 监督学习和深度卷积神经网络学习的描述正确的是（　　　　）。

  A. 评估学习方式、有标注信息学习方式、端到端学习方式

  B. 评估学习方式、端到端学习方式、端到端学习方式

  C. 有标注信息学习方式、端到端学习方式、端到端学习方式

  D. 无标注学习、有标注信息学习方式、端到端学习方式

7.（单选题）下面哪句话正确描述了马尔可夫链中定义的马尔可夫性（　　　　）。

  A. $t+2$ 时刻状态取决于 $t$ 时刻状态

  B. $t-1$ 时刻状态取决于 $t+1$ 时刻状态

  C. $t+1$ 时刻状态取决于 $t$ 时刻状态

  D. $t+1$ 时刻状态和 $t$ 时刻状态相互独立

8.（多选题）在强化学习中，主体和环境之间交互的要素有（　　　　）。

  A. 状态　　　　　　　　B. 强化　　　　　　　　C. 回报　　　　　　　　D. 动作

# 第 14 章

# 计算机视觉

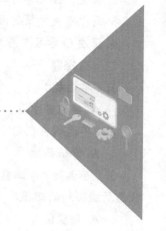

计算机视觉是人工智能的一个重要领域，是指让计算机和系统能够从图像、视频和其他视觉输入中获取有意义的信息，并根据该信息采取行动或提供建议。如果说人工智能赋予计算机思考的能力，那么计算机视觉就是赋予发现、观察和理解的能力。计算机视觉技术作为人工智能的重要核心技术之一，已广泛应用于安防、金融、硬件、营销、驾驶、医疗等领域。

计算机视觉本身包括了诸多不同的研究方向，本章将重点介绍目标分类、目标检测、语义分割，以及目标跟踪等主要方法的基本原理。

## 14.1 \\\ 计算机视觉概述

计算机视觉是指用摄影机和计算机代替人眼对目标进行识别、跟踪和测量等机器视觉，并进一步做图形处理，使计算机处理成为更适合人眼观察或传送给仪器检测的图像。人类认识了解世界的信息中 91% 来自视觉，同样计算机视觉成为机器认知世界的基础，终极目的是使得计算机能够像人一样"看懂世界"。

计算机视觉经过多年的发展，总体来说主要经历了四个阶段。即马尔计算机视觉、主动和目的视觉、多层几何与分层三维重建和基于学习的视觉。随着数据的增长以及计算能力的提高，深度神经网络中数据缺少、难以训练的问题在逐步解决，深度学习技术在图片分类、人脸识别等领域已经具有极大的优势。

## 14.2 \\\ 目标分类

与文字信息相比，图像可以提供更加生动、容易被理解的信息，是人们交换信息的重要来源。本节聚焦于图像识别领域的一个重要问题——目标分类。目标分类是指给定一张输入图像，根据图像的语义信息判断该图像所属的类别，是计算机视觉中重要的基本问题，也是目标检测、目标分割、物体跟踪、行为分析等其他上层视觉任务的基础。目标分类在许多领域有着广泛的应用，包括安全领域的人脸识别和视频智能化分析、交通领域场景识别、基于内容的图像检索和相册自动归类、医学领域的图像识别与分割等。在目标分类中，一般通过手动设计特征或特征学习方法对整个图像进行全部描述，然后使用分类器判别物体类别，因此如何提取图像的特征至关重要。

目标分类一般有五大方法，分别是 K 近邻法（k-nearest neighbor，KNN）、支持向量机、BP 神经网络、卷积神经网络和迁移学习。传统的 KNN、SVM 方法相比于随机猜测，效果确实有所提升，但是分类效果欠佳，在使用多个类别分类复杂图像的时候表现得并不好。因此，为了提升精确度，使用一些深度学习方法很有必要。基于深度学习的目标分类方法，可以利用有监督或无监督的方式学习层次化的特征描述，从而取代手动设计或选择图像特征的工作。

深度学习模型中的卷积神经网络近年来在图像领域取得了惊人的成绩。卷积神经网络直接利用图像像素信息作为输入，最大限度地保留了输入图像的所有信息，通过卷积操作提取特征和高层抽象，输出目标分类的结果。这种基于"输入输出"的直接端到端（end-to-end）的学习方法取得了非常好的效果，在图像处理领域得到了广泛的应用。从最开始较简单的 10 分类的灰度图像手写数字识别任务 MNIST 数据集，到后来更大一点的 10 分类的 CIFAR-10 和 100 分类的 CIFAR-100 任务，最后到大规模的 ImageNet 任务，目标分类模型伴随着数据集的增长，一步一步地提升到了今天的水平。

现如今，在 ImageNet 这样的超过 1 000 万图像、超过 2 万类的数据集中，计算机的图像分类水平已经超过了人类。顾名思义，目标分类就是一个模式分类问题，它的目标是将不同的图像划分到不同的类别中，实现最小的分类误差。总体来说，单标签的图像分类问题可以分为跨物种语义级别的图像分类和子类细粒度图像分类。

### 1. 跨物种语义级别的图像分类

跨物种语义的图像分类，是在不同物种的层次上识别不同类别的对象，比较常见的如猫狗分类。这样的目标分类中，各个类别之间因为属于不同的物种或大类，往往具有较大的类间方差，而类内则具有较小的类内误差。以常用的 CIFAR-10 数据集中的 10 个类别为例（见图 14-1），模型可以正确识别图像上的主要物体。

### 2. 子类细粒度图像分类

子类细粒度图像分类往往是同一个大类中子类的分类，例如，不同品种的犬只的分类（见图 14-2）、不同车型的分类等。该任务最大的挑战在于同一大类别下不同子类别之间的视觉差异极小，因此所需的图像分辨率较高。

### 3. 前期方法

20 世纪 90 年代末到 21 世纪初，SVM 和 KNN 方法使用的频率较高。当时，以 SVM 为代表的方法可以将 MNIST 分类错误率降低到 5.6%，超过了以神经网络为代表的方法，即 LeNet 系列网络。LeNet 网络在 1994 年产生，在多次的迭代后才有了 1998 年为大家所广泛知晓的 LeNet-5，这是一个经典的卷积神经网络，它包含着一些重要特性，至今仍然是 CNN 网络的核心。网络的基本架构由卷积层、归一化层、非线性激活函数、池化层构成，其中卷积层用于提取特征，池化层用于减少空间大小。最常见的网络结构顺序是卷积层、非线性激活函数、池化层、全连接层、归一化指数层。随着网络逐渐变深，图像的空间大小将越来越小，而通道数越来越大。经过 20 多年的发展，从 1998 年至今，卷积神经网络依然遵循着这样的设计思路。其中卷积层发展出了很多的变种，池化层则逐渐被带步长的卷积层完全替代，非线性激活函数更是演变出了很多的变种。

图 14-1　CIFAR-10 数据集的 10 个类别

图 14-2　目标整体外观相似，但细节特征不同

## 14.3 \\\\ 目标检测

　　目标检测要回答的问题就是物体在哪里以及是什么。然而，这个问题并不容易解决，由于摆放物体的角度、姿态不定，自然物体的尺寸变化范围很大。同时，物体可以出现在图片的任

何地方，甚至可以属于多个类别。一些在人类看来轻而易举就能辨认的物体，在人工智能算法看来却很难进行辨认。比如，大部分人看到从正面、侧面、背面拍摄的大象照片，都可以轻易地得出结论：这是大象。但是对于卷积神经网络来说，如果它只见过大象的侧面，那么它就无法辨认从正面和背面拍摄的大象图片。这样的问题在目标检测任务中也是难点之一，如果网络所遇到的物体改变了成像方式或者角度，那么网络就很难将它正确归类。在传统方法中，这样的问题分为区域选择、提取特征和分类回归三个部分。更加具体地说，传统方法多采用滑动窗口的形式，遍历整张图像，然后计算每个框和手动提取特征之间的欧氏距离，最后进行回归分类。那么，此时面对的最大挑战就是滑动窗口所造成的冗余选择，即大部分候选框都框选了全景而并非物体。由于滑动窗口的计算量非常大，会造成大量计算资源和时间的浪费，同时，手动提取的特征并不能考虑多样性的变化。也就是说，得到的"正确答案"有很大的可能是不完全正确的。所以，利用传统方法做目标识别的准确率较低，且很难提升。在卷积神经网络进入主流视野以后，利用卷积神经网络自主提取特征的便利，研究者对目标检测问题提出了新的解决方案，目前的主流算法可以粗略分为两类：一类是以区域卷积神经网络（R-CNN）系列为代表的"两步走"类，即先选择候选区域（region proposal）再进行识别；另一类是以 YOLO 和 SSD 系列为代表的"一步走"类，即同时识别和定位。感兴趣的读者可以自行查阅相关文献。

## 14.4　语义分割

　　人类感知外部世界的两大途径是听觉和视觉，其中，视觉信息是人类获取自然界信息的主要来源，约占人类获取外界信息总量的 80% 以上。图像以视觉为基础，通过观测系统直接获得客观世界的状态，它直接或间接地作用于人眼，反映的信息与人眼获得的信息一致，这决定了它和客观外界都是人类最主要的信息来源，图像处理也因此成为人们研究的热点之一。人眼获得的信息是连续的图像，在实际应用中，为了便于计算机等对图像进行处理，人们对连续图像进行了采样和量化等处理，得到了计算机能够识别的数字图像。数字图像具有信息量大、精度高、内容丰富、可进行复杂的非线性处理等优点，成为计算机视觉和图像处理的重要研究对象。数字图像分割就是将数字图像细分为若干个互不重叠的图像子区域的过程，其目的是简化或改变图像的表现形式，使得图像更容易理解和分析。图像语义分割过程示例如图 14-3 所示。

　　图像语义分割是图像分析的第一步，是计算机视觉的基础，是图像理解的重要组成部分，同时也是图像处理中最困难的问题之一。目前，数字图像语义分割的应用场景可大致分为自然图像分割、医学图像分割、卫星遥感图像分割三大类。

　　在自然图像的应用场景下，图像分割可应用于汽车自动驾驶、工业自动化、生产过程控制、在线产品检验、图像编码、文档图像处理以及安保行业等。在医学图像应用场景下，图像分割对人们身体中发生病变的器官的三维显示或者对病变位置的确定与分析都起着有效的辅助作用，可作为医生给出临床诊断结果的参考指标，大幅降低了医生的工作强度，节省了工作时间。

（a）原图　　　　　　　　　　　　　（b）分割结果

图 14-3　语义分割

在卫星遥感图像应用场景下，高分辨率的遥感图像分割数据可以为自然灾害的监测与评估、地图的绘制与更新、森林资源及环境的监测与管理、农产品长势的检测与产量估计、城乡建设与规划、海岸区域的环境监测、考古和旅游资源的开发等提供详细的地面信息。目标房屋、道路的分割在城市建设、土地规划中都扮演着不可或缺的角色。图像语义分割在社会发展的各行各业中都意义重大，各种优秀分割算法不断涌现出来，但至今没有找到一个通用的方法，也没有制定出一个判别分割结果好坏的标准。相信在今后的研究中，一定会找到一种能够更好地解决数字图像语义分割问题的办法。根据分割技术的差异，可将图像分割方法划分为传统图像语义分割方法和基于深度学习的图像语义分割方法。传统图像语义分割方法指的是根据灰度、颜色、纹理和形状等特征把图像划分成若干互不交叠的区域，并使这些特征在同一区域内呈现出相似性，在不同区域内呈现出明显的差异性。基于深度学习的图像语义分割方法的主要思路是，使用像素级标注的图像，利用上采样、反卷积等特殊层，将普通卷积网络提取到的特征再还原回原图像尺寸，从而实现一种端到端的学习。

## 14.5　目标跟踪

目标跟踪是指在特定场景跟踪某一个或多个特定感兴趣对象的过程。传统的应用就是视频和真实世界的交互，在检测到初始对象之后进行观察。现在目标跟踪在无人驾驶领域也很重要，例如 Uber 和特斯拉等公司的无人驾驶均有应用。目标跟踪算法可分成两类：生成算法和判别算法。

①生成算法使用生成模型来描述表观特征，并将重建误差最小化来搜索目标，如主成分分析算法（principal component analysis，PCA）。

②判别算法也称为 tracking-by-detection，深度学习也属于这一范畴，用来区分物体和背景，其性能更稳健，并逐渐成为跟踪对象的主要手段。为了通过检测实现跟踪，需要检测所有帧的

候选对象。鉴于卷积神经网络在图像分类和目标检测方面的优势，它也成为目标跟踪的主流深度模型。

以 GOTURN 方法为例（见图 14-4），该方法利用 ALOV300+ 视频序列集和 ImageNet 检测数据集训练了一个基于图像对输入的卷积网络，输出在搜索区域内相对于上一帧位置的变化，从而得到目标在当前帧上的位置。为了得到网络训练所需的大数据集，该方法不仅利用了视频序列集中的随机连续帧对图，而且利用了更多的单张图片集进行数据增强。对于数据的扰动分布，作者也做了大量的实验，使得跟踪的位置变化更加平滑。

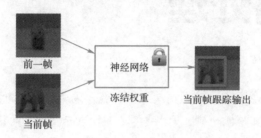

图 14-4　GOTURN 基于剪切的一对帧进行训练

## 习题

**思考题**

1. 什么是机器视觉技术？
2. 简述目标检测的基本原理？常用的算法包括哪些？
3. 什么是图像语义分割？
4. 目标跟踪与目标检测的区别是什么？

# 第 15 章

# 自然语言处理

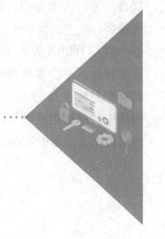

　　人类的语言及其意义十分复杂，不同的文化、种族、地域所形成的语言及其意义有很大区别。蒙古语中与"马"相关的词汇有几十种，爱斯基摩人用于表示"雪"的词汇也有几十种，而不生活在马和雪的世界的人用于描绘"马"和"雪"的词汇就很少。是语言造就了概念，还是概念造就了语言？语言是如何形成的？它与人类的智能有什么关系？语言的机制是什么？语言与大脑功能区域有什么关系？这些问题不仅对于理解人类的语言秘密很重要，而且对于使机器具有基于语言的认知智能更加重要。对于人类而言，利用语言进行日常交流、思想表达和文化传承是人类智能的重要体现，这体现的就是一种语言智能。对于机器而言，其优势在于拥有更强的记忆能力，但却欠缺语意理解能力，包括对口语不规范的用语识别和认知等。目前还没有出现能像人与人之间一样正常交流的机器，也不存在理解人类语言含义的机器。但是，为了让机器与人类进行交流，研究人员开发了许多使机器能够处理人类语言信息的方法，利用这些方法，在一定程度上能使机器依靠算法和计算机与人类进行交流，这主要是利用自然语言处理技术来实现的。机器通过自然语言处理技术对人类语言包含的信息进行解析并做出相应的反应，就表现出了一定程度的语言智能。

　　本章主要介绍机器实现语言智能的一些初级方法和技术。

## 15.1 \\\\ 自然语言处理概述

　　语言学关注计算机和人类（自然）语言之间的相互作用的领域。自然语言处理是指用计算机来处理、理解以及运用人类语言（如中文、英文等），它属于人工智能的一个分支，是计算机科学与语言学的交叉学科，常被称为计算语言学。由于自然语言是人类区别于其他动物的根本标志，没有语言，人类的思维就无从谈起，所以对于机器而言，能够处理自然语言的智能机器才真正体现了人工智能的最高能力与境界。也就是说，只有当机器具备了处理自然语言的能力时，它们才算实现了真正的类人智能。自然语言处理的目标在于让计算机实现与人类语言有关的各种任务，例如使人与计算机之间的通信成为可能，改进人与人之间的通信，或者简单地让计算机进行文本或语音的自动处理等。因此，自然语言处理是与人机交互的领域有关的。

　　从研究内容看，自然语言处理包括语法分析、语义分析、篇章理解等；从应用角度看，自然语言处理的应用包罗万象，如机器翻译、手写体与印刷体字符识别、语音识别、信息检索、信息抽取与过滤、文本分类与聚类、民情分析、观点挖掘等；从技术角度看，自然语言处理涉及数据挖掘、机器学习、知识获取，知识工程以及形式逻辑、统计学等领域的技术和方法。

从微观上讲，自然语言理解是指从自然语言到机器（计算机系统）内部的一种映射。从宏观上讲，自然语言理解是指机器能够执行人类所期望的以下语言功能。

现阶段，人工智能在认知智能上面的做法大多停留在纯文字层面，然而语言只是人类智能的载体和表现，如果纯粹地在文字层面做认知智能，就会在机器智能以及人机交互方面遇到瓶颈。若想在认知智能发展的道路上走得更远，就需要关注语言之下的智慧本质。

在自然语言处理中，采用的大多数方法都是通过机器学习中大规模数据驱动来完成的，这样就需要大量数据。在 NLP 中，把这些数据称为语料。语料库如图 15-1 所示。

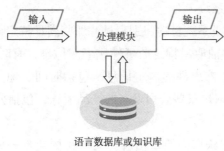

图 15-1　语料库

图 15-1 中，一个自然语言处理系统要完成这样一件事情：给定一个输入项，可以是语言数据、声音数据、文本数据，需要在处理模块进行处理，然后产生一个输出项。如果是分类，那么通过相应的文档产生一个分类；如果是翻译，那么要通过给定的文档翻译成其他语种。在整个处理模块中，需要调用大规模的语料数据库或知识库来支撑这项工作，知识库里面包含用于参数训练的数据，以及知识库获取的一些最基本的数据。语料库是指存放语言材料的仓库（语言数据库）。

### 1. 语言理解的判别标准

自然语言处理是计算机科学、人工智能、语言学关注计算机和人类（自然）语言相互作用的领域。现代自然语言处理算法基于机器学习，特别是统计机器学习。许多种机器学习算法已被应用于自然语言处理任务中。自然语言处理研究逐渐从词汇语义成分的语义理解转移到了对叙事的理解。自然语言处理研究的内容十分广泛，美国认知心理学家奥尔森（Olson）提出了语言理解的判别标准，具体如下：

①能成功地回答语言材料中的有关问题，也就是说，回答问题的能力是理解语言的一个标准。

②在给予大量材料之后，有产生摘要的能力。

③能够用自己的语言，即用不同的词语来复述这个材料。

④能将一种语言转译为另一种语言。

## 2. 自然语言处理的功能应用

如果能达到上述标准，机器就能实现以下功能和应用：

①机器翻译，即实现从一种语言到多种语言的自动翻译。

②自动摘要，即将原文档的主要内容和含义自动归纳、提炼出来，形成摘要或缩写。

③信息检索，也称情报检索，就是利用计算机系统从海量文档中找到符合用户需要的相关文档。

④文本分类，其目的就是利用计算机系统对大量的文本按照一定的分类标准（如根据主题或内容划分等）实现自动归类。

⑤问答系统，即通过计算机系统对用户提出的问题进行理解，然后利用自动推理等手在有的关的知识资源中自动求解答案，并做出相应的回答。问答技术有时与语音技术和人机交互技术等相结合，可构成人机对话系统。

⑥信息过滤，即通过计算机系统自动识别和过滤那些满足特定条件的文档信息。

⑦信息抽取，即从文本中抽取出特定的事件或事实信息，有时候又称为事件抽取。例如从时事新闻报道中抽取出某一恐怖事件的基本信息，包括时间、地点、事件制造者、袭击目标、伤亡人数等；从经济新闻中抽取出某些公司发布的产品信息，包括公司名称、产品名称、开发时间、某些性能指标等。

⑧文本挖掘，即从文本中获取高质量信息。文本挖掘技术一般涉及文本分类、文本聚类、概念或实体抽取、粒度分类、情感分析、自动文摘和实体关系建模等多种技术。

⑨舆情分析。舆情是指在一定的社会空间内，围绕社会事件的发生、发展和变化，民众对社会管理者产生和持有的社会政治态度。舆情分析是一项十分复杂、涉及问题众多的综合性技术，它涉及网络文本挖掘、观点挖掘等各方面的问题。

⑩隐喻计算。"隐喻"就是用乙事物或其某些特征来描述甲事物的一种语言现象。简单地讲，隐喻计算就是研究自然语言语句或篇章中隐喻修辞的理解方法。

⑪文字编辑和自动校对，即对文字拼写、用词甚至语法、文档格式等进行自动检查、校对和编排。

⑫字符识别。通过计算机系统对印刷体或手写体等文字进行自动识别，将其转换成计算机可以处理的电子文本，简称字符识别或文字识别。

⑬语音识别，即对输入计算机的语音信号进行识别并将其转换成书面语的形式表示出来。

⑭文语转换，即将书面文本自动转化成对应的语音表征，又称为语音合成。

⑮说话人识别/认证/验证，即对一个说话人的言语样本做声学分析，依此判断（确定或验证）说话人的身份。

⑯自然语言生成，即利用机器通过自然语言处理生成像人类语言一样的自然语言。

事实上，上述功能和应用已在工业中成功地得到了推广，从搜索到在线广告匹配，从自动/辅助翻译到市场营销或金融/交易的情绪分析，从语音识别到聊天机器人对话代理（自动化客户支持、控制设备、订购商品），其应用范围十分广泛。近年来，深度学习方法在语音识别和计算机视觉等领域不断取得突破，在许多不同的 NLP 任务中表现出了非常高的性能。

## 15.2　语音识别

语音识别的本质是一种基于语音特征参数的模式识别，即通过学习，系统能够把输入的语音按一定模式进行分类，进而依据判定准则找出最佳匹配结果。语音中的词汇内容转换为计算机可以读取的信息，如按键、二进制编码或者字符序列。语音识别与说话人识别及说话人确认不同，后者尝试识别或确认的是发出语音的说话人而非其中所包含的词汇内容。语音识别的基本流程如图 15-2 所示，其中声学模型是对声学、语音学、环境的变量、说话人性别、口音等的差异的知识表示，语言模型是对一组字序列构成的知识表示。

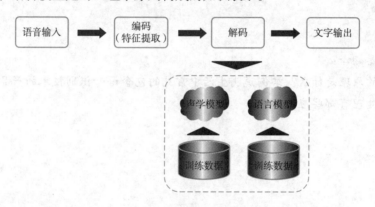

图 15-2　语音识别流程

## 15.3　机器翻译

自然语言处理的兴起与机器翻译这一具体任务有着密切联系。20 世纪 50 年代，利用计算机处理人类语言的想法就已经出现。当时，美国希望能够利用计算机将大量俄语材料自动翻译成英语，研究者从对军事密码的破译这一行为中得到启示，认为不同的语言只不过是对“同一语义”的不同编码而已，从而想当然地认为可以采用译码技术像破译密码样“破译”这些语言。而事实上，理解人类语言远比破译密码要复杂得多，存在着很多困难和挑战，因此，最早的自然语言理解方面的研究是机器翻译。从 21 世纪初开始，自然语言理解一直平稳发展，直到 2012 年，深度学习在语音识别上取得了重大突破，使自然语言理解技术的发展突飞猛进。今天，无论是语音识别还是机器翻译都取得了丰硕成果，并且可以实现大规模应用。

2017 年，强大的机器翻译模型 Transformer 横空出世，该模型在机器翻译及其他语言理解任务上的表现远远超越过去的算法。2018 年 8 月，该模型的最新版本 Universal Transformer 被发布，其不但在大规模语言理解上的通用效果更加优越，而且具有更强的语言推理能力。一个高级智能系统能够实现的前提是它能理解人的意图，而其实现的一个重要途径就是语言。第一章介绍的图灵测试实际上就是要通过对话（也就是语言）来判断跟你对话的到底是人还是机器。塞尔的中文屋虽然是对强人工智能的质疑，但也说明了机器要达到人类的水平，语言理解是必不可少的功能。无论是实现自然语言理解，还是自然语言生成，都远不如人们原来想象得那么简单，是十分困难的。从现有的理论和技术看，开发通用的、高质量的自然语言处理系统，仍然是人们较长期的努力目标。目前，针对一定应用，具有相当自然语言处理能力的实用系统已经出现，有些已经商品化甚至开始产业化。典型的有：多语种数据库和专家系统的自然语言接口、各种机器翻译系统、全文信息检索系统、自动文摘系统等，比如百度强大的搜索引擎、科大讯飞的"讯飞语音云"。

## 习题

思考题

1. 什么是机器翻译？

2. 语音识别的原理是什么？举例说明生活中常见的包含语音识别技术的产品。

3. 自然语言处理有哪些应用？

# 第 16 章

# 智能机器人

目前，我们现实中的机器人与传说或科幻电影中的机器人完全不同，它们只是帮助人类完成某种任务的工具。本章将首先讨论智能机器人的概念，然后概述机器人的体系结构，以及机器人视觉系统、规划和情感，最后介绍机器人的常见应用类型和未来发展趋势。

## 16.1 智能机器人概述

智能机器人是一种具有智能的、高度灵活的、自动化的机器，具备感知、规划、动作和协同等能力，是多种高新技术的集成体。智能机器人是将体力劳动和智力劳动高度结合的产物，构建能"思维"的人造机器。

1920 年，捷克作家卡佩克发表了剧本《罗萨姆的方能机器人》。在剧本中，卡佩克把捷克语"Robota"写成了"Robot"，被当成机器人一词的起源。该剧预告了机器人的发展对人类社会的悲剧性影响，引起了大家的广泛关注。卡佩克提出了机器人的安全、感知和自我繁殖问题。

### 1. 机器人三原则

科学技术的进步很可能引发人类不希望出现的问题。为了防止机器人伤害人类，科幻作家阿西莫夫于 1940 年提出了"机器人三原则"：

①机器人不应伤害人类。

②机器人应遵守人类的命令，与第一条违背的命令除外。

③机器人应能保护自己，与第一条相抵触者除外。

这是给机器人赋予的伦理性纲领。机器人学术界一直将这三项原则作为机器人开发的准则。

### 2. 机器人的发展历程

1954 年，美国乔治·德沃尔（见图 16-1）设计开发了第一台可编程的工业机器人。1962 年，美国 Unimation 公司的第一台机器人 Unimate（见图 16-2）在美国通用汽车公司投入使用，这标志着第一代机器人的诞生。机器人从诞生到向智能化迈进的发展进程大致可分为萌芽成长期、快速发展期与智能探索期三个阶段。多样传感器的应用使得机器人从单纯具备记忆、存储能力的示教再现型向感知反馈型转变，智能成熟度的提升催生机器人从传统工业领域向更加贴合人类生活的服务领域渗透，机器人发展历程如图 16-3 所示。目前，随着深度学习技术逐渐融入机器人的视觉、听觉和控制系统，整个产业处于 3.0 智能探索阶段。

图 16-1　乔治·德沃尔

图 16-2　Unimate 机器人

| 产品类型 | **示教再现机器人** | **感知反馈机器人** | **自主决策机器人** |
|---|---|---|---|
| | • 具有记忆、存储能力<br>• 按照相应程序重复作业<br>• 对周围环境基本没有感知与反馈控制能力 | • 可够获得作业环境、对象的部分有关信息<br>• 一定的实时处理 | • 现阶段机器人只可实现部分智能<br>• 理想化的智能机器人还处于研究阶段 |
| 里程碑事件 | • 1956年 达特茅斯会议上提出人工智能概念<br>• 1958年 世界第一家机器人公司Unimation成立，1959年第一台工业机器人诞生<br>• 1965年 麦卡锡联合MIT推出世界上第一个带有视觉传感器，能识别定位积木的机器人系统<br>• 1968年 斯坦福研究所诞生第一台智能机器人Shakey | • 2015年 具有公民身份证的机器人索菲亚诞生<br>• 2008年 世界第一例机器人切除脑肿瘤手术成功<br>• 2002年 美国iRobot公司推出吸尘器机器人Roomba<br>• 2002年 人形机器人"ASIMO"在日本本田公司问世<br>• 1999年 索尼推出犬型机器人爱宝，娱乐机器人开始走进家庭<br>• 1984年 美国推出医疗服务机器人Help Mate | |
| 阶段特点 | • 机构理论与伺服理论的发展，推进机器制造向自动化方向的迈进<br>• 由夹持器、手臂、驱动器、控制器等部分组成的"第一代机器人"步入实用阶段 | • 多种传感器的配置与更加复杂的控制方式让机器人更为智能与精准<br>• 服务机器人发展迅速，手术机器人、扫地机器人、仿生机器人等逐步渗透，机器人步入商品化阶段<br>• 国内、国际涌现出多家优质机器人企业 | • 图像识别、自然语音处理、机器视觉等人工智能技术不断赋能<br>• 具备判断、思考能力的智能机器人为各界探索热点<br>• 机器人不断融入人类日常生活，作业模式也在发生改变 |
| | 1.0 萌芽成长期<br>（1940—1960） | 2.0 快速发展期<br>（1970—2010） | 3.0 智能探索期<br>（2010—至今） |

图 16-3　机器人发展历程

### 3. 机器人的智能层次

机器人现在已被广泛地用于生产和生活的许多领域，按其拥有智能的水平可以分为三个层次：

①工业机器人。它只能死板地按照人给它规定的程序工作，不管外界条件有何变化，自己都不能对程序也就是对所做的工作做相应的调整。如果要改变机器人所做的工作，必须由人对程序作相应的改变，因此它是毫无智能的。

②初级智能机器人。它和工业机器人不一样，具有像人那样的感受、识别、推理和判断能力。可以根据外界条件的变化，在一定范围内自行修改程序，也就是它能适应外界条件变化，对自己作相应调整。不过，修改程序的原则由人预先给予规定。这种初级智能机器人已拥有一

定的智能，虽然还没有自动规划能力，但这种初级智能机器人也开始走向成熟，达到实用水平。

③高级智能机器人。它和初级智能机器人一样，具有感觉、识别、推理和判断能力，同样可以根据外界条件的变化，在一定范围内自行修改程序。所不同的是，修改程序的原则不是由人规定的，面是机器人自己通过学习，总结经验来获得修改程序的原则，所以它的智能高出初级智能机器人。这种机器人已拥有一定的自动规划能力，能够自己安排自己的工作。这种机器人可以不需要人的照料，完全独立地工作，故称为高级自律机器人。这种机器人也开始走向实用。从广义上理解所谓的智能机器人，它给人最深刻的印象是一个独特的进行自我控制的"活物"。其实，这个自控"活物"的主要器官并没有像真正的人那样微妙而复杂。智能机器人具备形形色色的内部信息传感器和外部信息传感器，如视觉、听觉、触觉和嗅觉。除具有传感器外，它还有效应器，作为作用于周围环境的手段。这就是筋肉，或称为自整步电动机，它们使手、脚、长鼻子和触角等部件动起来。

智能机器人之所以叫智能机器人，是因为它有相当发达的"大脑"。在脑中起作用的是中央计算机，这种计算机与操作它的人有直接的联系。最主要的是，这样的计算机可以进行按目的安排的动作。正因为这样，我们才说这种机器人是真正的智能机器人，尽管它们的外表可能有所不同。智能机器人能够理解人类语言，用人类语言同操作者对话，在它自身的"意识"中单独形成了一种使它得以"生存"的外界环境——实际情况的详尽模式。它能分析出现的情况，能调整自己的动作以达到操作者所提出的全部要求，能拟定所希望的动作，并在信息不充分的情况下和环境迅速变化的条件下完成这些动作，具有自适应的能力。

## 16.2 智能机器人的体系结构

智能机器人体系结构指一个智能机器人系统中的智能、行为、信息和控制的时空分布模式。体系结构是机器人本体的物理框架，是机器人智能的逻辑载体，选择和确定合适的体系结构是机器人研究中最基础的并且非常关键的一个环节。以智能机器人系统的智能、行为、信息和控制的时空分布模式作为分类标准，沿时间线索可归纳出五种典型结构：分层递阶结构、包容结构、三层结构、自组织结构、分布式结构。

### 1. 分层递阶结构

1979 年，萨里迪斯（Saridis G）提出分层递阶结构，其分层原则是随着控制精度的增加而智能能力减少。他根据这一原则把智能控制系统分为三级，即组织级、协调级和执行级。

分层递阶结构是目标驱动的慎思结构，其核心在于基于符号的规划，其思想源于西蒙和纽厄尔的物理符号系统假说。分层递阶结构中两个典型的代表是 SPA（Sense-Pan-Act）和 NASREM。SPA 应用于第一个具有规划功能的移动机器人 Shakcy，该机器人控制系统划分为感知（S）、规划（P）和执行（A）三个线性串联的模块。S 模块处理传感信息、环境建模；P 模块根据环境模型和任务目标进行规划；A 模块执行 P 模块规划结果。信息按 S-P-A 方向单向流动，无反馈。

美国航天航空局（NASA）和美国国家标准局（NBS）提出一个机器人 NASREM 结构体系，它是一个严格按时间和功能划分模块的分层递阶系统。系统对总命令一级一级进行时间和空间上的分解并根据需要调用传感器信息处理模块及相应的数据。NASREM 是 NASA/NBS 提出的参考模型并首先应用在空间机器人上，整个系统分成信息处理环境建模和任务分解三列以及坐标变换与服控制、动力学计算、基本运动、单体任务、成组任务和总任务六层，所有模块共享一个全局存储器（数据库），系统还包括一个人机接口模块。该系统是一个典型的、严格按时间和功能划分模块的分层递阶系统。

分层递阶结构智能分布在顶层，通过信息的逐层向下流动，间接地控制行为。该结构具有很好的规划推理能力，通过自上而下任务逐层分解，模块工作范围逐层缩小，问题求解精度逐层增高，实现了从抽象到具体、从定性到定量、从人工智能推理方法到数值算法的过渡，较好地解决了智能和控制精度的关系，其缺点是系统可靠性、鲁棒性和反应性差。

### 2. 包容结构

1986 年，布鲁克斯（Brooks R）以移动机器人为背景提出了一种依据行为来划分层次和构造模块的思想。他相信机器人行为的复杂性反映了其所处环境的复杂性，而非机器人内部结构的复杂性，于是提出了包容结构，这是一种典型的反应式结构（也称为基于行为或基于情境的结构）。包容结构中每个控制层直接基于传感器的输入进行决策，在其内部不维护外界环境模型，可以在完全陌生的环境中进行操作。布鲁克斯采用包容结构构造了多种机器人，这些机器人确实显示出非常强的智能行为。随后涌现了一批基于包容思想的研究成果。

### 3. 三层结构

纯粹的分层递阶结构缺少对陌生环境的反应能力，单一的包容结构缺乏必要的理性和学习能力。20 世纪 90 年代初，三个不同的研究小组几乎同时独立地提出了极其相似的解决方案——三层结构。三层结构由反馈控制层、慎思规划层和连接两者的序列层构成。

三层结构是分层递阶和包容结构相融合的混合结构，既吸取了递阶结构中高层规划的智能性，又保持了包容结构中低层反应的灵活性，机器人内部状态是传感信息融合的结果，是对外界环境的反映。三层结构中，序列层维护着状态信息，反映的是环境的过去，控制层直接处理传感信息，面对的是环境的现在，慎思层经过规划推理，预测的是环境的将来，从而保证了智能机器人在时间维上对环境的准确把握。三层结构的不足之处是忽视了传感信息融合、学习和环境建模（空间维）。以后几年实现的机器人多采用层结构，都是基于三层结构进行改进或扩充。

### 4. 自组织结构

1997 年，罗森布拉特（Rosenblatt J）在移动机器人导航中提出了 DAMN 结构。自组织结构由一组分布式功能模块和一个集中命令仲裁器组成。各功能模块基于领域知识通过规划或反应方式自主产生行为（投票），由仲裁器产生一致的、理性的、目标导向的动作到控制器。各功能模块的投票受表决权大小的影响，表决权由模式管理器维护并可以动态修改。于是，在不同的任务、环境状态下，各功能模块会表现出不同的输入 / 输出关系，即通过分布投票、集中仲裁且动态改变表决权的方式实现变构从而使 DAMN 结构表现出自组织能力。

### 5. 分布式结构

1998 年，比亚乔（Piaggio M）提出一种称为 HEIR（hybrid experts in intelligent robots）的非层次结构，它由处理不同类型知识的三个部分组成：符号组件（S）、图解组件（D）和反应组件（R），每个组件又都是一个由多个具有特定认知功能的、可以并发执行的智能体构成的专家组，各组件没有层次高低之分，自主地、并发地工作，相互间通过信息交换进行协调，这是一种典型的分布式结构。

## 16.3 \\\\\ 机器人视觉系统 ------------------------------

机器人视觉系统是指用计算机来实现人的视觉功能，也就是用计算机来实现对客观的三维世界的识别。人类视觉为人类提供了关于周围环境最详细可靠的信息。人类视觉所具有的强大功能和完美的信息处理方式引起了人工智能研究者的极大兴趣，人们希望以生物视觉为蓝本研究一个人工视觉系统用于机器人中，期望机器人拥有类似人类感受环境的能力。机器人要对外部世界的信息进行感知，就要依靠各种传感器，在机器人的众多感知传感器中，视觉系统提供了大部分机器人所需的外部世界信息。因此视觉系统在机器人技术中具有重要的作用。

### 1. 视觉系统分类

依据视觉传感器的数量和特性，目前主流的移动机器人视觉系统有单目视觉、双目立体视觉、多目视觉和全景视觉等。

（1）单目视觉

单目视觉系统只使用一个视觉传感器。单目视觉系统在成像过程中由于从三维客观世界投影到 N 维图像上，从而损失了深度信息，这是此类视觉系统的主要缺点。尽管如此，单目视觉系统由于结构简单、算法成熟且计算量较小，在自主移动机器人中已得到广泛应用，如用于目标跟踪、基于单目特征的室内定位导航等。同时，单目视觉是其他类形视觉系统的基础，如双目立体视觉、多目视觉等都是在单目视觉系统的基础上，通过附加其他手段和措施来实现的。

（2）双目立体视觉

双目视觉系统由两个摄像机组成，利用三角测量原理获得场景的深度信息，并且可以重建周围景物的三维形状和位置，类似人眼的视觉功能，原理简单。双目视觉系统需要精确地知道两个摄像机之间的空间位置关系，而且场景环境的 3D 信息需要两个摄像机从不同角度，同时拍摄同一场景的两幅图像，并进行复杂的匹配，才能准确得到立体视觉系统，能够比较准确地恢复视觉场景的三维信息，在移动机器人定位导航、避障和地图构建等方面得到了广泛的应用。然而，立体视觉系统的难点是对应点匹配的问题，该问题在很大程度上制约着立体视觉在机器人领域的应用前景。

（3）多目视觉

多目视觉系统采用三个或三个以上摄像机，三目视觉系统居多，主要用来解决双目立体视觉系统中匹配多义性的问题，提高匹配精度。多目视觉系统最早由莫拉维克（Moravec H）研究，他为"Stanford Cart"研制的视觉导航系统采用单个摄像机的"滑动立体视觉"来实现；雅西达（Yachida M）提出了三目立体视觉系统解决对应点匹配的问题，真正突破了双目立体视觉系统的局限，并指出以边界点作为匹配特征的三目视觉系统中，其三元匹配的准确率比较高；艾雅（Ayache N）提出了用多边形近似后的边界线段作为特征的三目匹配算法，并用到移动机器人中，取得了较好的效果；三目视觉系统的优点是充分利用了第三个摄像机的信息，减少了错误匹配，但三目视觉系统要合理安置三个摄像机的相对位置，其结构配置比双目视觉系统更烦琐，而且匹配算法更复杂，需要消耗更多的时间，实时性更差。

（4）全景视觉

全景视觉系统是具有较大水平视场的多方向成像系统，其突出优点是具有较大的视场，可以达到360°，这是其他常规镜头无法比拟的。全景视觉系统可以通过图像拼接的方法或者通过折反射光学元件实现。图像拼接的方法使用单个或多个相机旋转，对场景进行大角度扫描，获取不同方向上连续的多帧图像，再用拼接技术得到全景图。美国南加州大学的斯特恩（Stein F）利用旋转摄像机获得360°平线信息为机器人提供定位信息；清华大学的刘亚利用360°旋转的摄像机拼接出镶嵌有运动目标的全景图，并对运动目标进行跟踪。图像拼接形成全景图的方法成像分辨率高，但拼接算法复杂，成像速度慢，实时性差。折反射全景视觉系统由CCD摄像机、折反射光学元件等组成，利用反射镜成像原理，可以观察周围360°场景，成像速度快，能达到实时要求，具有十分重要的应用前景，可以应用在机器人导航中。日本大阪大学利用锥面反射镜研制出了COPIS全景视觉系统，为移动机器人提供定位、避障和导航。全景视觉系统本质上也是一种单目视觉系统，也无法直接得到场景的深度信息。其另一个缺点是获取的图像分辨率较低，并且图像存在很大的畸变，从而会影响图像处理的稳定性和精度。在进行图像处理时首先需要根据成像模型对畸变图像进行校正，这种校正过程不但会影响视觉系统的实时性，而且还会造成信息的损失。另外，这种视觉系统对全景反射镜的加工精度要求很高，若双曲反射镜面的精度达不到要求，利用理想模型对图像校正则会存在较大偏差。目前，利用全景视觉最为成功的典型实例是RoboCup足球比赛机器人。

（5）混合视觉系统

混合视觉系统吸收各种视觉系统的优点，采用两种或两种以上的视觉系统组成复合视觉系统，多采用单目或双目视觉系统，同时配备其他视觉系统。日本早稻田大学研制的机器人BUGNOID的混合视觉系统由全景视觉系统和双目立体视觉系统组成，其中全景视觉系统提供大视角的环境信息，双目立体视觉系统配置成平行的方式，提供准确的距离信息。CMU的流浪者机器人（Nomad）采用混合视觉系统，全景视觉系统由球面反射形成，提供大视角的地形信息，双目视觉系统和激光测距仪检测近距离的障碍物。清华大学的朱志刚使用一个摄像机研制了多尺度视觉传感系统POST，实现了双目注视、全方位环视和左右两侧的时空全景成像，为机器人提供了导航等混合视觉系统具有全景视觉系统视场范围大的优点，同时又具备双目视觉系统精度高的长处，但是该类系统配置复杂，费用比较高。

## 2. 定位技术

机器人研究的重点转向能在未知、复杂和动态环境中独立完成给定任务的自主式移动机器人的研究。自主移动机器人的主要特征是能够借助于自身的传感器系统实时感知和理解环境，并自主完成任务规划和动作控制，而视觉系统则是其实现环境感知的重要手段之一。典型的自主移动机器人视觉系统应用包括室内机器人自主定位导航、基于视觉信息的道路检测、基于视觉信息的障碍物检测与运动估计以及移动机器人视觉伺服等。移动机器人导航中，实现机器人自身的准确定位是一项最基本、最重要的功能。移动机器人常用的定位技术包括以下几种：

①基于航迹推算的定位技术。航迹推算（dead reckoning，DR）是一种使用最广泛的定位手段。该技术的关键是要能测量出移动机器人单位时间间隔走过的距离，以及在这段时间内移动机器人航向的变化。

②基于信号灯的定位方法。该系统依赖一组安装在环境中已知的信号灯，在移动机器人上安装传感器，对信号灯进行观测。

③基于地图的定位方法。该系统中机器人利用对环境的感知信息对现实世界进行建模，自动构建一个地图。

④基于路标的定位方法。该系统中机器人利用传感器感知到的路标的位置来推测自己的位置。

⑤基于视觉的定位方法。利用计算机视觉技术实现环境的感知和理解，从而实现定位。

## 3. 视觉导航

机器人自主视觉导航是目前世界范围内人工智能、机器人学和自动控制等学科领域内的研究热点。传统机器人自主导航依赖轮式里程计、惯性导航装置（IMU）和 GPS 卫星定位系统等进行定位。而轮式里程计在车轮打滑情况下会产生较大误差，惯性导航装置在长距离导航中受误差累积影响定位精度会下降，GPS 定位技术在外星球探测或室内封闭环境应用中受到诸多限制。因此，基于双目立体视觉的定位算法成为解决轮式里程计和惯性导航装置定位误差的可行方法。另外，机器人自主导航需要对周围环境进行实时动态的感知和重建，并构建地图用于导航和避障。传统的地形感知多使用激光雷达、声呐、超声和红外等传感器及相关方法，激光雷达功耗、体积较大，不适用于小型移动机器人；超声、红外传感器作用距离有限且易受干扰；采用被动光学传感器的视觉方法，体积功耗小，信息量丰富，因此基于视觉方法进行地形感知与地图构建具有广阔的应用前景。

## 4. 视觉伺服系统

最早基于视觉的机器人系统采用的是静态 look and move 形式。即先由视觉系统采集图像并进行相应处理，然后通过计算估计目标的位置来控制机器人运动。这种操作精度直接与视觉传感器、机械手及控制器的性能有关，这使得机器人很难跟踪运动物体。到 20 世纪 80 年代，计算机及图像处理硬件得到发展，使得视觉信息可用于连续反馈，于是人们提出了基于视觉的伺服控制形式。这种方式可以克服模型（包括机器人、视觉系统和环境）中存在的不确定性，提高了视觉定位或跟踪的精度。

可以从不同的角度如反馈信息类型、控制结构和图像处理时间等方面对视觉伺服机器人控制系统进行分类。从反馈信息类型的角度，机器人视觉系统可分为基于位置的视觉控制和基于图像的视觉控制。前者的反馈偏差在 3D Cartesian 空间进行计算，后者的反馈偏差在 2D 图像平面空间进行计算。

从控制结构的角度，可分为开环控制系统和闭环控制系统。开环控制的视觉信息只用来确定运动前的目标位姿，系统不要求昂贵的实时硬件，但要求事先对摄像机和机器人进行精确标定。闭环控制的视觉信息用作反馈，这种情况下能抵抗摄像机与机器人的标定误差，但要求快速视觉处理硬件。根据视觉处理的时间可将系统分为静态和动态两类。根据摄像机的安装位置可分为 eye-in-hand 安装方式和其他安装方式。前者在摄像机与机器人末端之间存在固定的位置关系，后者的摄像机则固定于工作区的某个位置。也有人把摄像机安装在机械手的腰部，即具有一个自由度的主动性。根据所用摄像机的数目可分为单目、双目和多目等。根据摄像机观测到的内容可分为 EOL 和 ECL 系统。EOL 系统中摄像机只能观察到目标物体；ECL 系统中摄像机同时可观察到目标物体和机械手末端，这种情况的摄像机一般固定于工作区，其优点是控制精度与摄像机和末端之间的标定误差无关，缺点是执行任务时，机械手会挡住摄像机视线。

根据是否用视觉信息直接控制关节角，可分为动态 look-and-move 系统和直接视觉服系统。前者的视觉信息为机器人关节控制器提供设定点输入，由内环的控制器控制机械手的运动；后者用视觉伺服控制器代替机器人控制器，直接控制机器人关节角。由于目前的视频部分采样速度不是很高，加上一般机器人都有现成的控制器，所以多数视觉控制系统都采用双环动态方式。

此外，也可根据任务进行分类，如基于视觉的定位、跟踪或抓取等。视觉伺服的性能依赖于控制回路中所用的图像特征。特征包括几何特征和非几何特征。机械手视觉伺服中常见的是几何特征。早期视觉伺服系统中用到的多是简单的局部几何特征，如点、线、圆圈、矩形和区域面积等以及它们的组合特征。其中点特征应用最多。局部特征虽然得到了广泛应用，而且在特征选取恰当的情况下可以实现精确定位，但当特征超出视域时则很难作出准确的操作。特别是对于真实世界中的物体，其形状、纹理、遮挡情况、噪声和光照条件等都会影响特征的可见性，所以单独利用局部特征会影响机器人可操作的任务范围。

近来有人在视觉控制中利用全局的图像特征，如特征向量、几何矩、图像到直线上的投影、随机变换和描述子等。全局特征可以避免局部特征超出视域所带来的问题，也不需要在参考特征与观察特征之间进行匹配，适用范围较广，但定位精度比用局部特征低。总之，特征的选取没有通用的方法，必须针对任务、环境和系统的软硬件性能，在时间、复杂性和系统的稳定性之间进行权衡。早期的视觉控制机器人，一般取图像特征的数目与机器人的自由度相同，例如，威尔斯（Wells）和斯塔特森（Standersons）要求允许的机器人自由度数一定要等于特征数，这样可以保证图像雅可比矩阵是方阵，同时要求所选的特征是合适的，以保证图像雅可比矩阵非奇异。

## 16.4 \\\ 机器人规划

规划的任务是寻找一个动作序列使问题求解（如控制系统）可以完成某个特定的任务。它从某个特定的问题状态出发，寻求一系列行为动作，并建立一个操作序列，直到求得目标状态为止。规划是关于动作的推理。它是一种抽象的和深思熟虑的过程，该过程通过预期动作的期望效果，选择和组织一组动作，其目的是尽可能好地实现一个预先给定的目标。规划涉及如何将问题分解为若干个相应的子问题，以及如何记录和处理问题求解过程中发现的子问题间的关系。

规划实质分类时淡化规划内容，只考虑规划的实质，如目标、任务、途径和代价等，进行比较抽象的规划。按照规划的实质，可把规划分为：

①任务规划：对求解问题的目标和任务等进行规划，又称为高层规划。

②路径规划：对求解问题的途径、路径和代价等进行规划，又称为中层规划。

③轨迹规划：对求解问题的空间几何轨迹及其生成进行规划，又称为底层规划。

## 16.5 \\\ 情感机器人

情感机器人就是用人工的方法和技术赋予机器人以人类式的情感，使之具有表达、识别和理解喜怒哀乐，模仿、延伸和扩展人的情感的能力。

20 世纪 90 年代各国纷纷提出了"情感计算""感性工学""人工情感"与"人工心理"等理论，为情感识别与表达型机器人的产生奠定了理论基础。主要的技术成果有基于图像或视频的人脸表情识别技术，基于情景的情感手势、动作识别与理解技术，表情合成和情感表达方法和理论，情感手势、动作生成算法和模型，基于概率图模型的情感状态理解技术，情感测量和表示技术，情感交互设计和模型等。这种机器人能够比较逼真地模拟人的许多种情感表达方式，能够较为准确地识别几种基本的情感模式。

2008 年，美国麻省理工学院开发出情感机器人"Nexi"，该机器人不仅能理解人的语言，还能够对不同语言作出相应的喜怒哀乐反应。

欧盟第七研发框架计划 2010 年正式启动 ALIZ-E 具有情感的机器人研发项目，总投资 1 060 万欧元，已于 2014 年完成。该课题由德国科学家领导，法国、意大利、荷兰和英国科研人员所组成的研究团队，进行情感机器人的研究，科研人员的研发工作以儿童和机器人之间的相互作用和相互学习为基础，研究模拟类似人类情感行为举止的情感机器人，正如人类情感源自对过去活动环境和经验积累的记忆互动以及相互接受。目前，情感机器人应用优化阶段的研发工作正在意大利米兰的 San Rafaele 医院小儿科进行。科研人员通过对儿童和机器人之间互动的跟踪观测，优化和调试机器人吸引和维持对儿童注意力的方式，从而自动重复产生机器人与儿童之间的共同行为举止、语言交流和游戏爱好等。科研人员希望应用优化阶段的情感机器人可以获得令人满意的结果，如此将在世界上首次制造出满足儿童需求的"伙伴机器人"。

## 16.6 \\\\ 机器人应用 ------------------------------------

### 1. 军用机器人

被称为空中机器人的无人机是军用机器人中发展最快的家族，从 1913 年第一台自动驾驶仪问世以来，无人机的基本类型已达到 300 多种，目前在世界市场上销售的无人机有 40 多种。

地面军用机器人主要是指智能或遥控的轮式和履带式车辆。地面军用机器人又可分为自主车辆和半自主车辆。自主车辆依靠自身的智能自主导航，躲避障碍物，独立完成各种战斗任务；半自主车辆可在人的监视下自主行使，在遇到困难时操作人员可以进行遥控干预。2008 年 3 月美国波士顿动力公司研制了"大狗（Big Dog）"机器人，它拥有非常强的平衡能力，无论是陡坡、崎岖路段还是在冰面或者雪地上，都能够行走自如。近 20 年来，水下机器人有了很大的发展，它们既可军用又可民用。按照与水面支持设备（母船或平台）间联系方式的不同，水下机器人可以分为两大类：一种是有缆水下机器人，习惯上称作遥控潜水器（ROV）；另一种是无缆水下机器人，习惯上称作自治潜水器（AUV）。有缆机器人都是遥控式的，按其运动方式分为拖曳式、（海底）移动式和浮游（自航）式三种。

### 2. 民用机器人

①工业机器人。工业机器人是指在工业中应用的一种能进行自动控制的、可重复编程的、多功能的、多自由度的、多用途的操作机，能搬运材料、工件或操持工具，用以完成各种作业，且这种操作机可以固定在一个地方，也可以在往复运动的小车上。

②服务机器人。服务机器人的应用范围很广，主要从事维护、保养、修理、运输、清洗、保安、救援和监护等工作。德国生产技术与自动化研究所所长施拉夫特博士给服务机器人下了这样一个定义：服务机器人是一种可自由编程的移动装置，它至少应有三个运动轴，可以部分自动地或全自动地完成服务工作。这里的服务工作指的不是为工业生产物品而从事的服务活动，而是指为人和单位完成的服务工作。

③医疗机器人。医疗机器人从功能上可分为以下五种类型：

- 辅助内窥镜操作机器人。它能够按照医生的控制指令，操作内窥镜的移动和定位。

- 辅助微创外科手术机器人。它一般具有先进的成像设备、一个控制台和多只电子机械手，手术医生只要坐在控制台前，观察高清晰度的三维图像，操纵仪器的手柄，机器人就会实时完成手术。

- 远程操作外科手术机器人。这种机器人配备了专门的通信网络传输数据收发系统可以完成远程手术。

- 虚拟手术机器人。这一机器人将扫描的图像资料进行三维分析后，在计算机上重建为人体或人体器官，医生便可以在虚拟图像上进行手术训练，制订手术计划。

- 微型机器人。主要包括智能药丸、智能影像胶囊和纳米机器人。智能药丸机器人能够按照预定程序释放药物并反馈信息；智能影像胶囊能辅助内窥镜或影像检查；正在研制开发的纳米机器人还可以钻入人体，甚至在肉眼看不见的微观世界里完成靶向治疗任务。

## 16.7 \\\\ 智能机器人的发展趋势 --------------------------------

目前，工业机器人主要应用于汽车生产的制造过程中，今后机器人要转向与人合作的阶段。与人共融将是下一代机器人的特征。各国都在加大科研力度，进行机器人共性技术的研究，并朝着智能化和多样化方向发展。主要研究内容集中在以下 10 个方面：

①工业机器人操作机结构的优化设计技术：探索新的高强度轻质材料，进一步提高负载/自重比，同时结构向着模块化、可重构方向发展。

②机器人控制技术：重点研究开放式、模块化控制系统，人机界面更加友好，语言图形编程界面正在研制中。机器人控制器的标准化和网络化，以及基于 PC 网络式控制器已成为研究热点。编程技术除进一步提高在线编程的可操作性之外，离线编程的实用化将成为研究重点。

③多传感系统：为进一步提高机器人的智能和适应性，多种传感器的使用是其问题解决的关键。其研究热点在于有效可行的多传感器融合算法，特别是在非线性及非平稳、非正态分布情形下的多传感器融合算法。另一问题就是传感系统的实用化。

④机器人的结构：灵巧，控制系统体积越来越小，二者正朝着一体化方向发展。

⑤机器人遥控及监控技术：机器人半自主和自主技术，多机器人和操作者之间的协调控制，通过网络建立大范围的机器人遥控系统，在有时延的情况下，建立预先显示进行遥控等。

⑥虚拟机器人技术：基于多传感器、多媒体和虚拟现实以及临场感技术，实现机器人的虚拟遥控操作和人机交互。

⑦多智能体协调控制技术：这是目前机器人研究的一个崭新领域，主要对多主体的群体体系结构、相互间的通信与磋商机理、感知与学习方法、建模和规划以及群体行为控制等方面进行研究。

⑧微型和微小机器人技术（micro/miniature robotics）：这是机器人研究的一个新的领域和重点发展方向。过去的研究在该领域几乎是空白，因此该领域研究的进展将会引起机器人技术的一场革命，并且对社会进步和人类活动的各个方面产生不可估量的影响，微小型机器人技术的研究主要集中在系统结构、运动方式、控制方法、传感技术、通信技术以及行走技术等方面。

⑨软机器人技术（soft robotics）：主要用于医疗、护理、休闲和娱乐场合。传统机器人设计未考虑与人紧密共处，因此其结构材料多为金属或硬性材料，软机器人技术要求其结构、控制方式和所用传感系统在机器人意外地与环境或人碰撞时是安全的，机器人对人是友好的。

⑩仿人和仿生技术：这是机器人技术发展的最高境界，目前仅在某些方面进行了一些基础研究。

智能机器人从我们人类中成长，学习我们的技能，与我们拥有共同的价值标准，可以看成是我们人类思维的后代。新一代能力更强、用途更广的机器人被称作"通用"机器人。莫拉维克对未来机器人的预测：2030 年会诞生第三代通用机器人，这一代机器人具备预测的能力，在行动之前若预测到将出现比较糟的结果，它能及时改变意图；第四代通用机器人会在 2040 年出现，这一代机器人将具备更完善的推理能力。

## 习题

**思考题**

1. 智能机器人的体系结构包括哪些？

2. 智能机器人有哪些应用场景？

3. 智能机器人是如何实现导航的？

4. 机器人的视觉系统有哪些常见形式？

# 第三部分
# 人工智能实践

　　为了帮助读者理解人工智能领域中主要方法的基本原理，本部分提供了 6 个实践案例，包括基于产生式的动物识别专家系统、基于决策树的银行贷款审批模型、鸢尾花的 K 均值聚类、利用卷积神经网络识别手写数字、利用 DCGAN 生成 MNIST 手写数字，以及使用深度强化学习方法玩 Flappy bird 游戏等。希望通过这些案例，能够有助于揭开人工智能方法的神秘面纱，让读者体会到实践的乐趣。

# 第17章

# 基于产生式的动物识别专家系统

## 17.1 \\\ 问题提出

如图 17-1 所示，设计并实现一个基于产生式表示法的动物识别专家系统，能够获取用户提供的事实（如有长腿、有长脖子等），并利用推理程序根据知识库推理出动物类别（包括老虎、金钱豹、斑马、长颈鹿、企鹅、鸵鸟、信天翁等七种动物）。

图 17-1　基于产生式规则识别七种动物

知识库包括 15 条规则，如下：

① r1：IF 该动物有毛发 THEN 该动物是哺乳动物。

② r2：IF 该动物有奶 THE 该动物是哺乳动物。

③ r3：IF　该动物有羽毛 THEN 该动物是鸟。

④ r4：IF 该动物会飞 AND 会下蛋 THEN 该动物是鸟。

⑤ r5：IF 该动物吃肉 THEN 该动物是食肉动物。

⑥ r6：IF 该动物有犬齿 AND 有爪 AND 眼盯前方 THEN 该动物是食肉动物。

⑦ r7：IF 该动物是哺乳动物 AND 有蹄 THEN 该动物是有蹄类动物。

⑧ r 8：IF 该动物是哺乳动物 AND 是反刍动物 THEN 该动物是有蹄类动物。

⑨ r9：IF 该动物是哺乳动物 AND 是食肉动物 AND 是黄褐色 AND 身上有暗斑点 THEN 该动

物是金钱豹。

⑩ r10：IF 该动物是哺乳动物 AND 是食肉动物 AND 是黄褐色 AND 身上有黑色条纹 THEN 该动物是虎。

⑪ r11：IF 该动物是有蹄类动物 AND 有长脖子 AND 有长腿 AND 身上有暗斑点 THEN 该动物是长颈鹿。

⑫ r12：IF 该动物有蹄类动物 AND 身上有黑色条纹 THEN 该动物是斑马。

⑬ r13：IF 该动物是鸟 AND 有长脖子 AND 有长腿 AND 不会飞 AND 有黑白二色 THEN 该动物是鸵鸟。

⑭ r14：IF 该动物是鸟 AND 会游泳 AND 不会飞 AND 有黑白二色 THEN 该动物是企鹅。

⑮ r15：IF 该动物是鸟 AND 善飞 THEN 该动物是信天翁。

## 17.2　解决思路

### 1. 系统结构

基于产生式的专家系统结构如图 17–2 所示，主要包括规则库、综合数据库和控制系统。

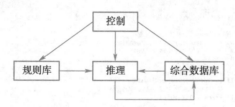

图 17-2　基于产生式的专家系统结构

①规则库：用于描述相应领域内知识的产生式集合。对于本问题，规则库包括上节中的 15 条规则。

②综合数据库（事实库、上下文、黑板等）：一个用于存放问题求解过程中各种当前信息的数据结构。对于本问题，综合数据库用于存储关于识别动物的已知描述以及推理出的中间结论。

③控制系统（推理机构）：由一组程序组成，负责整个产生式系统的运行，实现对问题的求解。

### 2. 推理过程

①设已知初始事实存放在综合数据库中：

该动物身上有：暗斑点，长脖子，长腿，奶，蹄。

②推理机构的工作过程：

· 从规则库中取出 r1，检查其前提是否可与综合数据库中的已知事实匹配。匹配失败则 r1 不能被用于推理。然后取 r2 进行同样的工作，匹配成功则 r2 被执行。

综合数据库：

该动物身上有：暗斑点，长脖子，长腿，奶，蹄，哺乳动物。

· 分别用 r3，r4，r5，r6 综合数据库中的已知事实进行匹配，均不成功。r7 匹配成功，执行 r7。

综合数据库：

该动物身上有：暗斑点，长脖子，长腿，奶，蹄，哺乳动物，有蹄类动物。

- r11 匹配成功，并推出"该动物是长颈鹿"。

# 17.3 \\\ 实验环境

①编程环境：Anaconda Spyder。

② Python 版本：Python 3.7。

# 17.4 \\\ 核心代码

①将规则存储在文本文件 rule_base.txt 中，在程序运行时自动读取该文件并转换成规则，如图 17-3 所示。

```python
self.process = ''          # 存储推理过程
self.animal = ''           # 存储结论
self.rules = []

# 动物识别专家系统的分类目标
self.animals = {'虎', '金钱豹', '斑马', '长颈鹿', '企鹅', '鸵鸟', '信天翁'}

# 读取规则库内容显示到界面上，并转换成内部列表表示
# with open('new_rule_base.txt', 'r', encoding = 'utf8')
with open('rule_base.txt', 'r') as rules:
    for rule in rules:
        if not rule.isspace():
            rule = rule.strip('\n')
            self.textBrowser.append(rule)          # 将规则库放入显示框
            # 同时处理规则，使用列表结构存储，从而便于处理
            self.trans_rules(rule)

# 处理规则
def trans_rules(self, rule):
    # 第一项是规则编号，将每条规则的前提条件使用集合形式存储，而结论是字符串形式，三者构成一个列表，所有规则列表构成规则库
    # rules: [['r1', {}, ''], ['r2', {}, '']]
    rule = rule.replace(': IF', 'THEN').split('THEN')
    self.rules.append([rule[0], set(map(str.strip, rule[1].split('AND'))), rule[-1].strip()])
    return
```

图 17-3　读取并转换规则

②规则匹配方法，如图 17-4 所示。

```python
def match_rules(self, rules, database):
    '''
    :param rules: 规则库
    :param database: 综合数据库/事实库 集合表示
    :return: None
    '''
    matched_rules = []
    for rule in rules:
        if rule[1] <= database:          # 规则的前提包含于综合数据库，即匹配
            matched_rules.append(rule)

    # 如果存在匹配的规则，则冲突消解后进行推理
    if matched_rules:
        rule = MAIN_ui.conflict_resolution(matched_rules)
        self.animal = rule[-1]
        database.add(rule[-1])                    # 将中间结论加入综合数据库
        self.process += "{}: {} ==> {}\n".format(rule[0], rule[1], rule[-1])   #记录推理过程
        rules.remove(rule)                        # 将使用过的规则删除，提高后续推理效率
    else:
        self.animal = ''
    return
```

图 17-4　规则匹配

③推理方法，如图 17-5 所示。

```python
def inference(self):
    '''
    :return: None
    '''
    start_time = time.time()
    facts = self.textEdit.toPlainText()          # 获取输入的事实
    database = set(facts.split())  # 将综合数据库以集合的形式存放
    self.process = ''                             # 重新初始化推理过程
    self.animal = ''                              # 重新初始化结论

    #开始正式推理
    rules = copy.deepcopy(self.rules)       # 拷贝一份规则库，便于后续规则匹配过程中的删除
    while True:                             # 循环匹配
        self.match_rules(rules, database)
        if self.animal == '' or (self.animals & database):
            break

    print('推理过程耗时{:.5f}秒'.format(time.time() - start_time))
```

图 17-5　推理过程

④冲突消解，如图 17-6 所示。

```python
# 冲突消解的静态方法
@staticmethod
def conflict_resolution(matched_rules):
    '''
    :param matched_rules: 匹配的规则
    :return: 从匹配的规则中选择一条规则
    '''
    rule = ['', set(), '']
    #按规则的针对性排序，解决冲突，如果针对性相同则选择最靠后的规则
    for m_rules in matched_rules:
        if len(m_rules[1]) >= len(rule[1]):
            rule = m_rules
    return rule
```

图 17-6　冲突消解

## 17.5　实验效果

当输入事实"有暗斑点 有长脖子 有长腿 有奶 有蹄"，并单击"进行推理"按钮时，程序推理得到该动物是"长颈鹿"的结论，并且给出了推理过程中先后匹配的规则，如图 17-7 所示。

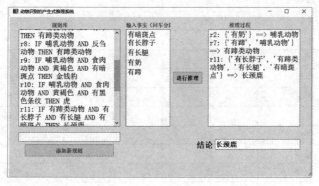

图 17-7　推理结果

# 第18章

# 基于决策树的银行贷款审批模型

## 18.1  问题提出

扫一扫

审批模型

　　给定表 18-1 中一个由 15 个样本组成的贷款申请训练数据，希望学习一个审批贷款申请的分类模型，用以对未来的贷款申请进行分类，即当新的客户提出贷款申请时，根据申请人的特征利用该模型决定是否批准贷款申请。数据包括贷款申请人的四个特征：第一个特征是年龄，有三个可能值：青年，中年，老年；第二个特征是有工作，有两个可能值：是，否；第三个特征是有自己的房子，有两个可能值：是，否；第四个特征是信贷情况，有三个可能值：非常好，好，一般。表的最后一列是类别，是否同意贷款，取两个值：是，否。

表 18-1　贷款申请样本数据

| ID | 年龄 | 有工作 | 有自己的房子 | 信贷情况 | 类别 |
|----|------|--------|--------------|----------|------|
| 1 | 青年 | 否 | 否 | 一般 | 否 |
| 2 | 青年 | 否 | 否 | 好 | 否 |
| 3 | 青年 | 是 | 否 | 好 | 是 |
| 4 | 青年 | 是 | 是 | 一般 | 是 |
| 5 | 青年 | 否 | 否 | 一般 | 否 |
| 6 | 中年 | 否 | 否 | 一般 | 否 |
| 7 | 中年 | 否 | 否 | 好 | 否 |
| 8 | 中年 | 是 | 是 | 好 | 是 |
| 9 | 中年 | 否 | 是 | 非常好 | 是 |
| 10 | 中年 | 否 | 是 | 非常好 | 是 |
| 11 | 老年 | 否 | 是 | 非常好 | 是 |
| 12 | 老年 | 否 | 是 | 好 | 是 |
| 13 | 老年 | 是 | 否 | 好 | 是 |
| 14 | 老年 | 是 | 否 | 非常好 | 是 |
| 15 | 老年 | 否 | 否 | 一般 | 否 |

## 18.2 \\\\\ 解决思路

利用 ID3 算法构建决策树，算法每次迭代时选择信息增益最大的特征作为树节点。信息增益的计算方式如下：

$$g(D, A)=H(D)-H(D|A)$$

定义数据集 $D$ 的信息熵 $H(D)$ 与特征 $A$ 给定条件下 $D$ 的经验条件熵 $H(D|A)$ 之差。

在决策树的每一个非叶子结点划分之前，先计算每一个属性所带来的信息增益，选择最大信息增益的属性来划分，因为信息增益越大，区分样本的能力就越强，越具有代表性，很显然这是一种自顶向下的贪心策略。

## 18.3 \\\\\ 实验环境

① Python 环境：Python 3.7。
② Python 模块：matplotlib。

## 18.4 \\\\\ 核心代码

①计算信息熵，代码见图 18-1。

```python
# 计算的始终是类别标签的不确定度
def calcShannonEnt(dataSet):
    """
    计算训练数据集中的Y随机变量的香农熵
    :param dataSet:
    :return:
    """
    numEntries = len(dataSet) # 实例的个数
    labelCounts = {}
    for featVec in dataSet: # 遍历每个实例，统计标签的频次
        currentLabel = featVec[-1] # 表示最后一列
        # 当前标签不在labelCounts map中，就让labelCounts加入该标签
        if currentLabel not in labelCounts.keys():
            labelCounts[currentLabel] =0
        labelCounts[currentLabel] +=1

    shannonEnt = 0.0
    for key in labelCounts:
        prob = float(labelCounts[key]) / numEntries
        shannonEnt -= prob * log(prob,2) # log base 2
    return shannonEnt
```

图 18-1 计算信息熵

②计算条件熵，代码见图 18-2。

```python
def calcConditionalEntropy(dataSet,i,featList,uniqueVals):
    """
    计算x_i给定的条件下，Y的条件熵
    :param dataSet: 数据集
    :param i: 维度i
    :param featList: 数据集特征列表
    :param uniqueVals: 数据集特征集合
    :return: 条件熵
    """
    ce = 0.0
    for value in uniqueVals:
        subDataSet = splitDataSet(dataSet,i,value)
        prob = len(subDataSet) / float(len(dataSet)) # 极大似然估计概率
        ce += prob * calcShannonEnt(subDataSet) #∑pH(Y|X=xi) 条件熵的计算
    return ce
```

图 18-2 计算条件熵

③计算信息增益，代码见图 18-3。

```
def calcInformationGain(dataSet,baseEntropy,i):
    """
    计算信息增益
    :param dataSet: 数据集
    :param baseEntropy: 数据集中Y的信息熵
    :param i: 特征维度i
    :return: 特征i对数据集的信息增益g(dataSet | X_i)
    """
    featList = [example[i] for example in dataSet] # 第i维特征列表
    uniqueVals = set(featList) # 换成集合 - 集合中的每个元素不重复
    newEntropy = calcConditionalEntropy(dataSet,i,featList,uniqueVals)#计算条件熵
    infoGain = baseEntropy - newEntropy # 信息增益 = 信息熵 - 条件熵
    return infoGain
```

图 18-3　计算信息增益

④创建决策树，代码见图 18-4。

```
def createTree(dataSet,featureName,chooseBestFeatureToSplitFunc = chooseBestFeatureToSplitByID3):
    """
    创建决策树
    :param dataSet: 数据集
    :param featureName: 数据集每一维的名称
    :return: 决策树
    """
    classList = [example[-1] for example in dataSet] # 类别列表
    if classList.count(classList[0]) == len(classList): # 统计属于判别classList[0]的个数
        return classList[0] # 当类别完全相同则停止继续划分
    if len(dataSet[0]) ==1: # 当只有一个特征的时候，遍历所有实例返回出现次数最多的类别
        return majorityCnt(classList) # 返回类别标签
    bestFeat = chooseBestFeatureToSplitFunc(dataSet)#最佳特征对应的索引
    bestFeatLabel = featureName[bestFeat]#最佳特征
    myTree ={bestFeatLabel:{}}  # map 结构，且key为featureLabel
    del (featureName[bestFeat])
    # 找到需要分类的特征子集
    featValues = [example[bestFeat] for example in dataSet]
    uniqueVals = set(featValues)
    for value in uniqueVals:
        subLabels = featureName[:] # 复制操作
        myTree[bestFeatLabel][value] = createTree(splitDataSet(dataSet,bestFeat,value),subLabels)
    return myTree
```

图 18-4　创建决策树

## 18.5　实验效果

运行代码，得到如图 18-5 所示的决策树。根据结果可知，"有房子"是分类的首要属性，其次是"有工作"。

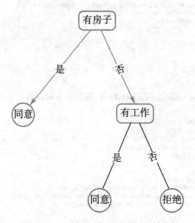

图 18-5　银行贷款审批决策树

# 第 19 章

# 鸢尾花的 K 均值聚类

## 19.1 \\\ 问题提出

在现实世界中，高质量的标注数据难以获得，因此无监督学习是监督学习的必要补充。K 均值算法是无监督学习中最常见的聚类算法。在本实验中将不使用标签数据，完成鸢尾花聚类任务，并对模型的性能和预测能力进行测试。

本实验选自经典 Iris Data Set 数据集，该数据集介绍了判断鸢尾花品种的基本特征，一共 150 行，各字段具体含义如图 19-1 所示。

鸢尾花的
K 均值聚类

| 字段名 | 类型 | 解释 |
| --- | --- | --- |
| sepal length | float | 萼片长度(cm) |
| sepal width | float | 萼片宽度(cm) |
| petal length | float | 花瓣长度(cm) |
| petal width | float | 花瓣宽度(cm) |
| class | object | 鸢尾花类别<br>三类: 'setosa', 'versicolour', 'virginica' |

图 19-1　字段含义

## 19.2 \\\ 解决思路

使用 K 均值算法对鸢尾花数据进行建模，预测结果为鸢尾花的种类。在数据预处理阶段，首先进行数据探索和清洗数据集中噪声的工作，然后进行特征工程，以挖掘隐含在数据中更丰富的信息，以及对数据进行合适的转换。在训练阶段，将处理好的数据输入 K 均值模型进行训练，在推理阶段，加载训练好的模型对新的鸢尾花数据进行预测。

在 K 均值聚类算法中，对于给定的样本集，按照样本之间的距离大小，将样本集划分为 K 个簇，让簇内的点尽量紧密地连在一起，而让簇间的距离尽量大。

## 19.3 \\\ 实验环境

① Python 环境：Python 3.7。
② Python 模块：scikit-learn、matplotlib。

## 19.4 \\\ 核心代码

①数据探索，如图 19-2 所示。

部分输出如图 19-3 所示。

```
import matplotlib.pyplot as plt
import numpy as np
from sklearn.cluster import KMeans
from sklearn import datasets

# 直接从sklearn中获取数据集
iris = datasets.load_iris()
X = iris.data[:, :4]    # 表示我们取特征空间中的4个维度
print(X)
```

```
[5.1 3.5 1.4 0.2]
[4.9 3.  1.4 0.2]
[4.7 3.2 1.3 0.2]
[4.6 3.1 1.5 0.2]
[5.  3.6 1.4 0.2]
[5.4 3.9 1.7 0.4]
[4.6 3.4 1.4 0.3]
[5.  3.4 1.5 0.2]
[4.4 2.9 1.4 0.2]
[4.9 3.1 1.5 0.1]
```

图 19-2　输出数据　　　　　　　　　　图 19-3　部分输出

②聚类，代码见图 19-4。

```
from sklearn.cluster import KMeans

estimator = KMeans(n_clusters=3)#构造聚类器
estimator.fit(X)#聚类
label_pred = estimator.labels_ #获取聚类标签
# 绘制k-means结果
x0 = X[label_pred == 0]
x1 = X[label_pred == 1]
x2 = X[label_pred == 2]
plt.scatter(x0[:, 0], x0[:, 1], c="red", marker='o', label='label0')
plt.scatter(x1[:, 0], x1[:, 1], c="green", marker='*', label='label1')
plt.scatter(x2[:, 0], x2[:, 1], c="blue", marker='+', label='label2')
plt.xlabel('sepal length')
plt.ylabel('sepal width')
plt.legend(loc=2)
plt.show()
```

图 19-4　使用 Scikit-learn 聚类

③模型推理如图 19-5 所示。

```
print('分类类别:', estimator.predict([[0, 0, 3, 2], [12, 3, 4, 1.0]]))
```

图 19-5　模型推理

## 19.5 \\\ 实验效果

运行上述代码，可将数据集划分为三个类别。图 19-6 给出了在花萼宽度和花萼长度两个维度上的聚类结果。

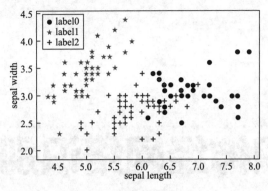

图 19-6  聚类结果展示

# 第20章
# 利用卷积神经网络识别手写数字

扫一扫

利用卷积
神经网络
识别手写
数字

## 20.1 \\\\ 问题提出

MNIST 数据集（mixed national institute of standards and technology database）是美国国家标准与技术研究院收集整理的大型手写数字数据集，包含了 60 000 个样本的训练集以及 10 000 个样本的测试集，部分数字如图 20-1 所示。本实验旨在训练出一个卷积神经网络模型，让这个模型能够对手写数字图片进行分类。

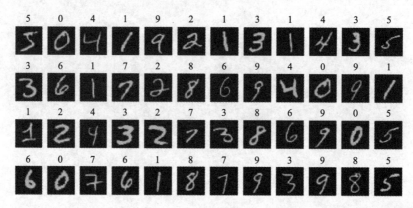

图 20-1　MNIST 数据集

MNIST 中所有样本都会将原本 28×28 的灰度图转换为长度为 784 的一维向量作为输入，其中每个元素分别对应了灰度图中的灰度值。MNIST 使用一个长度为 10 的 one-hot 向量作为该样本所对应的标签，其中向量索引值对应了该样本以该索引为结果的预测概率。

## 20.2 \\\\ 解决思路

利用深度学习框架 Tensorflow 构建 LeNet-5 卷积神经网络，如图 21-2 所示，该网络结构如下：输入层→卷积层（20 个 5×5×1 卷积核，28×28×1）→池化层（2×2，14×14×20）→卷积层（50 个 $5 \times 5 \times 20$ 卷积核，$14 \times 14 \times 50$）→池化层（$2 \times 2 \times 7$，$7 \times 50$）→全连接层（500）→全连接层（n_classes）。

实验主要步骤包括：数据的加载；相关参数及输入输出维度的设置；模型的图构建（数据的占位符、构建 LeNet 网络、构建损失函数、优化方式、预测）；开启会话（初始化变量、模型保存、模型训练、可视化）。

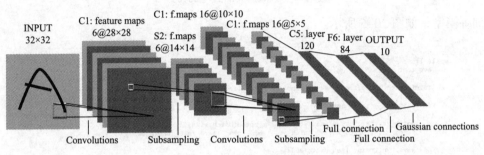

图 20-2　LeNet-5 的网络结构

## 20.3 实验环境

① Python 环境：Python 3.7。
② Python 模块：Tensorflow 1.14。

## 20.4 核心代码

①构建 LeNet 网络，如图 20–3 所示。

```python
# 1. 输入层
with tf.variable_scope('input1'):
    # 将输入x的格式转换为提交的格式
    # [None, input_dim] -> [None, height, weight, channels]
    net = tf.reshape(x, shape=[-1, 28, 28, 1])
# 2. 卷积层
with tf.variable_scope('conv2'):
    # 卷积
    # conv2d(input, filter, strides, padding, use_cudnn_on_gpu=True, data_format="NHWC", name=None) => 卷积的API
    # 权重w
    net = tf.nn.conv2d(input=net, filter=get_variable('w', [5, 5, 1, 20]), strides=[1, 1, 1, 1], padding='SAME')
    # 加偏置项b
    net = tf.nn.bias_add(net, get_variable('b', [20]))
    # 激励 ReLu
    net = tf.nn.relu(net)
# 3. 池化
with tf.variable_scope('pool3'):
    # 和conv2一样，需要给定窗口大小和步长
    # max_pool(value, ksize, strides, padding, data_format="NHWC", name=None)
    net = tf.nn.max_pool(value=net, ksize=[1, 2, 2, 1], strides=[1, 2, 2, 1], padding='SAME')
# 4. 卷积
with tf.variable_scope('conv4'):
    net = tf.nn.conv2d(input=net, filter=get_variable('w', [5, 5, 20, 50]), strides=[1, 1, 1, 1], padding='SAME')
    net = tf.nn.bias_add(net, get_variable('b', [50]))
    net = tf.nn.relu(net)
# 5. 池化
with tf.variable_scope('pool5'):
    net = tf.nn.max_pool(value=net, ksize=[1, 2, 2, 1], strides=[1, 2, 2, 1], padding='SAME')
# 6. 全连接
with tf.variable_scope('fc6'):
    # 28 -> 14 -> 7(因为此时的卷积不改变图片的大小)
    size = 7 * 7 * 50
    net = tf.reshape(net, shape=[-1, size])
    net = tf.add(tf.matmul(net, get_variable('w', [size, 500])), get_variable('b', [500]))
    net = tf.nn.relu(net)
# 7. 全连接
with tf.variable_scope('fc7'):
    net = tf.add(tf.matmul(net, get_variable('w', [500, n_classes])), get_variable('b', [n_classes]))
```

图 20-3　使用 Tensorflow 构建 LeNet 网络

②选择损失函数与优化方法，如图 20-4 所示。

```
# softmax_cross_entropy_with_logits: 计算softmax中的每个样本的交叉熵, logits指定预测值, labels指定实际值
cost = tf.reduce_mean(tf.nn.softmax_cross_entropy_with_logits(logits=act, labels=y))

# 使用Adam优化方式比较多
# learning_rate: 要注意, 不要过大, 过大可能不收敛, 也不要过小, 过小收敛速度比较慢
train = tf.train.AdadeltaOptimizer(learning_rate=learn_rate).minimize(cost)
```

图 20-4　选择损失函数与优化方法

③训练模型，如图 20-5 所示。

```
epoch = 0
while True:
    avg_cost = 0
    # 计算出总的批次
    total_batch = int(train_sample_number / batch_size)
    # 迭代更新
    for i in range(total_batch):
        # 获取x和y
        batch_xs, batch_ys = mnist.train.next_batch(batch_size)
        feeds = {x: batch_xs, y: batch_ys, learn_rate: learn_rate_func(epoch)}
        # 模型训练
        sess.run(train, feed_dict=feeds)
        # 获取损失函数值
        avg_cost += sess.run(cost, feed_dict=feeds)

    # 重新计算平均损失(相当于计算每个样本的损失值)
    avg_cost = avg_cost / total_batch

    # DISPLAY   显示误差率和训练集的正确率以此测试集的正确率
    if (epoch + 1) % display_step == 0:
        print("批次: %03d 损失函数值: %.9f" % (epoch, avg_cost))
        feeds = {x: train_img[:1000], y: train_label[:1000], learn_rate: learn_rate_func(epoch)}
        train_acc = sess.run(acc, feed_dict=feeds)
        print("训练集准确率: %.3f" % train_acc)
        feeds = {x: test_img, y: test_label, learn_rate: learn_rate_func(epoch)}
        test_acc = sess.run(acc, feed_dict=feeds)
        print("测试准确率: %.3f" % test_acc)

        # 如果训练准确率和测试准确率大于等于0.99停止迭代, 并保存模型
        if train_acc >= 0.99 and test_acc >= 0.99:
            saver.save(sess, './mnist/model_{}_{}'.format(train_acc, test_acc), global_step=epoch)
            break
    epoch += 1
```

图 20-5　训练 LeNet 模型

## 20.5 \\\ 实验效果

运行上述代码，输出效果如图 20-6 所示，可见训练到 98 个批次后，模型的准确率达到 99%，说明 LeNet-5 模型在手写数字识别问题上具备良好的性能。

批次: 095 损失函数值: 0.002888073
训练集准确率: 1.000
测试准确率: 0.989
批次: 096 损失函数值: 0.002785047
训练集准确率: 1.000
测试准确率: 0.989
批次: 097 损失函数值: 0.002677797
训练集准确率: 1.000
测试准确率: 0.990
批次: 098 损失函数值: 0.002692746
训练集准确率: 1.000
测试准确率: 0.990
end.....

图 20-6　模型训练结果

# 第 21 章

# 利用 DCGAN 生成 MNIST 手写数字

## 21.1 \\\\ 问题提出

深度卷积生成对抗网络（DCGAN）是深层卷积网络与 GAN 的结合，其基本原理与 GAN 相同，只是将生成器和判别器用两个卷积网络（CNN）替代。生成器主要是利用一系列反卷积操作将一维噪声向量转化成图像，判别器则是正常的卷积神经网络，将图像进行一系列提取特征之后再判断该图像来自生成器的概率。

生成对抗网络常用于生成以假乱真的图片，常用场景有手写体生成、人脸合成、风格迁移、图像修复等。此外，该方法还被用于生成视频、三维物体模型等。

本实验旨在体验如何利用 DCGAN 生成 MNIST 风格的手写数字。

扫一扫

利用 DCGAN 生成 MNIST 手写数字

## 21.2 \\\\ 解决思路

在生成对抗网络中，生成器从潜在空间（latent space）中随机采样作为输入，其输出结果需要尽量模仿训练集中的真实图像。判别器的输入为真实图像或生成网络的输出图像，其目的是将生成器的输出图像从真实图像中尽可能分辨出来。而生成器则要尽可能地欺骗判别器。两个网络相互对抗、不断调整参数，提升自己的能力。

整个 DCGAN 由定义输入、构建生成网络、构建判别网络、定义损失函数、选择优化器，训练函数和显示生成图片的函数七部分构成。

生成网络接收一个噪声信号，基于该信号生成一个图片输入给判别器，其结构如图 21-1 所示。

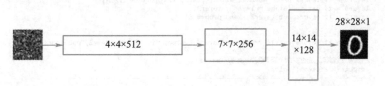

图 21-1　生成网络的结构

判别网络接收一个图片，输出一个判别结果（概率），可以看作一个包含卷积神经网络的图片二分类器，其结构如图 21-2 所示。

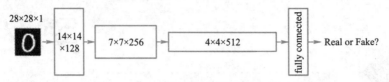

图 21-2　判别网络的结构

## 21.3 \\\\\ 实验环境

① Python 环境：Python 3.7。
② Python 模块：tensorflow 1.14。

## 21.4 \\\\\ 核心代码

①定义输入图片和噪声图片的 Tensor，如图 21-3 所示。

```
def get_inputs(noise_dim, image_height, image_width, image_depth):
    """
    :param noise_dim: 噪声图片的size
    :param image_height: 真实图像的height
    :param image_width: 真实图像的width
    :param image_depth: 真实图像的depth
    """
    inputs_real = tf.placeholder(tf.float32, [None, image_height, image_width, image_depth], name='inputs_real')
    inputs_noise = tf.placeholder(tf.float32, [None, noise_dim], name='inputs_noise')

    return inputs_real, inputs_noise
```

图 21-3　获取输入

②构建生成网络，如图 21-4 所示。

```
# 100 x 1 to 4 x 4 x 512
# 全连接层
layer1 = tf.layers.dense(noise_img, 4*4*512)
layer1 = tf.reshape(layer1, [-1, 4, 4, 512])
# batch normalization
layer1 = tf.layers.batch_normalization(layer1, training=is_train)
# Leaky ReLU
layer1 = tf.maximum(alpha * layer1, layer1)
# dropout
layer1 = tf.nn.dropout(layer1, keep_prob=0.8)

# 4 x 4 x 512 to 7 x 7 x 256
layer2 = tf.layers.conv2d_transpose(layer1, 256, 4, strides=1, padding='valid')
layer2 = tf.layers.batch_normalization(layer2, training=is_train)
layer2 = tf.maximum(alpha * layer2, layer2)
layer2 = tf.nn.dropout(layer2, keep_prob=0.8)

# 7 x 7 256 to 14 x 14 x 128
layer3 = tf.layers.conv2d_transpose(layer2, 128, 3, strides=2, padding='same')
layer3 = tf.layers.batch_normalization(layer3, training=is_train)
layer3 = tf.maximum(alpha * layer3, layer3)
layer3 = tf.nn.dropout(layer3, keep_prob=0.8)

# 14 x 14 x 128 to 28 x 28 x 1
logits = tf.layers.conv2d_transpose(layer3, output_dim, 3, strides=2, padding='same')
# MNIST原始数据集的像素范围在0-1, 这里的生成图片范围为(-1,1)
# 因此在训练时, 记住要把MNIST像素范围进行resize
outputs = tf.tanh(logits)
```

图 21-4　构建生成网络

③构建判别网络，如图 21-5 所示。

```
# 28 x 28 x 1 to 14 x 14 x 128
# 第一层不加入BN
layer1 = tf.layers.conv2d(inputs_img, 128, 3, strides=2, padding='same')
layer1 = tf.maximum(alpha * layer1, layer1)
layer1 = tf.nn.dropout(layer1, keep_prob=0.8)

# 14 x 14 x 128 to 7 x 7 x 256
layer2 = tf.layers.conv2d(layer1, 256, 3, strides=2, padding='same')
layer2 = tf.layers.batch_normalization(layer2, training=True)
layer2 = tf.maximum(alpha * layer2, layer2)
layer2 = tf.nn.dropout(layer2, keep_prob=0.8)

# 7 x 7 x 256 to 4 x 4 x 512
layer3 = tf.layers.conv2d(layer2, 512, 3, strides=2, padding='same')
layer3 = tf.layers.batch_normalization(layer3, training=True)
layer3 = tf.maximum(alpha * layer3, layer3)
layer3 = tf.nn.dropout(layer3, keep_prob=0.8)

# 4 x 4 x 512 to 4*4*512 x 1
flatten = tf.reshape(layer3, (-1, 4*4*512))
logits = tf.layers.dense(flatten, 1)
outputs = tf.sigmoid(logits)
```

图 21-5　构建判别网络

## 21.5 \\\\ 实验效果

运行上述代码，训练五个批次后，结果如图 21-6 所示，可以看出仅仅经过了少部分的迭代就已经生成非常清晰的手写数字，并且训练速度很快。

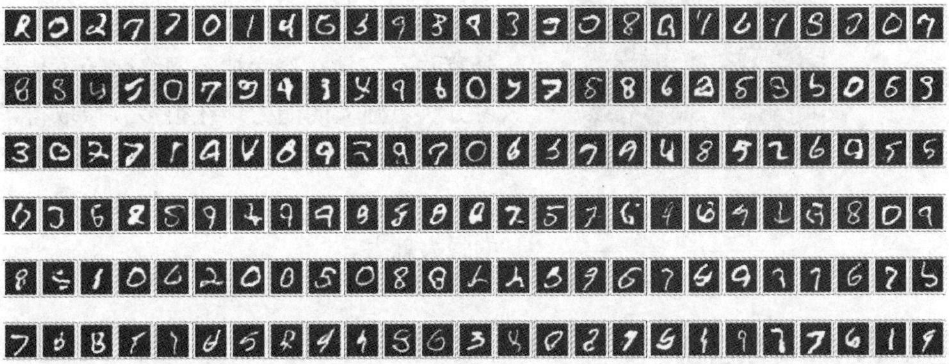

图 21-6　DCGAN 生成的手写数字

# 第 22 章
# 利用深度强化学习玩 Flappy Bird 游戏

扫一扫

利用深度
强化学习
玩 Flappy
Bird 游戏

Flappy Bird 是一款 2013 年鸟飞类游戏，由越南河内独立游戏开发者阮哈东（Dong Nguyen）开发。游戏操作简单，通过点击屏幕使 Bird 上升，穿过柱状障碍物之后得分，碰到则游戏结束，如图 22-1 所示，由于障碍物高低不等，控制 Bird 上升和下降需要反应快并且灵活，要得到较高的分数并不容易。深度神经网络赋予了传统强化学习方法更强大的能力，在很多领域取得了前所未有的突破。本实验主要展现如何使用深度强化方法使计算机自主地玩游戏，使读者感受到该方法的强大魅力。

图 22-1 Flappy Bird 游戏界面

## 22.2 \\\\ 解决思路

深度强化学习本质上是传统 Q 学习算法的改进，其采用卷积神经网络拟合 $q$ 函数，结构如图 22-2 所示。

卷积神经网络前向传播输入：4 帧连续图片作为不同的状态 States；卷积神经网络前向传播输出：readout（2 个不同的方向对应的价值）。

## 22.3 \\\\ 实验环境

① Python 环境：Python 3.7。

② Python 模块：pygame、opencv。

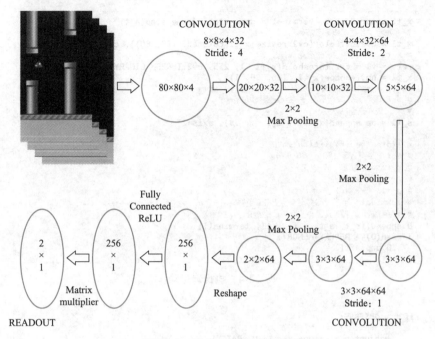

图 22-2　深度 Q 网络的结构

## 22.4 \\\\ 核心代码 ------------------------------------------------

①根据贪心策略选择动作，代码如图 22-3 所示。

```
readout_t = readout.eval(feed_dict={s : [s_t]})[0]
a_t = np.zeros([ACTIONS])
action_index = 0
if t % FRAME_PER_ACTION == 0:
    # 加入一些探索，比如探索一些相同回报下其他行为，可以提高模型的泛化能力。
    # 且epsilon是随着模型稳定趋势衰减的，也就是模型越稳定，探索次数越少。
    if random.random() <= epsilon:
        # 在ACTIONS范围内随机选取一个作为当前状态的即时行为
        print("----------Random Action----------")
        action_index = random.randrange(ACTIONS)
        a_t[action_index] = 1
    else:
        # 输出 奖励最大就是下一步的方向
        action_index = np.argmax(readout_t)
        a_t[action_index] = 1
else:
    a_t[0] = 1 # do nothing

# scale down epsilon 模型稳定，减少探索次数。
if epsilon > FINAL_EPSILON and t > OBSERVE:
    epsilon -= (INITIAL_EPSILON - FINAL_EPSILON) / EXPLORE
```

图 22-3　选择动作

②执行选定动作，代码如图 22-4 所示。

③训练过程，代码如图 22-5 所示。

```
x_t1_colored, r_t, terminal = game_state.frame_step(a_t)
# 先将尺寸设置成 80 * 80，然后转换为灰度图
x_t1 = cv2.cvtColor(cv2.resize(x_t1_colored, (80, 80)), cv2.COLOR_BGR2GRAY)
# x_t1 新得到图像，二值化 阈值: 1
ret, x_t1 = cv2.threshold(x_t1, 1, 255, cv2.THRESH_BINARY)
x_t1 = np.reshape(x_t1, (80, 80, 1))
#s_t1 = np.append(x_t1, s_t[:,:,1:], axis = 2)
# 取之前状态的前3帧图片 + 当前得到的1帧图片
# 每次输入都是4幅图像
s_t1 = np.append(x_t1, s_t[:, :, :3], axis=2)

# store the transition in D
# s_t: 当前状态 (80 * 80 * 4)
# a_t: 即将行为  (1 * 2)
# r_t: 即时奖励
# s_t1: 下一状态
# terminal: 当前行动的结果（是否碰到障碍物 True => 是 False =>否）
# 保存参数，队列方式，超出上限，抛出最左端的元素。
D.append((s_t, a_t, r_t, s_t1, terminal))
if len(D) > REPLAY_MEMORY:
    D.popleft()
```

图 22-4　执行选定动作

```
if t > OBSERVE:
    # 获取batch = 32个保存的参数集
    minibatch = random.sample(D, BATCH)
    # get the batch variables
    # 获取j时刻batch(32)个状态state
    s_j_batch = [d[0] for d in minibatch]
    # 获取batch(32)个行动action
    a_batch = [d[1] for d in minibatch]
    # 获取保存的batch(32)个奖励reward
    r_batch = [d[2] for d in minibatch]
    # 获取保存的j + 1时刻的batch(32)个状态state
    s_j1_batch = [d[3] for d in minibatch]
    # readout_j1_batch =>(32, 2)
    y_batch = []
    readout_j1_batch = sess.run(readout, feed_dict = {s : s_j1_batch})
    for i in range(0, len(minibatch)):
        terminal = minibatch[i][4]
        # if terminal, only equals reward
        if terminal:  # 碰到障碍物, 终止
            y_batch.append(r_batch[i])
        else:  # 即时奖励 + 下一阶段回报
            y_batch.append(r_batch[i] + GAMMA * np.max(readout_j1_batch[i]))
    # 根据cost -> 梯度 -> 反向传播 -> 更新参数
    # perform gradient step
    # 必须要3个参数, y, a, s 只是占位符, 没有初始化
    # 在 train_step过程中, 需要这3个参数作为变量传入
    train_step.run(feed_dict = {
        y : y_batch,
        a : a_batch,
        s : s_j_batch}
    )
```

图 22-5　训练过程

## 22.5 \\\ 实验效果

　　运行上述代码，在开始阶段，小鸟会一直失败，但经过一段较长时间的训练，小鸟便能够

顺利通过越来越多的关卡，如图 22-6 所示。

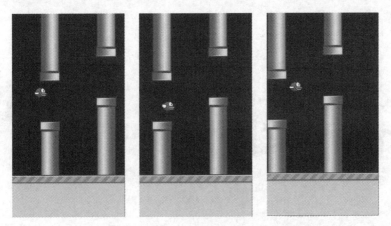

图 22-6　Flappy Bird 在顺利通关

# 附录 A
# Python 常用库

根据前述章节，我们了解到 Python 是一款开源软件，由此我们就溯源到开源运动。开源运动即开放源代码、信息共享和自由使用。

近 20 年的开源运动产生了深植于各信息技术领域的大量可重用资源，直接且有力地支撑了信息技术超越其他技术领域的发展速度，形成了"计算生态"。也就是说，计算生态是可以让编程技术在开源开放的环境下生存和发展，并维持一个良好的状态。Python 语言从诞生之初致力于开源开放，建立了全球最大的编程计算生态。

Python 语言的编程计算生态不仅有 Python 自带的标准库，还有强大的第三方库，探究运用"模块化"的系统方法，像"搭积木""玩乐高"一样的编程方式，利用开源代码和第三方库作为计算机程序的主要或者全部模块，采用自顶向下的设计思想，从而适应不同功能的需求。当用户需要不同的扩展功能时，第三方库就如同特殊的"积木"一样，可以和 Python 程序共同构建一个完整的功能。

按照编程习惯，如果程序中要使用第三方库，要在所有代码的开头位置引入第三方库，便于后续代码使用，因此当我们看到"import"关键字时，一般都有它引导的库模块，其中 Python 默认支持的函数库也叫作标准函数库或内置函数库。由于 Python 强大的第三方库功能还在不断扩展，以下只介绍常用的标准库模块和第三方库模块，更多标准库和第三方库读者可以到 Python 官方进行查阅。

> 💡知识加油站：
>
> Python库与模块的区别是什么？
>
> 模块、库的主要区别在于它们的定义与所指范围不同。
>
> 模块：包含并且有组织的代码片段，sample.py其中文件名sample为模块名字。
>
> 模块是一种以.py为扩展名的文件，在.py文件中定义了一些常量和函数。模块的名称是该.py文件的名称。模块的名称作为一个全局变量__name__的取值可以被其他模块获取或导入。模块的导入通过import来实现。

库：库的概念是具有相关功能模块的集合。这也正是Python的一大特色，即具有强大的标准库，还有第三方库以及自定义模块。

Python中的库是借用其他编程语言的概念，没有特别具体的定义，Python库着重强调其功能性。在Python中，具有某些功能的模块和包都可以被称作库。模块有诸多函数组成，包由诸多模块机构化组成，库中也可以包含包、模块和函数。

本书不区分函数库（library）和模块（module），对于所有需要 import 使用的代码统称为函数库。

### 1. 标准库——math 库及应用

math 库是 Python 提供的内置数学类函数库，因为复数类型常用于科学计算，一般计算不常用，因此 math 库不支持复数类型，仅支持整数和浮点数运算，提供的函数如表 A–1。

表 A-1　math 库函数

| 函　数 | 个　数 |
|---|---|
| 数论与表示函数 | math.factorial(x) 以一个整数返回 x 的阶乘等 24 个 |
| 幂与对数函数 | math.pow(x, y)、math.log2(x) 等 8 个 |
| 三角函数 | math.acos(x)、math.asin(x) 等 9 个 |
| 双曲函数 | math.asinh(x)、math.acosh(x) 等 6 个 |
| 角度转换函数 | math.degrees(x)、math.radians(x) 等 2 个 |
| 特殊函数 | math.lgamma(x) 返回 Gamma 函数在 x 绝对值的自然对数等 4 个 |
| 常量 | math.pi、math.e 等 5 个 |

math 库提供了许多对浮点数的数学运算函数，我们在数学运算中需要使用的常量 Pi（$\pi$ = 3.14159……）以及由 math 提供的功能函数前，都需要在一个 Python 文件的最开头导入 math 模块。math 模块下的函数，返回值均为浮点数，除非另有明确说明。

方法 1：导入 math 库，引用时函数名前要加 'math.'，如图 A–1 所示。

方法 2：如图 A–2 所示。

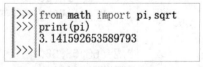

图 A-1　导入 math 库函数（1）　　　图 A-2　导入 math 库函数（2）

两种导入模块方法的区别是：方法 1 先导入了 math 模块的所有函数，当使用具体某函数时，必须在函数前标注"math."，采用的是 math.<b> 形式。方法 2 在导入时指定导入 math 的 pi 和 sqrt，因此在使用时直接输入"pi"，前面不用再标注"math."。

下面来看两种不同引入库的语句。

例：利用 math 库运行语句 math.sqrt(math.pow(2,4)) 的结果是什么，请参看 IDLE 的交互式执行方法，如图 A–3 和图 A–4 所示。

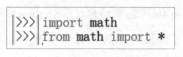

```
>>> import math
>>> from math import *
```

图 A-3　math 库函数（1）

```
>>> import math
>>> math.sqrt(math.pow(2,4))
4.0
>>>
```

图 A-4　math 库函数（2）

### 2. 标准库——random 模块及其应用

random：随机数模块由稳定算法计算所得出的稳定结果序列，伪随机数，能够生成随机数类型有：整数、浮点数、序列和字节数。对于整数，从范围中有统一的选择。对于序列，存在随机元素的统一选择、用于生成列表的随机排列的函数，以及用于随机抽样而无需替换的函数。

导入 random 库的语句为 import random，导入后就可以引用 random 库的所有函数，random 库的函数使用前，都需要在程序的最前面输入：

"import random"。在没有输入 "import random" 的语句时，会出现报错信息，提示 "random" 未定义，如图 A–5 所示。

```
>>> random.random
Traceback (most recent call last):
  File "<pyshell#0>", line 1, in <module>
    random.random
NameError: name 'random' is not defined
```

图 A-5　错误提示

因此，在讲解以下 random 函数时，使用的都是 <random>.<b> 的形式，前提是已经输入此语句，将 random 库的所有函数已经引入到当前的程序中。

（1）种子 random.seed()

初始化随机数生成器。它的作用是只要 seed 中的参数值一样，后续生成的随机数都一样，如果不设置 seed 的值，每次随机抽样得到的数据都是不一样的。设置了随机数种子，能够确保每次抽样的结果一致。而 random.seed() 括号里的数字，相当于一把钥匙，对应一扇门，同样的数值能够使抽样的结果一致，示例代码如图 A–6 所示。

```
>>> random.seed(10)
>>> for i in range(5):
...     print(random.randint(1,100),end=',')
...
...
74, 5, 55, 62, 74,
>>> for i in range(5):
...     print(random.randint(1,100),end=',')
...
...
2, 27, 60, 63, 36,
>>> random.seed(10)
>>> for i in range(5):
...     print(random.randint(1,100),end=',')
...
...
74, 5, 55, 62, 74,
>>>
```

图 A-6　random.seed() 函数

（2）random.random()

random.random() 方法返回产生 [0.0,1.0) 之间的一个随机浮点数，以下是其具体用法：

```
import random
print ("随机数: ", random.random())
```

输出结果：0.22867521257116

提示：请读者注意输出结果的随机性，返回值各异。

（3）随机整数 random.randint(a,b)

产生 [a,b] 之间（包括 b）的一个随机整数。

```
import random
for i in range(8):
    print(random.randint(0, 9), end='')
```

输出结果：64762283

提示：由于是随机整数函数，读者的结果与本书显示的结果会出现不同的情况，这正是随机整数函数的随机性所决定的，结果只要是 8 位的 0 到 9 之间（包含 0 和 9）的随机整数都是正确的返回值。

（4）random.uniform()

random.uniform() 是在指定范围内生成随机数，其有两个参数，一个是范围上限，一个是范围下限，具体用法如下：

```
import random
print (random.uniform(2, 6))
```

输出结果：3.62567571297255

（5）random.randint()

random.randint() 是随机生成指定范围内的整数，其有两个参数，一个是范围上限，一个是范围下限，具体用法如下：

```
import random
print (random.randint(6,8))
```

输出结果：8

（6）random.randrange()

random.randrange() 是在指定范围内，按指定基数递增的集合中获得一个随机数，有三个参数，前两个参数代表范围上限和下限，第三个参数是递增增量，具体用法如下：

```
import random
print (random.randrange(6, 28, 3))
```

输出结果：15

（7）random.choice()

random.choice() 是从序列中获取一个随机元素，具体用法如下：

```
import random
print (random.choice("www.jb51.net"))
```

输出结果：o

（8）random.shuffle()

random.shuffle() 函数是将一个列表中的元素打乱，随机排序，具体用法如下：

```
import random
num = [1, 2, 3, 4, 5]
random.shuffle(num)
print (num)
```

输出结果：[3, 5, 2, 4, 1]

（9）random.sample()

random.sample() 函数是从指定序列中随机获取指定长度的片段，原有序列不会改变，有两个参数，第一个参数代表指定序列，第二个参数是需获取的片段长度，具体用法如下：

```
import random
num = [1, 2, 3, 4, 5]
sli = random.sample(num, 3)
print (sli)
```

输出结果：[2, 4, 5]

### 3. 标准库——Datetime 模块

Python 提供了一个处理时间的标准函数库 datetime，它提供了一系列由简单到复杂的时间处理方法。datetime 库可以从系统中获得时间，并以用户选择的格式输出。

datetime 库以格林威治时间为基础，每天由 3 600×24 秒精准定义。该库包括两个常量：datetime.MINYEAR 与 datetime.MAXYEAR，分别表示 datetime 所能表示的最小、最大年份，值分别为 1 与 9 999。

datetime 库以类的方式提供多种日期和时间表达方式。

① datetime.date: 日期表示类，可以表示年、月、日等。

② datetime.time: 时间表示类，可以表示小时、分钟、秒、毫秒等。

③ datetime.datetime: 日期和时间表示的类，功能覆盖 date 和 time 类。

注意，由于 datetime 库是 Python 内置库，导入时直接用"import"关键字导入，方法如下：import datetime，这是导入整个 datetime 库。

由于 datetime 库中还有 datetime 类，datetime.datetime 类表达形式最为丰富，引用 datetime 类的方式如下：from datetime import datetime。

### 4. 第三方库——图像处理 Pillow

Python 第三方库依照安装方式灵活性和难易程度有三个安装方法，建议读者依次使用将第三方库安装成功，这三个方法是 pip 工具安装、自定义安装和文件安装。

最常用且最高效的 Python 第三方库安装方式是 pip 工具安装。pip 是 Python 官方提供并维护的在线第三方库安装工具，pip3 命令专门为 Python 3 版本安装第三方库。

pip 是 Python 内置命令，需要通过命令行执行，执行 pip –h 命令将列出 pip 常用的子命令。注意，不要在 IDLE 环境下运行 pip 程序，而是在 cmd 环境中运行 pip 安装命令。

提示：在使用pip命令安装前，可以使用以下命令：pip config set global.index-url https://pypi.tuna.tsinghua.edu.cn/simple

用这个命令会把清华镜像库设为 pip 默认下载源，提高下载的速率和高效性。

国内还有其他的镜像，读者可以自行查阅其他镜像链接。

安装一个库的命令格式如下：

```
pip install    <拟安装库名>
```

pip list 可以查看系统已经用 pip 命令安装的库列表，详见图 A-7 所示。

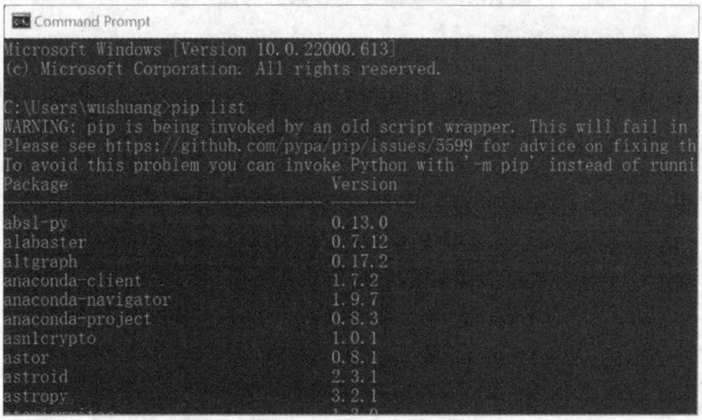

图 A-7　cmd 下的 pip 命令

在使用 pip 命令时，如果遇到系统提示更新 pip 的版本，需要使用升级 pip 版本的命令：pip install --user --upgrade pip，如图 A-8 所示。

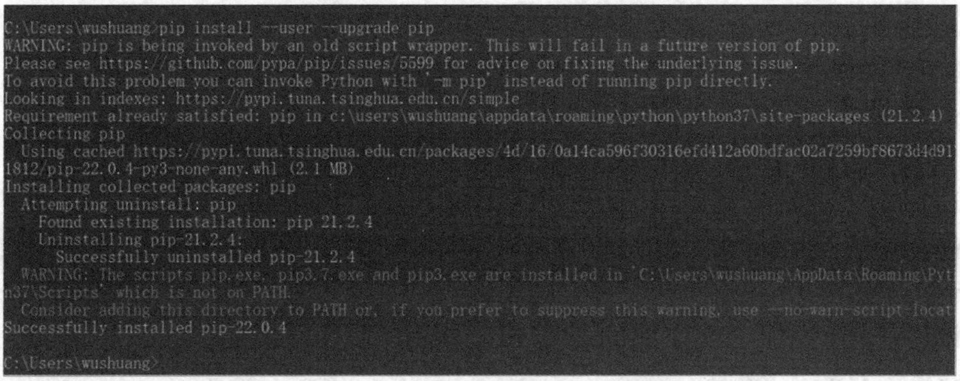

图 A-8　cmd 对话框中升级 pip 版本

PIL（Python Image Library）库是 Python 语言的第三方库，需要通过 pip 工具安装，安装 PIL 库的方法如下，需要注意，安装库的名字是 pillow。

在"开始"菜单中打开 cmd 窗口，具体操作详见图 A-9，在命令提示符后输入命令。

```
pip install pillow
```

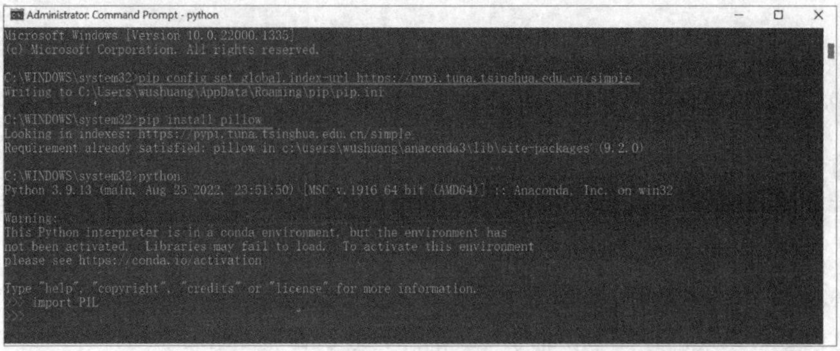

图 A-9　pip 命令安装第三方库示例

> 💡 **提示：** 所有第三方库的安装，使用pip命令时是在cmd中进行安装。使用时，在具体的运行环境下或程序文件中，因此，使用第三方库前需要引入具体的库。

第三方库所有的模块引用都应该尽量放在程序文件的开头，也就是程序编写的最前面，Python 中模块的导入顺序是：

第一步：导入标准库的内置模块；

第二步：导入第三方模块；

第三步：导入用户自定义模块。

PIL 库主要可以实现图像归档和图像处理两方面功能需求。

①图像归档：对图像进行批处理、生成图像预览、图像格式转换等。

②图像处理：图像基本处理、像素处理、颜色处理等。

根据功能不同，PIL 库共包括 21 个与图片相关的类，这些类可以被看作是子库或 PIL 库中的模块，本书重点介绍 PIL 库最常用的子库：Image、ImageFilter、ImageEnhance。

Image 是 PIL 最重要的类，它代表一张图片，引入这个类的方法如下：

```
from PIL import Image
```

在 PIL 中，任何一个图像文件都可以用 Image 对象表示。

通过 Image 打开图像文件时，图像的栅格数据不会被直接解码或者加载，程序只是读取了图像文件头部的元数据信息，这部分信息标识了图像的格式、颜色、大小等。因此，打开一个文件会十分迅速，与图像的存储和压缩方式无关。

要加载一个图像文件，最简单的形式如下，之后所有操作对 im 起作用。

```
from PIL import Image
im = Image.open(r"C:\Users\admin\Desktop\Penguins.jpg")
im.show()
```

> 💡 **提示：** 注意图片文件的位置。

ImageFilter 是 Python 中的图像滤波，主要对图像进行平滑、锐化、边界增强等滤波处理。

图像滤波：在尽量保留图像细节特征的条件下对目标图像的噪声进行抑制，是图像预处理中不可缺少的操作，其处理效果的好坏将直接影响到后续图像处理和分析的有效性和可靠性。

存在目的：由于成像系统、传输介质和记录设备等的不完善，数字图像在其形成、传输记录过程中往往会受到多种噪声的污染。另外，在图像处理的某些环节当输入的对象并不如预想时也会在结果图像中引入噪声。要构造一种有效抑制噪声的滤波器必须考虑两个基本问题：能有效地去除目标和背景中的噪声；同时，能很好地保护图像目标的形状、大小及特定的几何和拓扑结构特征。

滤波器主要包括如下种类：BLUR、CONTOUR、DETAIL、EDGE_ENHANCE、EDGE_ENHANCE_MORE、EMBOSS、FIND_EDGES、SMOOTH、SMOOTH_MORE、SHARPEN（GaussianBlur、UnsharpMask、Kernel、RankFilter、MedianFilter、MinFilter、MaxFilter、ModeFilter）。

例如：对于系统中的指定路径图片进行模糊滤波的代码如下：

```
from PIL import Image, ImageFilter
im = Image.open(r"C:\Users\admin\Desktop\Penguins.jpg")
bluF = im.filter(ImageFilter.BLUR)
bluF.show()
```

其他种类的滤波方法，只要替换代码中的 ImageFileter. BLUR 中的"BLUR"就可以实现。

### 5. 第三方库——读取 Excel 文件库 xlrd

xlrd 库是 Python 用于操作 Excel 的第三方库。它的主要功能是用来读取 Excel。通常会与 xlwt、xlutils 组合使用。

注意，这里提到的操作 Excel，实际上与 Excel 无关，不需要下载 Excel，xlrd 库直接操作的是 Excel 打开的 .xls 文件。xlrd 库只能读取 Excel 中的数据，不能修改和编写 Excel 中的数据信息。

xlrd 库的安装与图像处理 Pillow 库安装相同，可以使用 pip 进行安装，这是最简单也是最普遍的安装方式，在 cmd 中输入：pip install xlrd 即可安装 xlrd 库。

安装成功后可以使用 pip list 来检查是否正确安装以及查看当前的 xlrd 版本。

> 提示：xlrd较高版本不支持.xlsx文件，可以手动将版本降至更低的版本或者将.xlsx文件改为.xls文件。

引入 xlrd 模块的方法用其他第三方库，在运行环境或程序文件的开头使用命令：import xlrd 作为后续程序使用 xlrd 库的标识。

在 Python 中，xlrd 库是一个很常用的读取 Excel 文件的库，其对 Excel 文件的读取可以实现比较精细的控制。虽然现在使用 pandas 库读取和保存 Excel 文件往往更加方便快捷，但在某些场景下，依然需要 xlrd 这种更底层的库来实现对读取的控制。

### 6. 第三方库——科学计算 numpy 和 pandas

（1）numpy

numpy 是用于 Python 中处理含有同种元素的多维数组运算的第三方库。Python 标准库中提供了一个 array 类型，用于保存数组类型数据，然而这个类型不支持多维数据，处理函数也不够丰富，不适合用于做数值运算。因此，Python 语言的第三方库 numpy 得到了迅速发展，numpy 已经成为了科学计算事实上的标准库。

使用 pip 命令安装科学计算 numpy 库的命令：

```
pip install numpy
```

安装 numpy 后，由于 numpy 库中函数较多且命名容易与常用命名混淆，建议在使用前采用如下方式引用 numpy 库：

```
import numpy as np
```

其中，as 保留字与 import 一起使用能够改变后续代码中库的命名空间，有助于提高代码可读性。简单说，在程序的后续部分中，np 代替 numpy。

numpy 库处理的最基础数据类型是由同种元素构成的多维数组（ndarray），简称"数组"。数组中所有元素的类型必须相同，数组中元素可以用整数索引，序号从 0 开始。ndarray 类型的维度（dimensions）叫作轴（axes），轴的个数叫作秩（rank）。一维数组的秩为 1，二维数组的秩为 2，二维数组相当于由两个一维数组构成。

numpy 库常用的创建数组函数。数组在 numpy 中被当作对象，可以采用 <a>.<b>() 方式调用一些方法。Python 中的一切序列结构的数值数据均可通过 np.array() 函数转换为数组，numpy 库常用的创建数组函数如表 A–2 所示。

表 A-2　numpy 库常用的创建数组函数

| 函　　数 | 描　　述 |
|---|---|
| np.array([x,y,z],dtype=int) | 从 Python 列表和元组创建数组，dtype 指定类型为整型 |
| np.arange(x,y,i) | 创建一个由 x 到 y，以 i 为步长的数组 |
| np.linspace(x,y,n) | 创建一个由 x 到 y，等分成 n 个元素的数组 |
| np.indices((m,n)) | 创建一个 m 行 n 列的矩阵 |
| np.random.rand(m,n) | 创建一个 m 行 n 列的随机数组 |
| np.ones((m,n),dtype) | 创建一个 m 行 n 列全 1 的数组，dtype 是数据类型 |
| np.empty((m,n),dtype) | 创建一个 m 行 n 列的未初始化数组，dtype 是数据类型 |

numpy 库还包括三角运算函数、傅里叶变换、随机和概率分布、基本数值统计、位运算、矩阵运算等非常丰富的功能，读者在使用时可以到官方网站查询。

pandas 和 sciPy 等第三方库也是数据处理或科学计算库的基础。

（2）pandas

pandas 是 Python 强大的分析结构化数据的工具集，pandas 库在 numpy 库的基础上，能够有效提供高性能的矩阵运算，用于数据挖掘和数据分析。使用前的操作同 numpy 库，安装方法参看 numpy 库。

在使用前需要利用 pip 命令安装，在程序中引用 pandas 的方法如下：

```
import pandas as pd
```

pandas 有两个核心数据类型：Series 类型和 DataFrame 类型。

Series 类型由一组数据及与之相关的数据索引组成，Series 类型包括 index 和 values 两部分。

Series 类型可由如下数据类型（有序）创建：

①列表 list/ 元组 tuple：index 与列表 / 元组元素个数一致。

②标量值：index 表达 Series 类型的尺寸。

③字典 dict：键值对中的"键"是索引，index 从字典中进行选择操作，允许索引值重复。

④多维数组 ndarray：索引和数据都可以通过 ndarray 类型创建。

⑤其他函数：range() 函数等。

DataFrame 类型由共用相同索引的一组列组成，是带"标签"的二维数组，既有行索引，也有列索引，可理解为 Series 组成的字典。

DataFrame 称为表格型的数据类型，每列值类型（数值、字符串、布尔值等）可以不同，常用于表达二维数据，也可以表达多维数据，基本操作类似 Series，依据行列索引，DataFrame 类型在实际的数据处理中，用于存储二维表格数据。

### 7. 第三方库——数据可视化 matplotlib

matplotlib 是提供数据绘图功能的第三方库，其 pyplot 子库主要用于实现各种数据展示图形的绘制。

matplotlib.pyplot 是 matplotlib 的子库，引用方式如下：

```
import matplotlib.pyplot as plt
```

上述语句与 import matplotlib.pyplot 一致，as 保留字与 import 一起使用能够改变后续代码中库的命名空间，有助于提高代码可读性。简单说，在后续程序中，plt 将代替 matplotlib.pyplot，plt 是 matplotlib.pyplot 的别名。

matplotlib 库由一系列有组织有隶属关系的对象构成，这对于基础绘图操作来说显得过于复杂。因此，matplotlib 提供了一套快捷命令式的绘图接口函数，即 pyplot 子模块。pyplot 将绘图所需要的对象构建过程封装在函数中，对用户提供了更加友好的接口。pyplot 模块提供一批预定义的绘图函数，大多数函数可以从函数名辨别它的功能。

plt 子库提供了一批操作和绘图函数，每个函数代表对图像进行的一个操作，比如创建绘图区域、添加标注或者修改坐标轴等。这些函数采用 plt.<b>() 形式调用，其中 <b> 是具体函数名称，() 是函数参数的定界符。

字体是计算机显示字符的方式，均由人工设计，并采用字体库方式部署在计算机中。西文和中文字体都有很多种类，字体的英文表示在程序设计中十分常用，但需要注意，部分字体无法在 matplotlib 库中使用。因此，为了正确显示中文字体，请用以下代码更改默认设置，其中 'SimHei' 表示黑体字，也可替换为其他中文字体参数，示例代码如图 A-10 所示。

```
>>>import matplotlib
>>>matplotlib.rcParams['font.family']='SimHei'
>>>matplotlib.rcParams['font.sans-serif'] = ['SimHei']
```

图 A-10　数据可视化 matplotlib

可视化技术与科学计算相结合形成了可视化技术的一个重要分支——科学计算可视化（visualization in scientific computing）。科学计算可视化将科学数据如测量获得的数值、图像或是计算产生的数字信息等以直观的、图形图像方式展示。通过直观展示，宇宙空间有了颜色、物理现象更为直观，感性理解和理性求证相辅相成共同促进科学计算的深入发展。

# 附录 B
# Python 在教学中的应用案例

### 案例1　同学信息表格合并

问题描述：将多个表格数据汇集到一个表格中。

适用场景：收集所有学生信息时，每一个学生都上交了包含自己信息的表格，需要快速将所有学生信息统计到一个表格中。

注意：

①使用前需要安装 xlrd 模块和 xlwt 模块。

②所合并的表格必须为 xls 格式的。

③表格格式为第一行为表头，第二行为学生信息。

④如果文件夹内本来含有名为"总表 .xls"的文件将会被覆盖。

使用方法：将 example1.py 和需要合并的表格放在同一个文件夹内，运行程序，出现"数据汇总完成！"字样，则数据被汇总在名为"总表 .xls"的文件中。

### 案例2　学生成绩评级

问题描述：计算学生的评分等级。

适用场景：不公布学生具体分数，只公布学生等级时，需要将学生试卷分数折合成为对应的等级。

注意：

①使用前需要安装 xlrd 模块和 xlwt 模块。

②默认 A 等级区间：100—85 分；B 等级区间：84—65 分；C 等级区间：64—60 分；D 等级区间：60 以下（不合格）。

③文件名应为"学生成绩 .xls"，格式应为姓名、成绩。

使用方法：将学生成绩 .xls 和程序放在一个文件夹内，运行程序，出现"学生成绩等级转换完毕"，即可获得学生成绩等级 .xls。

### 案例3　学生成绩排名

问题描述：将学生成绩求平均数并排名。

适用场景：收集了学生的各科成绩，需要进行排名。

注意：

①使用前需要安装 xlrd 模块和 xlwt 模块。

②文件名应为"学生成绩 .xls"，格式应为姓名、成绩 1、成绩 2……

使用方法：将学生成绩 .xls 和程序放在一个文件夹内，运行程序，出现"学生成绩排名完毕"，即可获得学生成绩排名 .xls。

### 案例 4 学生随机分组

问题描述：将学生进行随机分组。

适用场景：需要进行分组布置任务时，一键分组。

注意：

扫一扫

附录案例4

①使用前需要安装 xlrd 模块和 xlwt 模块。

②文件名应为"学生名单 .xls"，第一列格式应为："姓名"、学生姓名 1、学生姓名 2……

使用方法：将学生名单 .xls 和程序放在一个文件夹内，运行程序，出现"将学生分成几组?"，输入分组数字按【Enter】键，出现"学生分组完毕"，即可获得学生分组情况 .xls。

### 案例 5 综合奖学金评定

问题描述：计算学生的综合得分。

适用场景：在评定综合奖学金时，需要根据不同奖项给定学生不同的综合分数。

注意：

扫一扫

附录案例5

①使用前需要安装 xlrd 模块和 xlwt 模块。

②"奖学金评分细则 .xls"格式应为：获得荣誉、对应分数。

③"学生获奖情况 .xls"，格式应为姓名、获得荣誉。

使用方法：将奖学金评分细则 .xls、学生获奖情况 .xls 和程序放在一个文件夹内，运行程序，出现"学生综合得分计算完毕"，即可获得学生综合加分 .xls

### 案例 6 腾讯会议自动考勤表

问题描述：腾讯会议自动统计考勤。

适用场景：在运用腾讯会议上网课时，需要统计学生的出席情况。

注意：

扫一扫

附录案例6

①使用前需要安装 xlrd 模块和 xlwt 模块。

②在腾讯会议中导出参会人员名单后，将文件名称改为"腾讯会议导出名单 .xls"（注意更改格式）。

③需要"学生名单 .xls"，第一列格式应为："姓名"、学生姓名 1、学生姓名 2……

④考勤规则为，累计参会时长超过 85% 会议总时长的同学为出勤，累计参会时长不足 85% 会议总时长的同学为迟到早退，未参加会议的同学为缺席。

使用方法：将腾讯会议导出名单 .xls、学生名单 .xls 和程序放在一个文件夹内，运行程序，出现"学生出勤情况汇总完毕"，即可获得学生出勤情况 .xls。

**案例7　学生考勤成绩**

问题描述：计算学生考勤成绩。

适用场景：在期末计算学生成绩时，需要将考勤表转换为学生出勤成绩。

注意：

①使用前需要安装 xlrd 模块和 xlwt 模块。

②文件名为"学生出勤情况 .xls"，格式为：姓名、第一节课、第二节课……

③考勤得分为出勤 5 分，迟到早退 2 分，缺席 0 分，将总分按比例折合为 20 分制

使用方法：将学生出勤情况 .xls 和程序放在一个文件夹内，运行程序，出现"学生出勤分数计算完毕"，即可获得学生出勤分数 .xls。

**案例8　自动填写学生信息**

问题描述：自动填写学生信息。

适用场景：在填写参赛信息时，需要部分学生的信息。

注意：

①使用前需要安装 xlrd 模块和 xlwt 模块。

②文件名为"学生信息表 .xls"，格式为：姓名、班级、身份证号……

③文件名为"参赛学生信息 .xls"，格式为：姓名、参赛类别、身份证号……

使用方法：将学生信息表 .xls、参赛学生信息 .xls 和程序放在一个文件夹内，运行程序，出现"参赛学生信息填写完毕"，即可获得参赛学生信息表 .xls。

**案例9　批量生成学生奖状**

问题描述：批量生成学生奖状。

适用场景：需要打印大量学生奖状。

注意：

①使用前需要安装 xlrd 模块和 Pillow 模块。

② excel 文件名应为"学生获奖名单 .xls"，格式应为姓名、奖项。

③图片文件名应为奖状模板 .jpg（需要根据不同模板调整姓名和奖状的位置）。

使用方法：将学生获奖名单 .xls、奖状模板 .jpg 和程序放在一个文件夹内，运行程序，出现"学生奖状生成完毕"，即可包含所有奖状的文件夹。

**案例10　将多张图片转换成 pdf**

问题描述：多张图片转换成 pdf。

适用场景：需要打印多张图片时方便打印，或统计某些信息时方便储存信息。

注意：

①使用前需要安装 Pillow 模块。

②图片扩展名应为 .jpg。

使用方法：将多张图片和程序放在一个文件夹内，运行程序，出现"多张图片转换 PDF 完成"，即可获得图片合集 .pdf。

# 附录 C

# 深度学习框架

深度学习框架可以说是一个库或工具，它使我们在无须深入了解底层算法细节的情况下，能够更容易、更快速地构建深度学习模型。深度学习框架利用预先构建和优化好的组件集合定义模型，为模型的实现提供了一种清晰而简洁的方法。利用合适的框架能够快速构建模型，这里的框架就好比房子的整体建筑，而我们在这个框架下编程就类似于对这个建筑进行装修。目前有多种开源深度学习框架，包括 TensorFlow、Caffe、PyTorch、Keras、CNTK、Torch、MXNet、Leaf、Theano、DeepLearming4、Lasagne、Neon 等，下面介绍其中较为流行的几种框架。

## 1. TensorFlow

TensorFlow 的前身是神经网络算法库 DistBelief，自 2015 年 11 月 9 日起开放源代码。TensorFlow 是一个使用数据流图进行数值计算的开源软件库，被广泛应用于各类机器学习算法的编程实现，用数据流图中的节点表示数学运算，图中的边表示节点之间传递的多维数据阵列（又称张量）。TensorFlow 灵活的体系结构允许使用单个 API 将计算部署到服务器或移动设备中的某个或多个 CPU 或 GPU 中。在工业领域，TensorFlow 目前仍然是首选框架。2019 年 10 月，这个全球用户最多的深度学习框架正式推出了 TensorFlow 2.0 版本。深度学习科学家、Keras 作者弗朗索瓦·肖莱（Franois Chollet）认为"TensorFlow 2.0 是一个来自未来的机器学习平台，它改变了一切"。

## 2. Caffe

Caffe 是一个清晰而高效的深度学习框架，由加利福尼亚大学伯克利分校人工智能研究小组与伯克利视觉和学习中心共同开发。虽然其内核是用 C++ 编写的，但 Caffe 有 Python 和 MATLAB 的相关接口。在 TensorFlow 出现之前，Caffe 一直是深度学习领域 Github（全球最大的社交编程及代码托管平台）好评最多的项目。其主要优势为容易上手，网络结构都是以配置文件的形式定义的，不需要用代码设计网络，有较快的训练速度，组件被模块化，可以被方便地拓展到新的模型和学习任务上。Caffe 最开始被设计时只针对图像，没有考虑文本、语音或者时间序列的数据，因此 Caffe 对卷积神经网络的支持非常好，但是对时间序列 RNN、LSTM 等支持不是特别充分。Caffe 工程的 models 文件夹中常用的网络模型比较多，如 LeNet、AlexNet、

ZFNet、VGGNet、GogleNet、ResNet 等。

### 3. PyTorch

在 2017 年，Torch 的幕后团队推出了 PyTorch。PyTorch 不是简单地封装 Lua Torch 以提供 Python 接口，而是对 Tensor 之上的所有模块进行了重构，并新增了最先进的自动求导系统，进而成为了当下最流行的动态图框架。考虑到 Python 在计算科学领域的领先地位，以及其生态完整性和接口易用性，几乎任何框架都不可避免地要提供 Python 接口。PyTorch 在研究界的发展较为迅速，到 2019 年，机器学习框架大战中就只剩下了两个主要竞争者，即 PyTorch 和 TensorFlow。相对而言，大多数研究者更喜欢 PyTorch 的应用程序接口（application programming interface，API），而不是 TensorFlow 的 API。

### 4. Keras

Keras 是一个高层神经网络 API，由 Python 编写而成，并将 TensorFlow、Theano（一个 Python 库，被认为是深度学习研究和开发的行业标准）及 CNTK（微软开源的人工智能工具包）作为后端。Keras 为支持快速实验而生，能够把想法迅速转换为结果。Keras 应该是深度学习框架之中最容易上手的一个，它提供了一致而简洁的 API，能够极大地减少一般应用下用户的工作量，避免用户"重复造轮子"。严格意义上讲，Keras 并不能称为一个深度学习框架，它更像一个深度学习接口，构建于第三方框架之上。因此，Keras 的缺点很明显：过度封装导致其丧失了灵活性，许多 BUG 都隐藏于封装之中。灵活性的丧失导致学习 Keras 十分容易，但同时也遇到了瓶颈。2015 年，Keras 的初始版本被公开后就开放了其源代码。

# Python 综合测试

一、Python 程序填空

**1.** 下面程序的功能是用递归法求 $n!$。

```python
def Factorial(n):
    ######FILL######
    if n _____ 1:
        fn=1
    else:
    ######FILL######
        fn = _____
    return fn
def main():
    n = int(input("请输入正整型数值n: "))
    ######FILL######
    print("结果为: ",_____)

if __name__ == '__main__':
    main()
```

**2.** 输入三个整数 $x, y, z$，请把这三个数由小到大输出。

```python
def main():
    x=eval( input("请输入一个整数 x:"))
    y=eval(input("请输入一个整数 y:"))
    ######FILL######
    Max = max(_____)
    Min = min(x,y)
    z=eval( input("请输入一个整数 z:"))
    ######FILL######
    if z > _____ :
        print(Min,Max,z)
    elif z < Min :
    ######FILL######
        print(_____)
    else :
    ######FILL######
        print(_____)
```

```
if __name__ == '__main__':
    main()
```

3. 一球从 100 米高度自由落下，每次落地后反跳回原高度的一半；再落下，求它在第 10 次落地时，共经过多少米？第 10 次反弹多高？

要求：使用递归算法。

```
def height(n):
    if n==0:
        return 100
    else:
######FILL######
        return _____
def main():
    sum=0
    count=10
######FILL######
    for i in range(_____):
        if i==0:
            sum=sum+height(i)
        else:
######FILL######
            sum=_____
    print('总高度: tour = {0}'.format(sum))
######FILL######
    print('第10次反弹高度: height = {0}'.format(_____))
if __name__ == '__main__':
    main()
```

4. 下面的程序是求 1!+3!+5!+⋯+n! 的和。

```
def jie(n):
    if n==1:
        return 1
    else:
######FILL######
        return _____
def sum(n):
    if n==1:
######FILL######
        return jie(_____)
    else:
######FILL######
        return jie(n)+sum(_____)
def main():
    n=int(input("请输入一个奇数正整数n: "))
######FILL######
    print("公式的和为: ",_____)

if __name__ == '__main__':
    main()
```

5. 输入一行字符，分别统计出其中英文字母、空格、数字和其他字符的个数。

```
def main():
```

```
        a = input('请输入一串字符:')
        ######FILL######
        英文= _____
        空格= 0
        数字= 0
        其他= 0
        ######FILL######
        for i in _____:
            if i.isalpha():
                英文 += 1
        ######FILL######
            elif _____:
                空格 += 1
        ######FILL######
            elif _____:
                数字 += 1
            else:
                其他 += 1
        print('英文 = %s,空格 = %s,数字 = %s,其他 = %s' % (英文,空格,数字,其他))
if __name__ == '__main__':
    main()
```

### 6. 输出 9×9 口诀。

$1 \times 1=1$

$2 \times 1=2$　$2 \times 2=4$

$3 \times 1=3$　$3 \times 2=6$　　$3 \times 3=9$

$4 \times 1=4$　$4 \times 2=8$　　$4 \times 3=12$　$4 \times 4=16$

$5 \times 1=5$　$5 \times 2=10$　$5 \times 3=15$　$5 \times 4=20$　$5 \times 5=25$

$6 \times 1=6$　$6 \times 2=12$　$6 \times 3=18$　$6 \times 4=24$　$6 \times 5=30$　$6 \times 6=36$

$7 \times 1=7$　$7 \times 2=14$　$7 \times 3=21$　$7 \times 4=28$　$7 \times 5=35$　$7 \times 6=42$　$7 \times 7=49$

$8 \times 1=8$　$8 \times 2=16$　$8 \times 3=24$　$8 \times 4=32$　$8 \times 5=40$　$8 \times 6=48$　$8 \times 7=56$　$8 \times 8=64$

$9 \times 1=9$　$9 \times 2=18$　$9 \times 3=27$　$9 \times 4=36$　$9 \times 5=45$　$9 \times 6=54$　$9 \times 7=63$　$9 \times 8=72$　$9 \times 9=81$

```
def main():
    # 九九乘法表
    ######FILL######
    for i in range(1, _____):
        ######FILL######
        for j in range(1, _____):
            ######FILL######
            print('{}x{}={}\t'.format(i, j, _____), end='')
        print()

if __name__ == '__main__':
    main()
```

### 7. 用选择法进行排序。

```
def main():
    print('请分别输入10个数字:')
```

```
    a=[]
    ######FILL######
    for n in range(_____):
        a.append(int(input("请输入一个整型数值，并按回车继续:")))
    ######FILL######
    for i in range(_____):
        min=i
    ######FILL######
        for j in range(_____,10):
            if a[min]>a[j]:
                min=j
        if min!=i:
            t=a[min]
            a[min]=a[i]
            a[i]=t
    print(a)

if __name__ == '__main__':
    main()
```

8. 输入某年某月某日，判断这一天是这一年的第几天。

```
def main():
    date = input("输入年月日(yyyy-mm-dd):")
    y,m,d = (int(i) for i in date.split('-'))
    sum=0
    special = (1,3,5,7,8,10)
    ######FILL######
    for i in range(1,int(_____)):
        if i == 2:
          ######FILL######
            if y%400==0 or (_____):
                sum+=29
            else:
                sum+=28
    ######FILL######
        elif(i in _____):
            sum+=31
        else:
            sum+=30
######FILL######

    _____
    print("这一天是一年中的第%d天"%sum)
if __name__ == '__main__':
    main()
```

9. 以下程序求 100~200 之内的素数。

```
import math
def sushu(start,end):
    count=0
    print("素数分别为: ")
    for i in range(start,end+1):
        if(i%2==0 and i!=2):    #去除除2以外的偶数
            continue
```

```
      ######FILL######
          for j in range(_____,int(math.sqrt(i))+1):
      ######FILL######
              if(_____):
                  break
          else:
              count=count+1
              print(i,end=" ")
      print("")
      print("素数总数为：%d个" %count)
      return
def main():
######FILL######
      _____

if __name__ == '__main__':
    main()
```

10. 输入列表，最小的与最后一个元素交换，最大的与第一个元素交换，输出列表。

```
def main():
    a=[]
    b=[]
    m=int(input("请输入列表长度："))
    ######FILL######
    for i in range(_____):
        a.append(int(input("请输入第 %d 个数：" %(i+1))))
    b.extend(a)
    a.sort()
    ######FILL######
    Max=b.index(_____)
    b[0],b[Max]=b[Max],b[0]
    ######FILL######
    Min=b.index(_____)
    b[len(b)-1],b[Min]=b[Min],b[len(b)-1]
    print(b)

if __name__ == '__main__':
    main()
```

11. 以每行 5 个数来输出 300 以内能被 7 或 17 整除的偶数，并求出其和。

```
def main():
    sum=0
######FILL######
    n=_____
    ######FILL######
    for i in range(_____):
    ######FILL######
        if(i%7==0 or _____):
            if(i%2==0):
                sum=sum+i;
                n+=1
                print("%6d" %i,end=" ");
        ######FILL######
```

```
                 if(_____==0):
                     print()
    print()
    print("   total=%d" %sum);
if __name__ == '__main__':
    main()
```

12. 将字符串从小到大排序。要求：不使用列表方式。

```
def main():
    str1 = input('请输入第一个字符串：')
    str2 = input('请输入第二个字符串：')
    str3 = input('请输入第三个字符串：')
    print('排序前的字符串为：')
    print(str1,str2,str3)
######FILL######
    if _____ :
        str1,str2 = str2,str1
    if str1 > str3 :
######FILL######

        _____
######FILL######
    if _____ :
        str2,str3 = str3,str2
    print('排序后的字符串为：')
######FILL######
    print(_____)
if __name__ == '__main__':
    main()
```

13. 求输入数字的平方，如果平方运算后小于50则退出。

```
def power(x):
######FILL######
    if _____ :
    ######FILL######
        print('%d的平方为:%d,不小于50, 继续'_____)
    else:
    ######FILL######
        print('{}的平方为:{},小于50, 退出'.format(_____))
        quit()


def main():
    while True:
        x = int(input('输入数字:'))
    ######FILL######
        power(_____)
if __name__ == '__main__':
    main()
```

14. 阅读以下程序并填空，该程序是求阶乘的累加和。

```
    S=0!+1!+2!+…+n!
def cal(n):
    pro=1
    ######FILL######
```

```
    for i in range(_____):
    ######FILL######
        pro=_____
    return pro
def main():
    n=int(input("请输入一个正整型数值n:"))
    s=0
    ######FILL######
    for i in range(0,_____):
        if i!=n:
            print("%d! + "%i,end='')
        else:
            print("%d! = "%i,end='')
    ######FILL######
        s=_____
    print(s)

if __name__ == '__main__':
    main()
```

15. sum 函数的功能为计算 $1+2+3+\cdots+n$ 的累加和，请填写程序所缺内容。

```
def sum(n):
    ######FILL######
    a = [x for x in range(_____)]
    ######FILL######
    b = (a[0] + a[-1]) * (_____)
    if len(a) % 2 != 0:
    ######FILL######
        b += a[_____]
    return b
def main():
    n=int(input("请输入整型数值n: "))
    print(sum(n))

if __name__ == '__main__':
    main()
```

16. 请输入星期几的第一个字母来判断一下是星期几，如果第一个字母一样，则继续判断第二个字母。

```
def main():
    letter = input("请输入首字母: ")
    letter = letter.upper()
    if letter == 'S':
        letter = input("请输入第二个字母: ")
    ######FILL######
        if letter == _____:
            print('Saturday')
        elif letter == 'u':
            print('Sunday')
        else:
            print('data error')
```

```
        ######FILL######
        elif letter == _____:
            print('Friday')

        elif letter == 'M':
            print('Monday')

        ######FILL######
        elif letter == _____:
            letter = input("请输入第二个字母：")

            if letter  == 'u':
                print('Tuesday')
        ######FILL######
            elif letter  == _____:
                print('Thursday')
            else:
                print('data error')

        elif letter == 'W':
            print('Wednesday')
        else:
            print('data error')

if __name__ == '__main__':
    main()
```

17. 利用条件运算符的嵌套来完成此题：学习成绩 ≥ 90 分的同学用 A 表示，60~89 分之间的用 B 表示，60 分以下的用 C 表示。

```
def main():
    score = int(input('输入分数:\n'))
    ######FILL######
    if score _____ 90:
        grade = 'A'
    elif score >= 60:
    ######FILL######
        grade = _____
######FILL######
    _____
        grade = 'C'

        ######FILL######
    print('%d 属于 %s' % (score,_____))

if __name__ == '__main__':
    main()
```

18. 读取 7 个数（1~50）的整数值，每读取一个值，程序打印出该值个数的 ＊。
要求：使用随机函数。

```
######FILL######
import _____
def main():
```

```
######FILL######
    for i in range(_____):
######FILL######
        m = random.randint(_____)
        print(m,'\n')
######FILL######
        for j in range(_____):
            print('*',end='')
        print('\n')

if __name__ == '__main__':
    main()
```

19. 输入 3 个数 $a, b, c$，按从小到大的顺序输出。

说明：采用冒泡排序法。

```
def Sort(list):
    n = len(list)
    ######FILL######
    for i in range(_____, n):
    ######FILL######
        for j in range(1, _____):
            if list[j - 1] > list[j]:
            ######FILL######
                list[j - 1], list[j] _____ list[j], list[j - 1]
    print(list)


def inputData():
    list_first = []
    a = input("请输入整数a:".strip())
    list_first.append(int(a))
    b = input("请输入整数b:".strip())
    list_first.append(int(b))
    c = input("请输入整数c:".strip())
    list_first.append(int(c))
    return list_first


def main():
    lt = inputData()
    print("输入列表为：")
    print(lt)
    print("从小到大的顺序为：")
    Sort(lt)


if __name__ == '__main__':
    main()
```

20. 将一个列表的数据复制到另一个列表中。

要求：不使用函数完成。

```
def main():
    l = [1,2,3,4,5]
    ######FILL######
    p = _____
```

```
    ######FILL######
    for i in range(_____):
    ######FILL######
        p.append(_____)
    print(p)

if __name__ == '__main__':
    main()
```

二、Python 程序改错

1. 求 100 之内的素数。请改正程序中的错误，使它能得出正确的结果。

```
import math
def is_prime(n):
#######ERROR######
    for i in range(1,math.sqrt(n)):
#######ERROR######
        if n//i==0:
            return False
    else:
        return True
def main():
#######ERROR######
    primes = [i for i in range(1,100) if is_prime(i)]
    print(primes)
if __name__ == '__main__':
    main()
```

2. 有如下列表 [11,22,33,44,55,66,77,88,99,90]，将所有大于等于 66 的值保存至字典的第一个 key 中，将小于 66 的值保存至第二个 key 中。说明：{'k1': 大于等于 66 的所有值, 'k2': 小于 66 的所有值 }。请改正程序中的错误，使它能得出正确的结果。

```
def main():
    li = [11,22,33,44,55,66,77,88,99,90]
    max66=[]
    min66=[]
#######ERROR######
    for i in li.len():
#######ERROR######
        if(i>=66):
            max66.append(i);
#######ERROR######
        elif(i<=66):
            min66.append(i);
    dic66 = {}
    dic66["k1"]=max66
    dic66["k2"]=min66
    print(dic66)

if __name__ == '__main__':
    main()
```

3. 用起泡法对 *n* 个整数从小到大排序。请改正程序中的错误，使它能得出正确的结果。

```python
def Sort(date):
    length = len(date)
    for i in range(length-1):
#######ERROR######
        for j in range(0,length-i):
            #######ERROR######
            if(date[j]<date[j+1]):
                t = date[j]
                date[j] = date[j+1]
            #######ERROR######
                date[j] = t
    return date


def main():
    n = int(input("请输入n个整数的个数n："))
    a=[]
    for i in range(n):
        a.append(int(input("请分别输入整数元素，并按回车继续:")))
    print('排序前的数组为：',a)
    print('排序后的数组为：',Sort(a))


if __name__ == '__main__':
    main()
```

4. 读取 7 个数（1~50）的整数值，每读取一个值，程序打印出该值个数的 *。请改正程序中的错误，使它能得出正确的结果。

```python
def main():
    n = 1
    #######ERROR######
    while n < 7
        a = int(input('请输入一个整数值，并按回车继续:'))
        #######ERROR######
        while a <= 1 or a >= 50:
            a = int(input('范围是1-50，请重新输入:'))
        #######ERROR######
        print(a, '*')
        n += 1

if __name__ == '__main__':
    main()
```

5. 已知一个数列从第 1 项开始的前三项分别为 0、0、1，以后的各项都是其相邻的前三项的和。下列给定程序中，函数 fun 的功能是：计算并输出该数列的前 *n* 项的平方根之和 sum，*n* 的值通过形参传入。请改正程序中的错误，使它能得出正确的结果。例如：当 *n*=10 时，程序的输出结果应为 23.197 745。

```python
import math


def fun(n):
    #######ERROR######
```

```
        sum==1.0
        if(n<=2):
            sum=0.0
        s0=0.0
        s1=0.0
        s2=1.0
        #######ERROR######
        for k in range(4,n)
            s=s0+s1+s2
            sum+=math.sqrt(s)
            s0=s1
            s1=s2
            s2=s
#######ERROR######
        return s

def main():
    n = int(input("请输入该数列的项数n: "))
    print('该数列的前',n,'项的平方根之和sum为: %.6f' %fun(n))

if __name__ == '__main__':
    main()
```

6. 判断 101~200 之间有多少个素数，并输出所有素数。请改正程序中的错误，使它能得出正确的结果。

```
from math import sqrt
from sys import stdout
def main():
    h = 0
    leap = 1
#######ERROR######
    for m in (101,200):
        k = int(sqrt(m + 1))
        for i in range(2,k + 1):
#######ERROR######
            if m // i == 0:
                leap = 0
                break
        if leap == 1:
            print('%-4d' % m)
          #######ERROR######
            h ++
            if h % 10 == 0:
                print('')
        leap = 1
    print('The total is %d' % h)

if __name__ == '__main__':
    main()
```

7. main() 函数中实现按逗号分隔列表，并打印输出。请改正程序中的错误，使它能得出正确的结果。

```
def main():
    l = [1,2,3,4,5,6,7];
#######ERROR######
    k = 0;
#######ERROR######
    for i in (l+1):
        print(i,end= ('' if (k == len(l)) else ','));
#######ERROR######
        k ++;
if __name__ == '__main__':
    main()
```

8. 从键盘输入十个学生的成绩，统计最高分、最低分和平均分。max 代表最高分，min 代表最低分，avg 代表平均分。请改正程序中的错误，使它能得出正确的结果。

```
def main():
    print('请分别输入十个学生的成绩：')
    a=[]
#######ERROR######
    for i in range(1,10):
        a.append(float(input("请输入第%d个学生的成绩，并按回车继续:" %(i+1))))
    max=min= a[0]
    avg=0
    for j in range(10):
#######ERROR######
        if(min<a[j]):
            min=a[j]
        if(max<a[j]):
            max=a[j]
        avg=avg+a[j]
#######ERROR######
    avg=avg//10
    print("max:{}\nmin:{}\navg:{}\n".format(max,min,avg))

if __name__ == '__main__':
    main()
```

9. 删除列表中重复的元素。要求：使用 while 循环。请改正程序中的错误，使它能得出正确的结果。

```
def main():
    li = [1,2,3,4,5,2,1,3,4,57,8,8,9]
    print("原列表：",li)
    i = 0   #变量i是li的下标
#######ERROR######
    while i >= len(li):
        j = i + 1
        #######ERROR######
        while j <= len(li):
            if li[i] == li[j]:
                del li[j]
                #######ERROR######
                break
            j = j + 1
```

```
        i = i + 1
    print("去除重复元素后的列表为: ",li)

if __name__ == '__main__':
    main()
```

10. 根据以下公式求 π 值，并作为函数值返回。请改正程序中的错误，使它能得出正确的结果。例如：给指定精度的变量 eps 输入 0.000 5 时，应当输出 Pi=3.140 578。

```
def fun(eps):
    n=1
    s=0.0
    t=1
    #######ERROR######
    while(t<eps):
        s+=t
        t=1.0*n/(2*n+1)*t
    #######ERROR######
        n++
    #######ERROR######
    return s
def main():
    x=float(input("请输入一个变量x: "))
    print("\neps=%lf,Pi=%lf\n\n" %(x,fun(x)))
if __name__ == '__main__':
    main()
```

11. find_max() 的功能是在列表中找到年龄最大的人，并输出。请改正程序中的错误，使它能得出正确的结果。

```
def find_max(dict):
    max_age = 0
#######ERROR######
    for value in dict.items():
    #######ERROR######
        if value >= max_age:
            max_age = value
        #######ERROR######
            name == key
    print(name)
    print(max_age)

def main():
    person = {"li":18,"wang":50,"zhang":20,"sun":22}
    find_max(person)

if __name__ == '__main__':
    main()
```

12. 下列给定程序中，fun 函数的功能是：分别统计字符串中大写字母和小写字母的个数。请改正程序中的错误，使它能得出正确的结果。例如：给字符串 s 输入 AAaaBBbb123CCcccd，则应输出 upper=6, lower=8。

```
def Upper(s):
```

```
    a = 0
    for i in range(len(s)):
        if ( s[i] >= 'A' and s[i] <= 'Z' ):
            #######ERROR######
            a ++
    return a
def Lower(s):
    b = 0
    for i in range(len(s)):
        #######ERROR######
        if ( s[i] > 'a' and s[i] < 'z' ):
            b += 1
    return b
def main():
    s = input("请输入一个字符串，并按回车继续:")
    upper = Upper(s)
    lower = Lower(s)
    print("upper = {}, lower = {}".format(upper, lower));

if __name__ == '__main__':
    main()
```

13. 计算并输出 k 以内最大的 10 个能被 13 或 17 整除的自然数之和。k 的值由主函数传入。请改正程序中的错误，使它能得出正确的结果。例如：若 k 的值为 500，则函数值为 4 622。

```
def fun(k):
    m=0
    mc=0
    #######ERROR######
    while ((k>=2)&&(mc<10)):
        #######ERROR######
        if((k%13==0)||(k%17==0)):
            m=m+k
            mc+=1
        #######ERROR######
        k++
    return m

def main():
    print("%d\n" %fun(500))

if __name__ == '__main__':
    main()
```

14. 有五个人坐在一起，问第五个人多少岁？他说比第四个人大 2 岁。问第四个人岁数，他说比第三个人大 2 岁。问第三个人，又说比第二人大两岁。问第二个人，说比第一个人大两岁。最后问第一个人，他说是 10 岁。请问第五个人多大？请改正程序中的错误，使它能得出正确的结果。

```
def age(n):
    #######ERROR######
    if n = 1:
        c = 10
```

```
    else:
        #######ERROR######
        c = age(n) + 2
    return c
def main():
    #######ERROR######
    print(age())

if __name__ == '__main__':
    main()
```

15. 求如下表达式:

$$S=1+\frac{1}{1+2}+\frac{1}{1+2+3}+\cdots+\frac{1}{1+2+\cdots+n}$$

$n=10$ 时结果为 $S=1.818\ 181\ 818\ 181\ 818\ 1$。请改正程序中的错误，使它能得出正确的结果。

```
def fun(n):
    s=0
#######ERROR######
    for i in range(n+1):
        t=0
#######ERROR######
        for j in range(1,i):
            t=t+j
#######ERROR######
        s+=1.0//t
    return s
def main():
    n=int(input("请输入一个正整数n: "))
    print("S = ",fun(n))
if __name__ == '__main__':
    main()
```

16. 编写函数 fun 计算下列分段函数的值:

$$f(x)=\begin{cases} x^2+x & x<0\ 且\ x\neq-3 \\ x^2+5x & 0\leqslant x<10\ 且\ x\neq2\ 及\ x\neq3 \\ x^2+x-1 & 其他 \end{cases}$$

$x=5$ 时 $f(x)=50$

请改正程序中的错误，使它能得出正确的结果。

```
def fun(x):
    #######ERROR######
    if (x<0 && x!=-3.0):
        y=x*x+x
    #######ERROR######
    elif(x>=0 && x<10.0 && x!=2.0 || x!=3.0):
        y=x*x+5*x
    else:
        y=x*x+x-1
    #######ERROR######
```

292

```
        return x
def main():
    x = int(input("请输入x的值，并按回车继续:"))
    f = fun(x)
    print("x={},f(x)={}".format(x,f))

if __name__ == '__main__':
    main()
```

17.判断整数 $x$ 是否是同构数。若是同构数，函数返回 1；否则返回 0。请改正程序中的错误，使它能得出正确的结果。

说明：所谓"同构数"是指这个数出现在它的平方数的右边。$x$ 的值由主函数从键盘读入，要求不大于 1 000。例如：输入整数 25，25 的平方数是 625，25 是 625 中右侧的数，所以 25 是同构数。

```
def fun(x):
    #######ERROR######
    k=x
    #######ERROR######
    if((k%10==x) || (k%100==x) || (k%1000==x)):
        return 1
    else:
        return 0
def main():
    x = int(input("请输入一个整型数值x，并按回车继续:"))
    if(x>1000):
        print("输入值不能大于1000！")
        exit(0)
    y = fun(x)
    #######ERROR######
    if y=0 :
        print("%d 是同构数" %x);
    else :
        print("%d 不是同构数" %x);

if __name__ == '__main__':
    main()
```

18.输出 9×9 乘法口诀表。请改正程序中的错误，使它能得出正确的结果。要求：使用 while 循环。

```
def main():
    i=0
    j=0
    #######ERROR######
    while i> 9:
        i+=1
    #######ERROR#####
        while j<= 9
            j+=1
            print(j,"x",i,"=",i*j,"\t",end="")
            #######ERROR######
```

```
                    if i!=j:
                        j=0
                        print("")
                        break

    if __name__ == '__main__':
        main()
```

19. 根据整型形参 *m* 的值，计算如下公式的值：$t=1-1/2 \times 2-\cdots-1/m \times m$。请改正程序中的错误，使它能得出正确的结果。例如：若 *m*=5，则应输出：0.536 389。

```
def fun(m):
    y=1.0
#######ERROR######
    for i in range(2,m)
#######ERROR######
        y-=1.0/i
    return y

def main():
    m = int(input("请输入整型形参m的值: "))
#######ERROR######
    print('结果为:%.6f',fun(m))

if __name__ == '__main__':
    main()
```

20. 随机产生一个数，让用户来猜，猜中则结束；若猜错，则提示用户猜大了或猜小了。请改正程序中的错误，使它能得出正确的结果。

```
import random
def number_right(a,b):
#######ERROR######
    if a <= b:
        print("猜小了! ")
        return False
#######ERROR######
    elif a >= b:
        print("猜大了! ")
        return False
    else:
        print("猜对了! ")
#######ERROR######
        return False
def main():
    b = random.randint(1,100)
    fg = False
    cn = 0
    while fg == False:
        a = int(input("请输入要猜的数字，要求输入正整数:"))
        fg = number_right(a,b)
        cn = cn + 1
    print("总共猜了 %d 次" % (cn))
```

```
if __name__ == '__main__':
main()
```

三、Python 程序设计

1. 编写程序，功能是用 While 循环语句求 1 到 50 之间（包括 50）能被 3 整除的所有整数之和，并将结果输出。要求：输出数值结果，不要额外输出提示信息字符串。

2. 编写程序，其功能是：输入一个百分制成绩 score，根据成绩打印 5 级等级。设定 input() 内不含有字符，写法为 input()。否则无结果得分。即

0~59：E；

60~69：D；

70~79：C；

80~89：B；

90~100：A；

例如：

输入：50

输出：E 等！

要求：使用 if 语句，根据成绩输出 A 等！或 B 等！或 C 等！或 D 等！或 E 等！，叹号为中文状态半角叹号"！"。

3. 编写程序，从键盘输入某一年，其功能为判断该年是否为闰年。

闰年的条件如下：

（1）能被 4 整除但不能被 100 整除。

（2）能被 400 整除。符合任何一个条件就是闰年。

（3）输入年份为整型。

设定 input() 内不含有字符，写法为 input()。否则无结果得分。

例如：

输入：2000

输出：2000 是闰年

4. 仅使用 Python 基本语法，即不使用任何模块，编写 Python 程序计算下列数学表达式的结果并输出，小数点后保留 3 位。

$$x = \sqrt{\frac{3^4 + 5 \times 6^7}{8}}$$

要求：输出数值结果，不要额外输出提示信息字符串。

5. 计算所有三位数水仙花数的和并输出求和结果。

说明：所谓"水仙花数"是指一三位数，其各位数字立方和等于该数本身。

例如：153 是一个水仙花数，因为 $153 = 1^3 + 5^3 + 3^3$。

要求：仅输出运行结果数值，不要输出"运行结果是："等类似的提示字符串。

6.编写程序，其功能为打印如下图所示图形。

```
*
**
***
****
```

要求：编写程序中包含输出语句，直接打印表达式的结果。

7.编写程序，功能是从键盘输入一个正整数 x 代表分钟数，将其用小时 h 和分钟 m 表示，然后输出几小时几分。

设定 input() 内不含有字符，写法为 input()。否则无结果得分。

例如：

输入：70

输出：1 小时 10 分钟

要求：输出语句，格式为：?? 小时 ?? 分钟。

8.编写程序，其功能为打印如下图所示图形。

```
****
 ****
  ****
   ****
```

要求：编写程序中包含输出语句，直接打印表达式的结果。

9.输出如下格式的九九乘法表。

```
1*1=1
2*1=2    2*2=4
3*1=3    3*2=6    3*3=9
4*1=4    4*2=8    4*3=12    4*4=16
5*1=5    5*2=10   5*3=15    5*4=20    5*5=25
6*1=6    6*2=12   6*3=18    6*4=24    6*5=30    6*6=36
7*1=7    7*2=14   7*3=21    7*4=28    7*5=35    7*6=42    7*7=49
8*1=8    8*2=16   8*3=24    8*4=32    8*5=40    8*6=48    8*7=56    8*8=64
9*1=9    9*2=18   9*3=27    9*4=36    9*5=45    9*6=54    9*7=63    9*8=72    9*9=81
```

要求：编写程序中包含输出语句，直接打印表达式的结果。

10.编写程序，其功能为打印如下图所示图形。

```
   *
  ***
 *****
*******
```

```
*****
 ***
  *
```

要求：编写程序中使用 abs()，包含输出语句，直接打印表达式的结果。

11. 编写程序，其功能为打印如下图所示图形。

```
****
 ****
  ****
   ****
```

要求：编写程序中包含输出语句，直接打印表达式的结果。

12. 编写程序，其功能是：用 for 循环语句求 1 到 n 之间所有偶数之和（若 n 为偶数包括 n ），并将结果输出。（ n 值由用户输入 ）

设定 input() 内不含有字符，写法为 input()。否则无结果得分。

例如：运行程序后若

输入：10

输出：30

要求：输出数值结果，不要额外输入输出提示信息字符串。

13. 编写程序，其功能为打印如下图所示图形。

```
*
**
***
****
```

要求：编写程序中包含输出语句，直接打印表达式的结果。

14. 编写程序，功能是：判断字符串是否是回文。

设定 input() 内不含有字符，写法为 input()。否则无结果得分。

例如 1：

输入：abcdcba

输出：abcdcba 是回文

例如 2：

输入：abcdefg

输出：abcdefg 不是回文

15. 编写程序，其功能为打印如下图所示图形。

```
  *
 ***
*****
```

*******

要求：编写程序中包含输出语句，直接打印表达式的结果。

16. 编写程序，功能是输出斐波那契数列前 15 项，得到的数字应按逗号分隔的顺序打印在一行上。说明：斐波那契数列指的是这样一个数列：

0, 1, 1, 2, 3, 5, 8, 13, 21, 34, ……

特别指出：第 0 项是 0，第 1 项是第一个 1。从第 2 项开始，每一项都等于前两项之和。

要求：使用列表完成，输出数值结果，不要额外输出提示信息字符串。

17. 编写程序，对列表 [1,2,3,4,5,6,7,8,9,10] 求均值并输出。

要求：输出数值结果，不要额外输出提示信息字符串。

18. 编写程序，判断 200 至 320( 包括 320) 可被 7 整除，但不是 5 的倍数，得到的数字应按逗号分隔的顺序打印在一行上。

要求：输出数值结果，不要额外输出提示信息字符串。

19. 编写程序，其功能为打印如下图所示图形。

*******
 *****
  ***
   *

要求：编写程序中包含输出语句，直接打印表达式的结果。